华中科技大学材料学科前沿特色课程系列教材

晶体学基础

主　编　杨君友　罗裕波　李　鑫

华中科技大学出版社
中国·武汉

内 容 简 介

本书内容包括绪论、晶体结构的周期性和对称性、晶系与布拉维格子、晶体学指数、晶体投影、倒易点阵、晶体的坐标变换、点群、空间群以及晶体结构共10章内容。为了便于初学者掌握书中的内容，本书在编写过程中力求文字通俗易懂，对倒易点阵、晶体投影以及点群等较为抽象的内容做了详细的介绍和推导，并在每章后附有巩固习题。

本书可以作为材料学、功能材料、材料物理、材料化学等专业的本科生教材，也可作为相关专业的研究生和科研工作者的参考书。

图书在版编目(CIP)数据

晶体学基础 / 杨君友，罗裕波，李鑫主编. -- 武汉 ：华中科技大学出版社，2025. 7. -- ISBN 978-7-5772-1792-5

Ⅰ. O7

中国国家版本馆 CIP 数据核字第 20258L83W1 号

晶体学基础
Jingtixue Jichu

杨君友　罗裕波　李　鑫　主编

策划编辑：张少奇
责任编辑：郭星星
封面设计：原色设计
责任监印：朱　玢

出版发行：华中科技大学出版社(中国·武汉)　　电话：(027)81321913
　　　　　武汉市东湖新技术开发区华工科技园　　邮编：430223

录　　排：武汉三月禾传播有限公司
印　　刷：武汉科源印刷设计有限公司
开　　本：787mm×1092mm　1/16
印　　张：11.25
字　　数：288 千字
版　　次：2025 年 7 月第 1 版第 1 次印刷
定　　价：39.80 元

华中出版

本书若有印装质量问题，请向出版社营销中心调换
全国免费服务热线：400-6679-118　竭诚为您服务

前　言

一代材料，一代装备，材料科学是高新技术、高端装备和制造业发展的基础。材料的性能和服役行为与其内部的原子排列方式即晶体结构密切相关，即使是相同成分的材料（如金刚石和石墨），当其晶体结构不同时，其物理、化学性能也截然不同。因此，了解和掌握晶体结构相关基础知识对研究和开发高性能新材料具有十分重要的意义。

晶体学的发展始于人们对天然矿物晶体规则外形的感性认识，并逐渐由表及里，不断深化而形成。1669 年，丹麦学者斯坦诺（N. Steno）通过对石英晶体的研究发现了面角守恒定律，使得人们从晶体千变万化的复杂外形中找到了反映晶体结构的内在规律，奠定了经典晶体学的基础。1801 年，法国晶体学家郝依（R. J. Hauy）通过对方解石晶体解理破裂的研究，提出了有理指数定律，圆满揭示了晶体外形与其内部结构之间的内在联系，推动了晶体结构理论的发展。19 世纪初，德国学者魏斯（C. S. Weiss）总结出晶体对称定律，将晶体分成七大晶系，并提出了晶体学中的第三个重要定律——晶带定律，阐明了晶面与晶向之间的相互关系。1830 年，德国学者赫萨尔（L. F. Ch. Hessel）推导出描述晶体外形对称性的 32 种点群；1890 年，俄国学者费德洛夫推导出描述晶体结构对称性的 230 种空间群。到 19 世纪末期，晶体结构的点阵理论和经典晶体学基本成熟。一方面，随着 X 射线、电子显微分析等现代分析测试技术的出现，点阵理论和经典晶体学的正确性被进一步证实；另一方面，随着提拉法、区熔法、泡生法等新型晶体生长技术的发展，在晶体学理论的指导下，许多人工功能晶体（如激光晶体、半导体晶体材料）的可控制备生长得以实现，推动了许多高新技术和相关产业的迅猛发展。由此可见，学习和了解晶体学基础理论知识对相关高新技术产品的研发具有十分重要的意义。

本书可以作为材料学、功能材料、材料物理、材料化学等专业的本科教材，也可供相关专业的研究生和科研工作者参考。由于编者水平有限，书中难免有错误和不当之处，恳请读者批评指正。

编　者

2025 年 2 月于喻园

本书说明

为了教学和阅读方便，本书配备了教学大纲、教学课件以及大量彩色电子图片，读者可扫描下方二维码获取全部电子资源。

教学大纲　　教学课件

第1章彩图　　第2章彩图　　第3章彩图　　第4章彩图　　第5章彩图

第6章彩图　　第7章彩图　　第8章彩图　　第9章彩图　　第10章彩图

目　　录

第1章 绪　　论

晶体学是一门研究晶体的自然科学，人类在古代就对具有瑰丽色彩和多面体外形的晶体产生了兴趣，早期的研究主要依附在矿物学领域。17～18世纪，随着面角守恒定律的发现，晶体学逐渐发展成一门独立的分支科学。直到X射线衍射实验在晶体结构研究领域的应用和推广，晶体学才实现了从表面到内部、从理论到实验的全面升级。人们对晶体学的研究也从对天然晶体的观察跨越到人工合成晶体的探索，使晶体学成为一门严谨的科学。

1.1 晶体的宏观形态

在自然界中，晶体的分布非常广泛，自然界的固体物质中绝大多数是晶体。天然晶体往往具有规则、对称的外形，还有绚丽的颜色，如我们熟知的食盐、味精、冰糖，天空飘下的雪花，黄铁矿、赤铁矿、黄玉、红宝石、蓝宝石、钻石等天然矿物，如图1-1所示。随后，人们发现常用的各类金属制品，如钢铁、铝合金、铜合金，以及航空航天用钛合金，人体的骨骼、牙齿等，都是典型的晶体。这些固体物质在一定的生长条件下可以形成规则的多面体形状。早期人们对晶体的探索主要基于其晶体外形，进而将晶体定义为具有规则多面体形状的固体物质。

(a)　　(b)　　(c)　　(d)

图1-1　典型的晶体

(a)立方食盐晶体；(b)六角棱柱冰晶体；(c)八面体明矾晶体；(d)多面体钻石晶体

除了天然形成的晶体外，人工合成晶体也是晶体的重要组成部分，这些人工合成的晶体，除了具有规则、对称的外形，还具有独特的物理化学性质，在人类生活和生产中发挥着重要作用。例如，氮化镓(GaN)具备高频、高效、高功率、耐高压、耐高温、抗辐射能力强等优越性能，在大功率、高温、高频、抗辐射的微电子领域，以及短波长光电子领域有明显优于硅(Si)、锗(Ge)、砷化镓(GaAs)等第一代和第二代半导体材料的性能，被誉为是继第一代半导体材料(Ge、Si)、第二代半导体材料(GaAs、InP化合物)之后的第三代半导体材料。然而，自然形成GaN的条件极为苛刻，需要2 000 ℃以上的高温和近万个大气压的条件才能用金属镓和氮气合成为GaN，在自然界是不可能实现的。1928年，Johnson采用粉末法首次合成了GaN。然而，GaN高熔点、高离解压的特性使GaN的单晶生长极为困难，长期阻碍了GaN研究工作的发展。1991年，日本Nichia公司成功制造了同质结GaN蓝色发光二极管，光输出功率达 70 μW，掀起了 GaN 基半导体材料及器件的研究热潮。到目前为止，GaN 基材料已成为支撑新一代移动通信、新能源汽车、高速轨道列车、能源互联网等产业自主创新发展和转型升级的关键核心材料和重要电子元器件，被广泛用于军工电子、通信、功率器件、集成电路、光电子等领域中。

1.2 晶体的微观结构

1912 年，劳厄首次成功开展了晶体的 X 射线衍射实验，揭示了晶体内部组成单元的周期性结构，证实了晶体构造的几何理论，为揭示晶体的内部微观结构奠定了重要的基础。之后，布拉格和乌尔夫相继推导出晶体 X 射线衍射的基本方程（乌尔夫-布拉格方程），并测量了大量的晶体结构。他们发现，晶体是由大量微观物质单元（原子、离子或分子）在三维空间中按一定规则有规律地周期性重复排列而形成的物质。

以碳化硅（化学式 SiC）为例，碳化硅的禁带宽度是硅的 3 倍，热导率为硅的 4～5 倍，击穿电压为硅的 8 倍，电子饱和漂移速率为硅的 2 倍，是一种非常重要的第三代半导体材料。SiC 化合物是由硅（Si）原子和碳（C）原子以特定的方式在三维空间中规则排列而形成的，常见的有 2H-SiC、4H-SiC、6H-SiC 和 3C-SiC。其中“H”代表六方晶体结构（Hexagonal），“C”代表立方晶体结构（Cubic），数字则表示其具有的层数。“2H”“4H”和“6H”指的是六方晶系的 SiC，具有六方对称性；“3C”指的是立方晶系的 SiC，沿立方晶胞体对角线方向含 3 个 Si-C 双原子层，也称为 β-SiC，如图 1-2 所示。

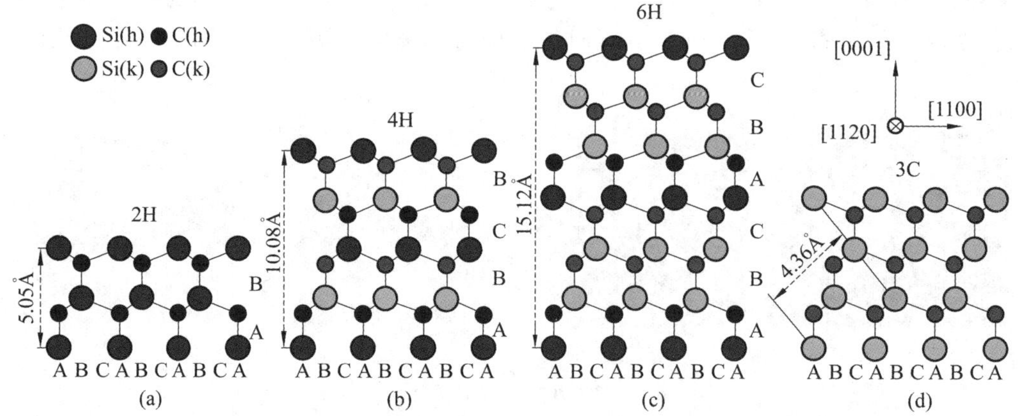

图 1-2　SiC 的晶体结构

(a) 2H-SiC；(b) 4H-SiC；(c) 6H-SiC；(d) 3C-SiC

晶体中这种微观物质单元（又称为质点，如原子、离子和分子）大范围的周期性规则排列叫长程有序。与之对应的，若固体物质中的微观物质单元呈杂乱无章排列，则称为非晶体，如常见的玻璃、松香、石蜡等固体物质。图 1-3 是三氧化二铍（Be_2O_3）的质点排列情况，可见，Be_2O_3 晶体中的质点排列规则，而 Be_2O_3 玻璃中的质点排列混乱。这是晶体结构和非晶体结构之间的典型差异。

需要注意的是，晶体在一定的条件下也可以转变为非晶体，即其内部的微观物质单元呈长程无序排列。1960 年，美国加州理工学院的 Duwez 教授首先采用临界冷却速率高达 1×10^6 ℃/s 的快速凝固方法得到了几十微米的 $Au_{70}Si_{30}$ 金属玻璃，开创了金属玻璃的新纪元。

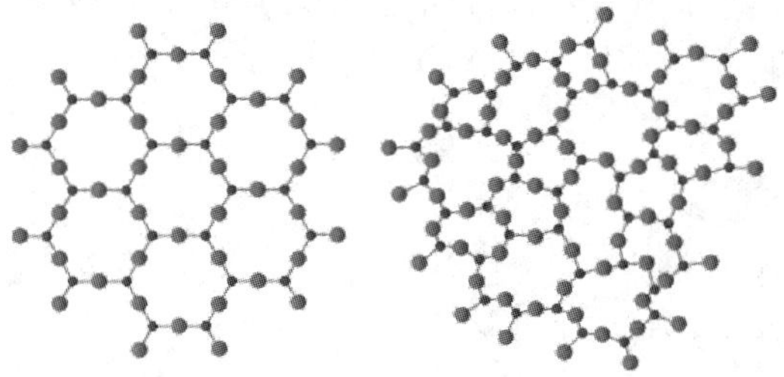

(a)　　　　　　　　(b)

图 1-3　内部结构

(a) Be_2O_3 晶体；(b) Be_2O_3 玻璃

1993年，美国加州理工学院的Johnson教授在临界冷却速率为1 ℃/s的条件下获得了Zr-Ti-Cu-Ni-Be非晶合金，直径达十多厘米，重达20多公斤。经过近60年的发展，研究人员发现，尽管大块金属玻璃拥有与普通金属合金类似的颜色和外观，但是它独特的微观物质单元排列使其在力学、物理、化学、机械性能等方面发生了显著的变化，部分金属玻璃不仅具有极高的强度、韧性、耐磨性和抗腐蚀性，而且还显示出优良的软磁性能、储氢能力、超导特性和低磁损耗等特点。

1.3　晶体的基本特征

晶体中大量微观物质单元在三维空间中呈规则有序的周期性重复排列，决定了晶体具有一些共有的性质，这些性质主要包括以下几点：

1.3.1　晶体的均匀性

晶体的均匀性是指在宏观上，晶体物质的任一部分都具有相同的性质。如从单晶体任一部位切割得到的相同取向、相同形状和相同尺寸的样品，在相同的条件下，其物理性质（如密度、比热、热导率、膨胀性、电导率等）和物理化学性质（如表面溶解度、表面吸附性、化学电位等）也是等同的。晶体的均匀性用数学公式可表示为

$$F(\boldsymbol{x}) = F(\boldsymbol{x} + \boldsymbol{x}') \tag{1-1}$$

即位于晶体中 $\boldsymbol{x}(x_1, x_2, x_3)$ 处的小晶体，其性质 $F(\boldsymbol{x})$ 和位于晶体中 $\boldsymbol{x}+\boldsymbol{x}'(x_1+x'_1, x_2+x'_2, x_3+x'_3)$ 处小晶体的性质 $F(\boldsymbol{x}+\boldsymbol{x}')$ 完全一致，与 $\boldsymbol{x}$ 和 $\boldsymbol{x}+\boldsymbol{x}'$ 所处的位置无关。

1.3.2　晶体的各向异性

晶体的各向异性是指在晶体的不同方向上，其热膨胀性、硬度、热导率、电导率、磁导率、光折射系数等物理性质有所不同。例如，单晶氧化镓［三氧化二镓 β-Ga_2O_3，见图1-4(a)］，沿其［0 1 0］和［1 0 0］晶向上的室温(300 K)热导率分别为27.0±2.0 W/mK和10.9±1.0 W/mK；单晶硅［Si，见图1-4(b)］，沿其［1 0 0］和［1 1 0］晶向上的杨氏模量分别为130 GPa和169 GPa，泊松比分别为0.28和0.064。这种晶体的物理性质与晶向间存在密切依赖关系的现象就是晶体的各向异性。晶体的各向异性用数学公式可表示为

$$F(u_1, v_1, w_1) \neq F(u_2, v_2, w_2)$$

即在晶体的不同［$u\ v\ w$］方向上，其物理性质有所差异。尽管晶体存在各向异性，但归根结

底是其微观物质单元的周期性排列在不同方向上的差异所导致的。显然，晶体具有各向异性，而非晶体呈现各向同性。

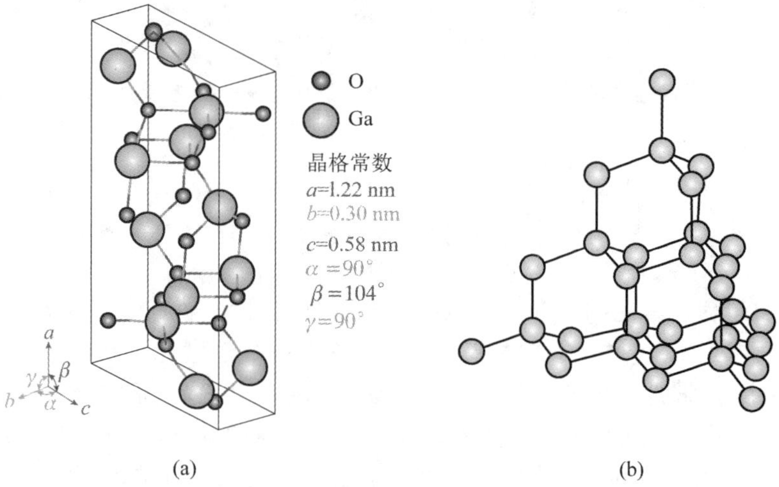

图 1-4　晶体结构

(a)氧化镓；(b)硅

1.3.3　晶体的对称性

对称性是晶体的基本特性，它体现了晶体物理结构和性质中固有的基本规律。尽管晶体具有各向异性，但并非所有的性质在一切方向上都不相同。事实上，晶体中微观物质单元在某些特定方向上的周期性排列导致了相同排列模式的重复出现，使得晶体的性质在不同方向或位置上也呈现出规律性的重复，这就是晶体的对称性。此外，对于完美晶体而言，其对称性也体现在宏观外形上，即相等的晶面、晶棱和顶角有规律地重复出现，如图 1-5 所示。

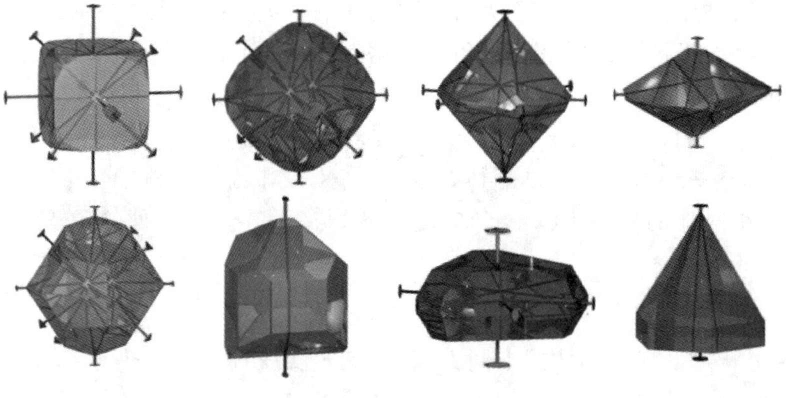

图 1-5　晶体的宏观对称性

晶体的对称性用数学公式可表示为

$$F(\boldsymbol{x}) = F(\boldsymbol{x}') = \cdots = F(\boldsymbol{x}'') = F(\boldsymbol{x}^n) \tag{1-2}$$

即晶体中相同部分 F 是关于 $\boldsymbol{x}',\boldsymbol{x}'',\cdots,\boldsymbol{x}^n$ 呈对称配置的。

1809 年，德国矿物学家魏斯通过对晶体的面角测量数据进行晶体投影和理想形态的绘制，确定了晶体形态的对称定律。他指出，晶体中只可能有一次、二次、三次、四次和六次旋转对称轴，而不可能存在五次和高于六次的旋转对称轴。这一发现被称为晶体的轴次定律。

显然，晶体既具有旋转对称性，也具有平移对称性。相反，非晶体既不具有旋转对称性，也不具有平移对称性。

1.3.4　晶体的自范性

晶体的自范性又称为晶体的自限性，指在适宜的条件下，晶体在空间自发地生长出由晶面、晶棱和顶点构成的完整凸几何多面体外形，晶体被平的晶面所包围，如图 1-6 所示。即使是本身残缺的晶体，在适当的条件下，也可以重新生长为完美晶体。例如，有缺角的氯化钠晶体，在饱和 NaCl 溶液中可以慢慢变为完美的立方体晶体。这是因为晶体是由微观物质单元的周期性排列而形成的，微观物质单元排列的规律性必然会体现在每一个面网上，它服从于一定的结晶学规律。这也就是为什么在自由状态下生长发育的晶体都有规则外形的原因。

(a)　(b)　(c)

(d)　(e)　(f)

图 1-6　矿物晶体

(a)黄铁矿；(b)萤石；(c)方解石；(d)微斜长石；(e)蓝锥矿；(f)石英

1.3.5　最小内能

在相同的热力学条件下，晶体与同种化学成分的气体、液体及非晶体相比，以晶体的内能为最小。这表明晶体是最稳定的，其他状态的物质有自发转化为晶态的趋势，但是晶体不可能自发地转化为其他状态。

此外，晶体还具有固定的熔点，对 X 射线和电子束能产生衍射。晶体的这些基本性质，都源于其微观物质单元的周期性排列。晶体的上述基本特征构成了本书的核心内容，在以后的章节中将逐一展开。

1.4　准　晶　体

准晶体亦称为“准晶”或“拟晶”，是一种介于晶体和非晶体之间的固体结构。准晶的原子排列与晶体类似，即具有长程有序的特点。但是准晶不具备晶体的平移对称性。由轴次定律可知，普通晶体具有的是二次、三次、四次或六次旋转对称性，但是准晶的布拉格衍射图具有其他的对称性，例如五次对称性或者更高的六次以上对称性。

1984 年，以色列材料科学家达尼埃尔·谢赫特曼(Danielle Shechtman)首次利用电子显微镜，在快速冷却的铝锰合金中观察到一种“反常”的现象：铝锰合金的原子采用一种不重复、非周期性但对称有序的方式排列，其电子衍射图谱具有明显的五次轴对称性，即 20 面体准晶体。该发现颠覆了被认为自然界中最不可动摇的规律之一(轴次定律)，引起了科学界的巨大反响。美国科学杂志为此编发了一篇题为“The Rules of Crystallography Fall Apart?”的报道，Shechtman 教授也因准晶的发现获得了 2011 年度的诺贝尔化学奖。

随后，科学家们在实验室中制造出了越来越多的各种准晶体。2009 年，科学家们在俄国西部首次发现了纯天然准晶体，这块矿物由铝、铜和铁组成，具有十次对称的衍射图谱(见图 1-7)。我国科学家郭可信院士领导的课题组在准晶体的研究方面也作出了重要贡献。1987 年，首先发现八次旋转对称准晶；1988 年，首先发现稳定的 Al-Cu-Co 十次旋转对称准晶及一维准晶；1997—2000 年，获得准晶覆盖理论的实验证据，相关工作编著在《准晶研究》一书中。

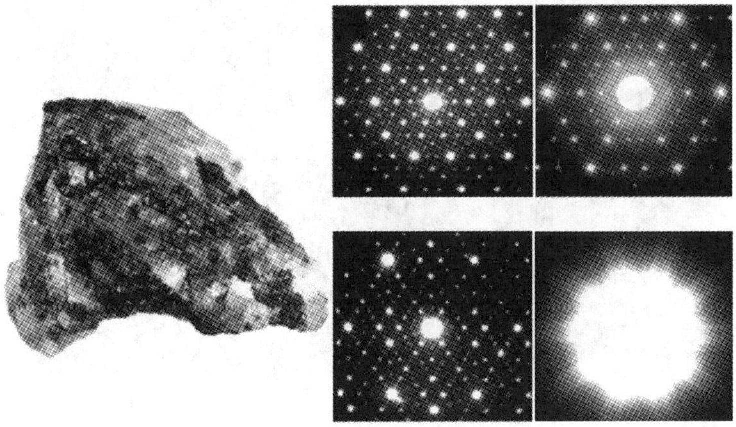

(a) (b)

图 1-7 天然准晶矿石及其衍射花样

1.5 错位螺旋阵列晶

2019 年南开大学王旭东博士首次报道了错位螺旋阵列晶，这是目前发现的唯一一例错位螺旋阵列晶。

胆酸的错位螺旋阵列晶是逐级形成的：胆酸手性分子先形成一个含二次旋转轴的菱形四聚体[见图 1-8(a)]，该四聚体具有 2_1 旋转轴，并沿轴向平移堆叠形成直纤维[见图 1-8(b)]。随后，胆酸四聚体 2 沿着 2_1 旋转轴逆时针旋转约 0.021°，形成右螺旋位错螺旋线，并与四聚体 1 堆积形成四聚体 3[见图 1-8(c)～(e)]，形成位错螺旋阵列。以此类推，大约 17 200个四聚体构成一个螺旋周期，其螺距为 13.4 μm。最后，一维的错位螺旋之间平移排列，直到形成错位螺旋阵列晶体[见图 1-8(f)]。其中，每个螺旋都与其他四个螺旋略微重叠并周期重复[见图 1-8(g)～(i)]；而位于胆酸分子重叠区域的 COOH 基团间会形成几乎平行于螺旋轴的氢键，进而稳定略微重叠的螺旋[见图 1-8(j)]。

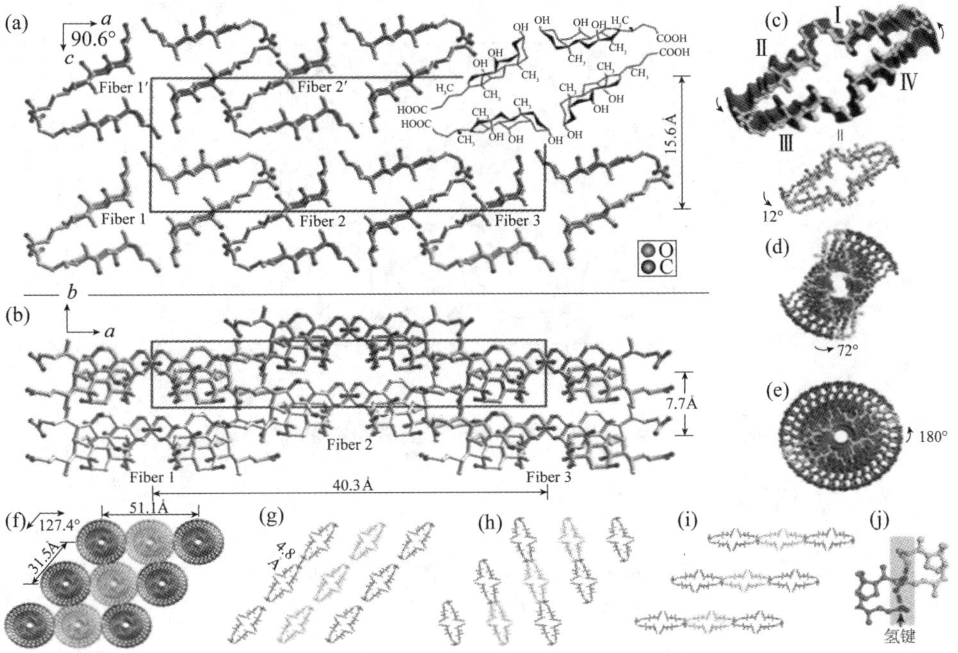

图 1-8 胆酸位错螺旋阵列的形成过程

1.6 晶体中原子间结合键

如前所述,晶体是由大量微观物质单元(原子、离子或分子)在三维空间中呈规则有序的周期性重复排列而形成的。这些微观物质单元堆积成何种晶体,取决于它们之间的静电力,即化学键。任何一种化学键中,吸引力和斥力总是同时存在的。由于斥力是短程力,而吸引力是长程力,因此只有在很短的距离内,斥力才会表现得很强。

以原子为例,原子之间的结合键是由于原子(同种和不同种)相互接近时外层电子重新分布造成的。一个独立的原子由于其外层电子完全屏蔽了原子核的正电荷,因此呈电中性。然而,当原子靠近其他原子时,它们的外层电子云会发生畸变,导致正负电荷的中心不再重合,从而产生某种形式的电偶极矩。这些电偶极矩之间的相反极性引起的静电吸引力使原子结合成晶体。

因此,根据外层电子云的不同分布类型对结合键进行分类是十分自然且合理的。结合键共有五种不同类型,其中三种是较强的,另外两种则是相对较弱的。

1.6.1 金属键

金属键是一种强化学键,无方向性,属非极性键,发生在同类和不同类原子之间。由于金属原子的外层电子是自由电子,它们被所有原子共有,因此,在正离子周围会形成相对均匀的电子云。这种电子云类似于一种强有力的粘合剂,均匀分布在许多正离子之间,并通过静电吸引力牢牢地把离子结合在一起,如图 1-9 所示。

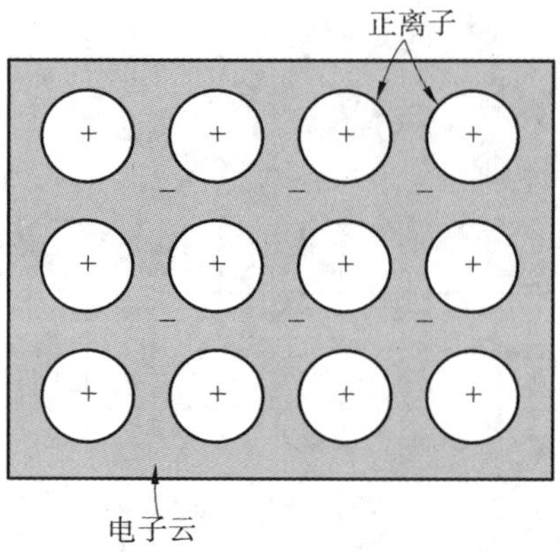

图 1-9　金属键(均匀的外层电子云分布在正离子周围)

1.6.2　共价键

共价键是一种强键,有很强的方向性,通常发生在同类原子之间。由于双方都有夺取对方电子的倾向,而它们夺取电子的能力又很接近或完全相等,因此通常是由双方各自提供若干电子,组成共有的公用电子对。这些电子以电子云的形态存在于两个原子之间。这样,正离子与电子云之间的吸引力超过正离子之间的斥力,这种结合方式称为共价键,如图 1-10 所示。

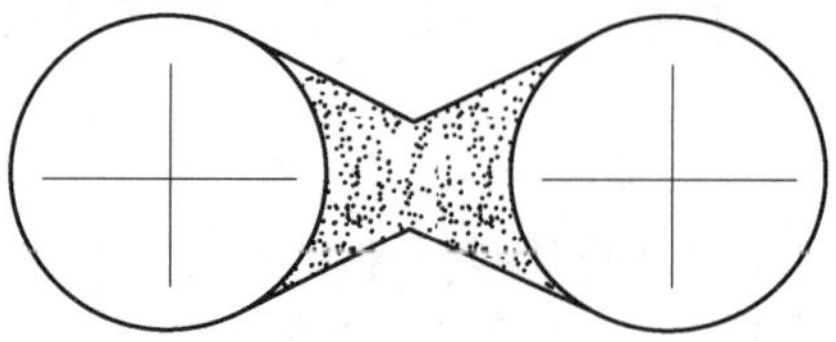

图 1-10　共价键(每个原子提供一个或若干个电子形成电子云分布)

1.6.3　离子键

离子键是一种强键,无方向性,仅发生在不同类原子之间,通常,当碱金属原子和卤素的非金属原子接近时,电子从正电性碱金属的原子外层转移至负电性卤素的非金属原子外层,于是产生了正离子和负离子,它们之间的静电吸引是造成这种离子键的根本原因,如图 1-11 所示。

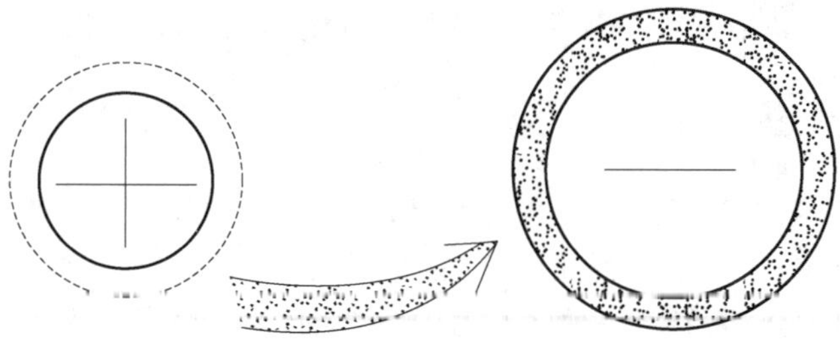

图 1-11　离子键(电子从正电性的原子外层转移至负电性的原子外层,产生一对正离子和负离子)

每个原子提供一个或若干个电子形成电子云分布,电子从正电性的原子外层转移至负电性的原子外层,从而产生一对正离子和负离子。

1.6.4　van de Waals(范德瓦耳斯)键

范德瓦耳斯键也称为分子键，是一种弱键，无方向性，通常它不出现在原子和离子的结合之中，而出现在呈中性的分子之间，仅当无其他强结合键存在时，分子键对整个结合才显得重要(例如，固态氩，熔点在－189 ℃)。虽然在一个分子中，正电荷和负电荷的重心在统计意义上是重合的，但在任何时刻，它们都可能随机地偏离这种平衡状态，从而产生瞬时偶极子。一个分子中的瞬时偶极子倾向于诱导邻近分子产生相似取向的偶极子，因此导致分子之间相互结合，如图 1-12 所示。

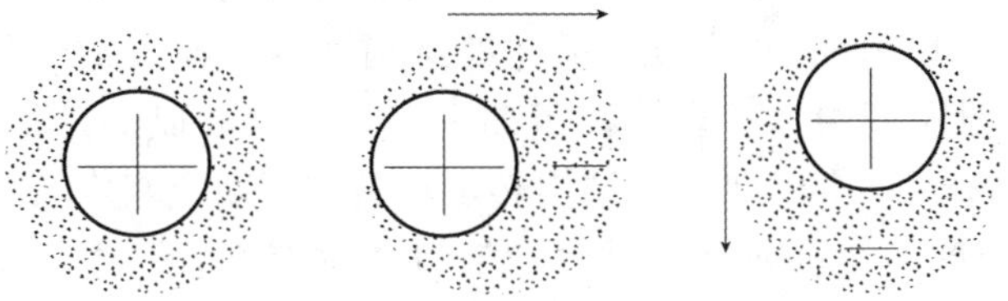

图 1-12　范德瓦耳斯键(电子云偏向于负电性的原子)

1.6.5　永久性偶极子(氢键)

这是一种弱键，有方向性，发生在不同类型的原子中，其中一种常常是氢原子。当在两种不同类型原子之间形成共价键时，它们夺取电子的能力是有差别的，因此它们之间的电子云分布会发生畸变。这些电子云偏向于电负性较大的原子(即夺取电子能力较强的原子)一侧。于是，在相邻的两个原子之间会形成电偶极子，这些电偶极子又会与周围适当取向的其他偶极子相互结合。在这种电偶极子中，正电性的原子常常是氢原子，因此这种相互作用也称为氢键，如图 1-13 所示。

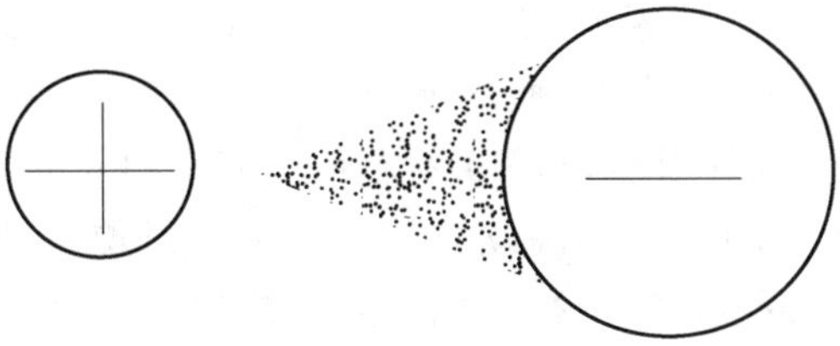

图 1-13　永久性偶极子

习题一

1-1　简述晶体和非晶体的差异。

1-2　晶体的基本特征有哪些?

1-3　简述晶体和准晶体的差异。

1-4　晶体中原子间的结合键有哪些?

第 2 章　晶体结构的周期性和对称性

晶体结构是指晶体内部的原子、离子或分子在空间中呈三维周期性规则排列的基本特征。由于晶体中微观物质单元(原子、离子、分子)之间存在化学键合,在这些键的作用下,微观物质单元按照一定的规则堆积,构成了晶体的结构基本单元。整个晶体可以看成是由这些结构基本单元在三维空间中按一定规律周期有序排列而形成的,不同晶体的微观物质单元具有不同的排列形式。一个周期性的结构必须具有如下两个基本要素:(1)周期性重复排列的结构基本单元,简称结构基元;(2)重复周期以及重复方式。为了便于分析和研究晶体中结构基本单元的排列规律,可以将晶体结构看成完整无缺的理想晶体,并将晶体结构抽象成只有数学意义的周期性图形,这种图形称为空间点阵(简称点阵)。空间点阵中的每一个点称为格点或阵点,这些格点的环境和性质是完全相同的。

2.1　空 间 点 阵

在 NaCl 晶体结构[见图 2-1(a)]中,相应的结构基元是 Na 离子和 Cl 离子。如果把 Na 离子和 Cl 离子所在位置抽象成几何点(质点),并将这些质点用线段连接起来,就构成了图 2-2 所示的立方体。如果尝试把图 2-2 中 Na 离子或 Cl 离子全部拿掉,全部 Na 离子或者 Cl 离子位置构成的立方体的边长完全相同,如图 2-3(a)所示;如果将一个 Na 离子和一个 Cl 离子作为一个整体,在其中心连线位置上某一处加一点(如 Na-Cl 连线的中点),该点的上方是 Cl 离子,下方是 Na 离子。仔细考察这些点,就会发现它们所处的几何环境和物质环境是完全相同的。我们把在晶体结构中几何环境和物质环境完全相同的点称为等同点。这些等同点集合也呈现为图 2-3(a)所示的图形,除立方体的 8 个顶点位置外,6 个侧面的中心位置各有一个等同点,这种图形在晶体结构中称为面心立方结构。

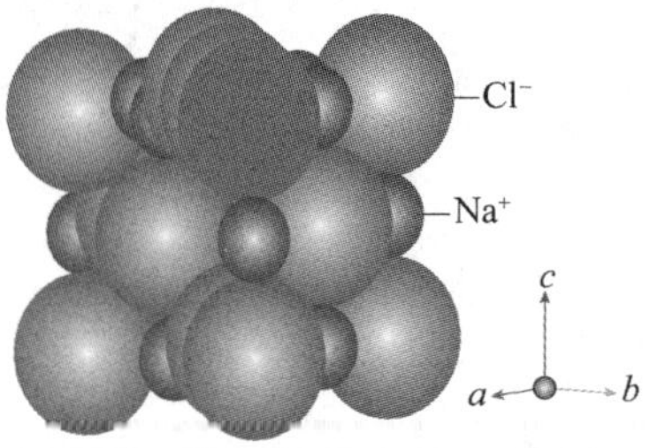

(a)

(b)

图 2-1　晶体结构模型

(a)NaCl;(b)纯铁

又如，图 2-1(b)所示为纯铁(α-Fe)的晶体结构，将每个 Fe 原子所处位置以几何点代替，抽象得到的等同点构成如图 2-3(b)所示的图形。这个立方体除 8 个顶点位置外，立方体中心位置也有一个等同点，这种图形在晶体结构中称为体心立方结构。这个图形是 α-Fe 晶体结构中等同点所具有的几何图像。晶体学中把这种表示晶体结构中等同点重复排列的几何图形称为空间点阵。

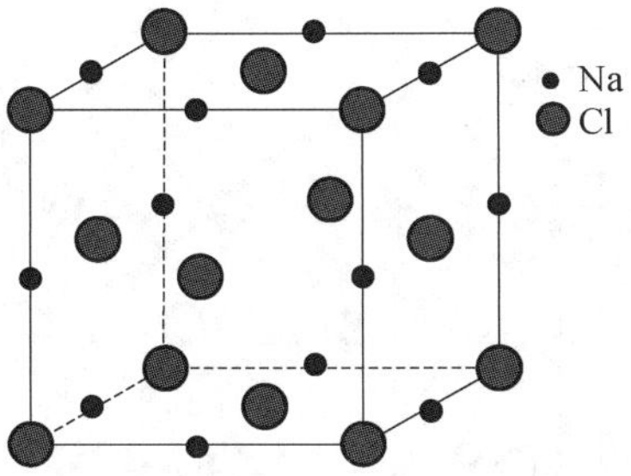

图 2-2　NaCl 晶体结构

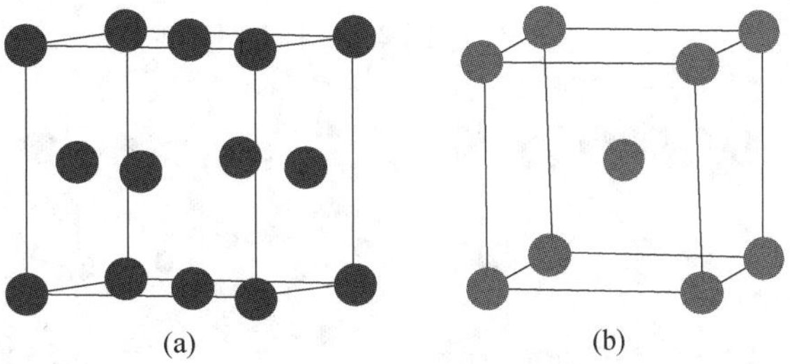

图 2-3　立方点阵

(a)面心立方；(b)体心立方

在与晶体结构相应的空间点阵中，每个等同点既可用来代表 Na^+ 和 Cl^-，也可用来代表其他具有面心立方点阵的各类原子。因此，构成空间点阵的点是抽象的等同点(几何点)，通常称为阵点(或格点)，等同点所代表的具体内容(原子、离子或分子等)称为晶体的结构单元或结构基元。再进一步考察晶体结构，可以发现每一类等同点在不同方向上都具有一定大小的重复周期。在图 2-2 中，NaCl 晶体结构的三个互相垂直的方向上相邻两个等同点的周期是 0.5628 nm。等同点在任一方向的重复周期性清楚地反映在由它抽象出来的空间点阵中，所以空间点阵概括地表达了晶体物质内部结构的一个最根本的性质——周期性。

可见，空间点阵和晶体结构是两个完全不同而又相互联系的概念，空间点阵是从具体晶体结构中抽象出来的一种几何图形，它反映了晶体中具体原子、离子或分子分布周期性的一种共性，同时忽略了晶体结构的具体内容。所以，晶体结构可以用下面简单的式子表示：

$$\text{空间点阵} + \text{结构单元} \rightarrow \text{晶体结构}$$

在这里“＋”号并不是严格数学意义上的加号，因为并不是随便哪一种结构单元都可以和特定的空间点阵结合而形成相应的晶体结构。很显然，只要知道某种晶体的空间点阵和结构基元，其晶体结构就可以完全确定，而特定的晶体结构要能稳定存在，结构单元和空间点阵的结合必须在能量上也是有利的。

晶体种类繁多，相应的晶体结构也各不相同，有些还非常复杂。但是所有晶体的空间点阵却只有 14 种，至于为什么只有 14 种点阵结构，将在本书的第三章详细讨论。点阵中每个阵点所代表的结构基元可以取不同的形式，这取决于组成它的原子种类、数目和排列方式。因此，每种点阵代表了许多种晶体结构的周期性。例如，图 2-4(a)(b)(c)(d)都属于同一种点阵类型。又如图 2-5 所示的铜、金刚石、NaCl 和 CaF_2 的结构都属于面心立方点阵。图 2-6给出了 α-Fe 和 CsCl 两种不同的晶体结构，初看起来，它们的结构似乎相同，但所属点阵并不相同：α-Fe 是体心立方，CsCl 为简单立方结构。可见，空间点阵的概念在晶体结构分析中是十分重要的。

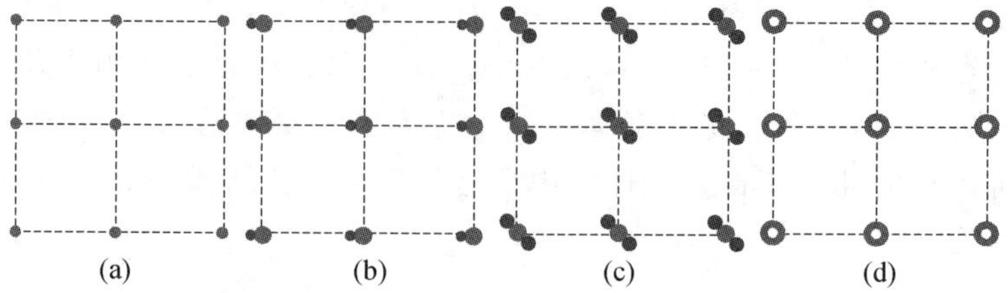

图 2-4 属于同一种点阵类型的不同晶体结构

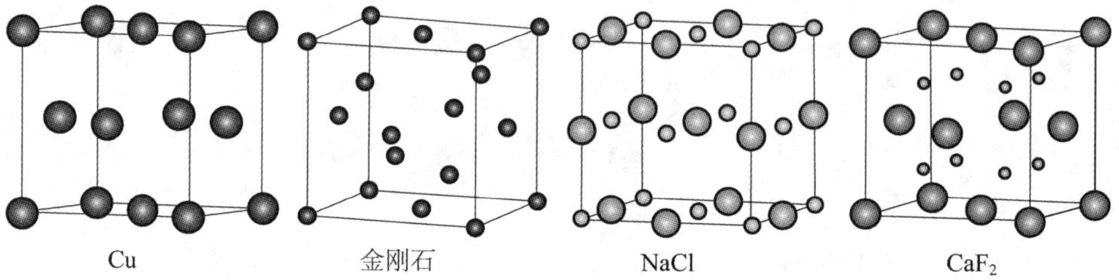

图 2-5 几种具有面心立方点阵的晶体结构

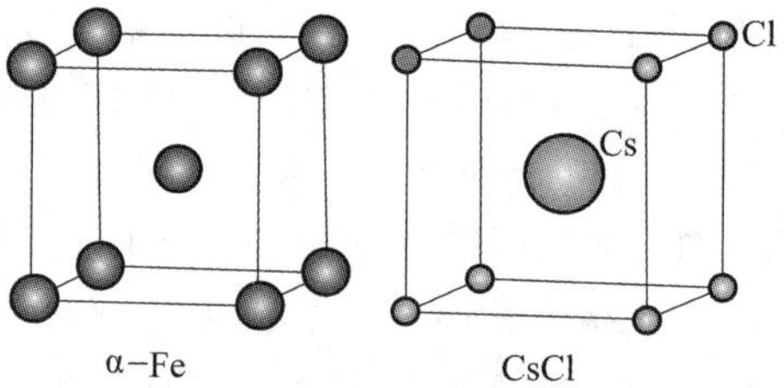

图 2-6 α-Fe 和 CsCl 晶体结构

2.1.1 一维点阵

阵点分布在同一直线上的空间点阵称一维点阵或直线点阵。在直线点阵中，各个阵点是几何点，各点之间的间距相等，点阵是一维的。图 2-7 所示为具有一维周期性的聚乙烯分子链—CH_2—CH_2—，每个结构基元包含 2 个 C 原子和 4 个 H 原子。不论等同点放在 C—C 链的中心或其他位置上，它所代表的结构基元的内容都一样。在相邻两阵点间作一矢量，称之为初基平移矢量 $\boldsymbol{a}$，在任意一对阵点间所作的矢量 $\boldsymbol{T}$，称为点阵的平移矢量。$\boldsymbol{T}$ 是初基平移矢量 $\boldsymbol{a}$ 的整数倍，记为 $\boldsymbol{T}=n\boldsymbol{a}$（$n=0,\pm1,\pm2\ \cdots$）。

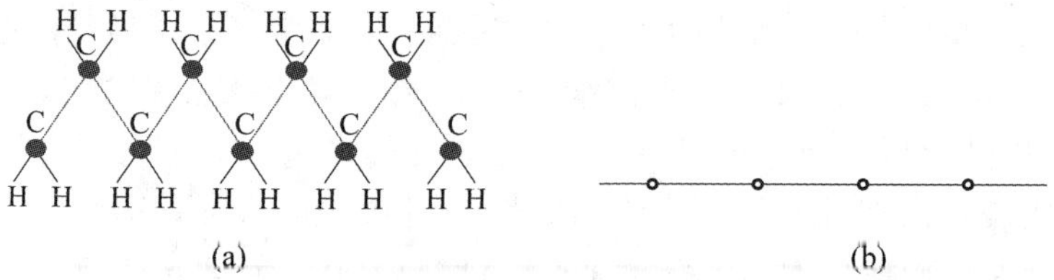

图 2-7 一维聚乙烯分子

(a)晶体结构；(b)一维点阵

2.1.2　二维点阵

阵点分布在同一平面上的点阵称为二维点阵或平面点阵。描述一个平面点阵需要一对初基平移矢量($\boldsymbol{a}$,$\boldsymbol{b}$),通常它们起始于同一原点。这样一对初基平移矢量的线性组合能产生二维点阵中所有的点阵平移矢量,即 $\boldsymbol{T}=m\boldsymbol{a}+n\boldsymbol{b}$(其中,$m$、$n$ 为任意整数,m、n 不同时为零)。显然,在图 2-8 所示的平面点阵中,$\boldsymbol{a}_1$ 和 $\boldsymbol{a}_2$、$\boldsymbol{a}_3$ 和 $\boldsymbol{a}_4$ 是两对初基平移矢量。然而,$\boldsymbol{a}_5$、$\boldsymbol{a}_6$ 是一对非初基平移矢量,因为它们各种可能的线性组合并不能给出全部的点阵平移矢量,如无法给出图 2-8 中的 $\boldsymbol{x}_1$、$\boldsymbol{x}_2$、$\boldsymbol{x}_3$ 等。

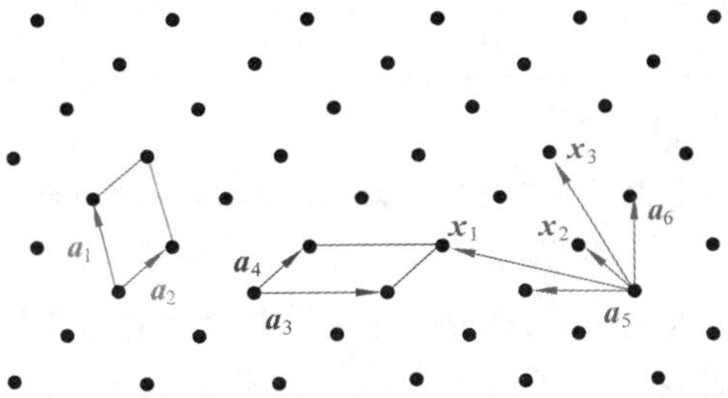

图 2-8　平面点阵中初基平移矢量和非初基平移矢量

由一对初基平移矢量 $\boldsymbol{a}$、$\boldsymbol{b}$ 构成的平行四边形是平面点阵中的初基格子。初基格子有如下性质:

(1) 当初基格子由原点依次移至每个阵点时,全部点阵面积将被初基格子覆盖。换言之,使用一种初基格子可以铺满整个点阵空间。

(2) 在同一点阵中,不同的初基格子的面积相同,如图 2-9 所示。

(3) 每个初基格子只包含一个阵点。以图 2-9 中任一个初基格子为例,每个初基格子上有四个阵点,每个阵点被四个初基格子所共有,所以,每个格子只占有一个阵点($4\times1/4=1$)。所以,包含的阵点超过 1 的任何格子都是非初基格子。

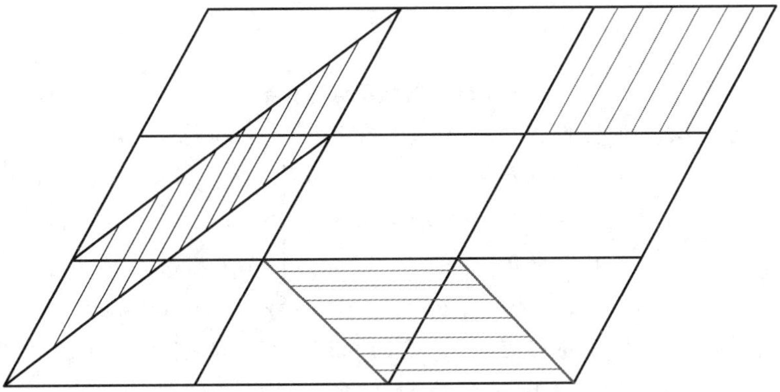

图 2-9　平面点阵中的三个初基格子

2.1.3　三维点阵

与一维和二维点阵不同,三维点阵需要三个不共面的初基平移矢量 $\boldsymbol{a}$、$\boldsymbol{b}$、$\boldsymbol{c}$ 来描述。通常将它们平移至同一起点,三维点阵中任一点阵平移矢量 $\boldsymbol{T}$ 都可表示为 $\boldsymbol{T}=m\boldsymbol{a}+n\boldsymbol{b}+p\boldsymbol{c}$($m$、$n$、$p$ 为任意整数)。

三维点阵的初基格子为一平行六面体，只包括一个阵点（$8\times1/8=1$）。若格子含有一个以上阵点，这样的格子则为非初基格子。同一面心立方空间点阵中画出的一个初基格子（橙色格子）和两个非初基格子（绿色和粉色格子）如图 2-10 所示。

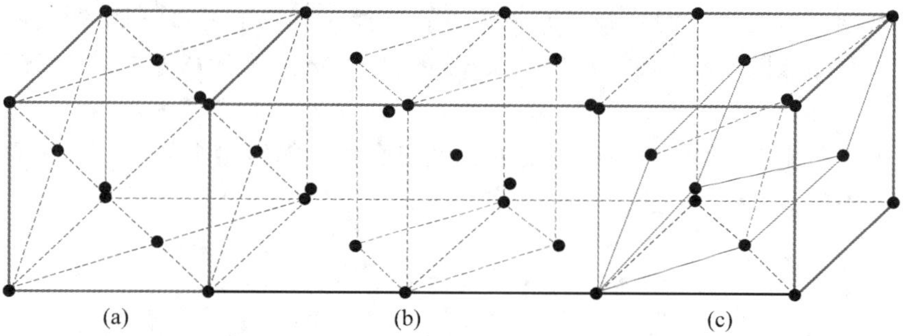

图 2-10　面心立方空间点阵中的一个初基格子和两个非初基格子

空间点阵按初基格子划分后称为空间格子。初基格子和非初基格子分别与晶体结构中的初基晶胞和非初基晶胞相对应。初基格子（又称原胞）是晶体结构中最小的重复单元，将初基格子作三维的重复堆砌就构成了空间点阵。需要注意的是，在初基格子的选取中，因选取方式的不同可以在同一空间点阵中得到不同的原胞。

通常将确定点阵格子形状和大小的三个矢量 $\boldsymbol{a}$、$\boldsymbol{b}$、$\boldsymbol{c}$ 的模（a、b、c）及其夹角（α、β、γ）称为点阵参数，如图 2-11 所示。

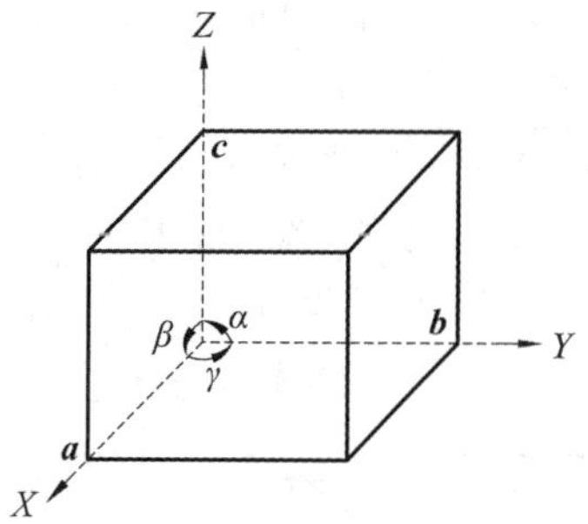

图 2-11　晶胞及点阵参数

设点阵格子的体积为∇，根据矢量代数公式得$\nabla=(\boldsymbol{a}\times\boldsymbol{b})\cdot\boldsymbol{c}$，则：

$$\nabla^2=\begin{vmatrix}\boldsymbol{a}\cdot\boldsymbol{a} & \boldsymbol{a}\cdot\boldsymbol{b} & \boldsymbol{a}\cdot\boldsymbol{c}\\ \boldsymbol{b}\cdot\boldsymbol{a} & \boldsymbol{b}\cdot\boldsymbol{b} & \boldsymbol{b}\cdot\boldsymbol{c}\\ \boldsymbol{c}\cdot\boldsymbol{a} & \boldsymbol{c}\cdot\boldsymbol{b} & \boldsymbol{c}\cdot\boldsymbol{c}\end{vmatrix}=a^2b^2c^2\begin{vmatrix}1 & \cos\gamma & \cos\beta\\ \cos\gamma & 1 & \cos\alpha\\ \cos\beta & \cos\alpha & 1\end{vmatrix}$$
$$=a^2b^2c^2(1-\cos^2\alpha-\cos^2\beta-\cos^2\gamma+2\cos\alpha\cos\beta\cos\gamma) \tag{2-1}$$

表 2-1 列出了晶体与点阵的对应关系。必须指出，实际晶体有一定大小，晶体或多或少都存在一定缺陷，且晶体中原子不断进行热振动，所以实际晶体结构并不是完美的理想点阵结构。在一般多晶材料中，晶粒大小在 10～100 μm（即 10^5～10^6 Å）范围，晶体内部周期在几个 Å 左右。因此，相应晶体点阵的平移矢量 $\boldsymbol{T}=m\boldsymbol{a}+n\boldsymbol{b}+p\boldsymbol{c}$ 中的 m、n、p 在 10^5～10^6 数量级，这样的晶体可近似看作无限大来处理。由于晶体结构具有周期性特点，因此只需取一个单位重复单元来讨论。如果知道一个由 $\boldsymbol{a}$、$\boldsymbol{b}$、$\boldsymbol{c}$ 构成的初基晶胞内各原子的分布，整个晶体结构也就一目了然了。

表 2-1　点阵和晶体的对应关系

空间点阵	三维点阵	平面点阵	直线点阵	阵点	初基格子	非初基格子
晶体结构	晶格	晶面	晶棱(列)	结构基元	初基晶胞	非初基晶胞

2.2　晶体的对称性

对称性是自然科学最普遍和最基本的概念之一，指的是物体或图形中相同部分之间有规律地重复，意味着对称的物体或图形中，有两个或两个以上的等同部分。那么，经过一定的对称操作(调换等同部分)，可使物体或图形恢复原状。如果一个平面图形沿着一条直线折叠后，直线两旁的部分能够互相重合，那么这个图形叫作轴对称图形，这条直线叫作对称轴，如图 2-12(a)中的蝴蝶；如果一个图形绕着某一定点旋转一个角度 $360°/n$(n 为大于 1 的正整数)后，与初始的图形重合，这种图形就叫作旋转对称图形，这个定点就叫作旋转对称中心，旋转的角度叫作旋转角。如图 2-12(b)所示的图案，绕其中心顺时针或逆时针旋转 120°($n=3$)，该图形保持不变。

(a)　　(b)

图 2-12　对称图案

在晶体结构中，由于原子按特定的规则排列，其空间点阵不仅具有周期性，而且还具有另外一种重要的特性——对称性。晶体的对称性是指晶体中存在两个或两个以上的等同部分，通过一定的几何操作后能使它们作周期性复原的性质。

如图 2-13 所示，如果把立方形的岩盐晶体绕其中心轴旋转 90°、180°、270°、360°后，晶体能周期地重复，就像没有旋转一样。

图 2-13　岩盐晶体及晶体的旋转对称性

相比于物体或图形的对称性，晶体的对称性有以下特点：

（1）晶体是由其内部原子、离子、分子在空间作三维周期性的规则排列而形成的，通过结构基元的平移可使之重复，这种规则的重复就是平移对称性的一种形式。

（2）晶体的对称性同时受晶格构造的限制，晶体中只存在符合晶格构造规律的对称性。

（3）晶体的对称性不仅体现在宏观外形上，也体现在其物理性质上。

晶体外形上的规则性表现为晶面的对称性排列。能使晶体中各等同部位复原，而不改变等同部分内部任何两点距离的动作称为对称操作或对称变换。在施行对称操作时所凭借的几何元素，即对称操作中不动的点、线、面等几何元素，称为对称元素。对称操作是揭示晶体物质对称性的手段，通过对称元素进行操作，可以使各个等同部分周期性地复原。这种能够通过操作实现等同部分复原的几何图形就是对称图形。对称图形所含有的全部对称元素的集合称为该对称图形的对称群。对称群所包含的全部不同对称操作的种数称为它的对称群的阶次。例如，对于 3 次旋转轴，其对称操作有 $L(120°)$（表示绕 3 次轴旋转 120°）、$L(240°)$（表示绕 3 次轴旋转 2 个 120°），$L(360°)$ 共三个对称操作，故阶次为 3。

每一种晶体结构都有相应的对称元素，具有什么样的对称元素是由晶体结构本身所决定的。为了便于了解晶体的结构和性质，我们可按照晶体所具有的对称元素对晶体进行分类，以下介绍晶体中可能存在的各种对称元素。

2.2.1 平移

如果晶体点阵沿着任一点阵平移矢量 $\boldsymbol{T}$ 移动后一定会使点阵复原，这种对称操作就称为平移。相应的平移操作矢量就是平移对称元素，或称平移轴。点阵中任意两点间的矢量为

$$\boldsymbol{T} = m\boldsymbol{a} + n\boldsymbol{b} + p\boldsymbol{c} \tag{2-2}$$

其中，m、n、$p=0,\pm1,\pm2,\pm3,\cdots,\pm n$。所以晶体点阵有无限多的平移矢量，每一个平移矢量至少连接点阵中两个阵点。由于所有这些平移矢量的集合也满足上述对称群的定义，因此称之为平移群。凡沿平移群中任一矢量进行平移，都能使点阵复原，即平移不变性。平移操作是晶体点阵所特有的，仅对具有周期性的无限图形才有意义。所以空间点阵的周期性实质上就是指它的平移对称性。在结晶多面体的有限宏观外形上，显然不能进行平移对称操作。

2.2.2 旋转

如果以晶体结构中某一固定直线作为旋转轴，整个晶体绕轴旋转 $2\pi/n$ 角度后能周期地复原，则称此晶体具有 n 次旋转对称，旋转轴又称对称轴。n 为旋转一周中复原的次数，称为旋转轴次。令 $\alpha=2\pi/n$ 为晶体旋转复原的最小旋转角，称为基转角，则 $n=360°/\alpha$。由于任一物体旋转一周（360°）后必然复原，轴次 n 的取值必然为正整数，因此基转角必须能整除 360°。根据晶体对称定律，理想晶体只可能出现一次轴、二次轴、三次轴、四次轴和六次轴，而不存在五次和高于六次的旋转轴，这是晶体区别其他物质的轴对称特征。

将旋转轴以 C 表示，轴次 n 写在右下角，记为 C_n，或用轴次的阿拉伯数字表示（1、2、3、4、6），前一种为熊夫利斯（Schoenflies，德国晶体学家）符号，后一种称为国际符号。晶体结构中可能出现的旋转轴及其相应的符号如表 2-2 所示。

表 2-2　晶体可能存在的旋转轴及其相应的符号

名称	符号		基转角	作图符号
	熊夫利斯符号	国际符号		
一次轴	C_1	1	360°	无
二次轴	C_2	2	180°	●
三次轴	C_3	3	120°	▲
四次轴	C_4	4	90°	■
六次轴	C_6	6	60°	⬢

如果不考虑点阵的平移对称，围绕一点的旋转对称可以是任意的。由于旋转对称和平移对称共存于同一点阵之中，它们彼此制约，这就限制了旋转对称只有 C_1、C_2、C_3、C_4 和 C_6 五种操作。现证明如下：

如图 2-14 所示，以一维点阵 A 为例，其点阵周期为 a。假设点阵绕阵点 A_1 逆时针作 $n\alpha=360°$旋转后使 A_2 点复原，逆时针旋转 α 角把 A_2 旋转到 A_1'；点阵绕阵点 A_2 逆时针旋转$(n-1)\alpha$ 角，相当于顺时针旋转 α 角，把阵点 A_1 转到 A_2'；A_1'、A_2'构成一个新的一维点阵，只有当 A_1'和 A_2'间距是 A_1、A_2 间距 a 的整数倍 g 时，旋转对称与平移对称才能共存于同一点阵中，因此有：

$$a+2a\cos(\pi-\alpha)=ga \tag{2-3}$$

$$-\cos\alpha=(g-1)/2 \tag{2-4}$$

$$|(g-1)/2|\leqslant 1 \tag{2-5}$$

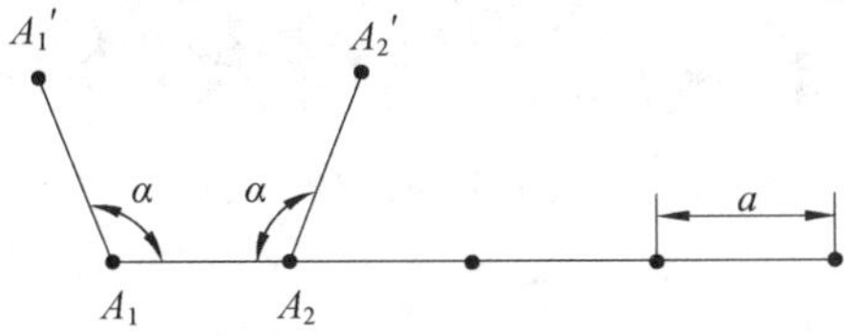

图 2-14　旋转对称操作示意图

由此，可能的 g 值和 $\cos\alpha$ 值如表 2-3 所示。

表 2-3　一维点阵中 g 值、$\cos\alpha$ 值和 α 值

g	−1	0	1	2	3
$\cos\alpha$	1	1/2	0	−1/2	−1
α	0 或 2π	60°	90°	120°	180°

考虑到 g 只能取整数，满足式(2-4)的 α 值只能是表 2-3 中的五种取值，对应的旋转轴次 n 只能取 1、2、3、4、6 五个数，即晶体结构中只能有上述五种旋转轴，否则晶胞将不能占有全部点阵空间，也即平移对称性将遭到破坏。这也就意味着，不存在 5 次和 6 次以上旋转对称轴，这是空间点阵平移对称性的必然要求，其主体是空间点阵。那么，准晶的发现是否打破了晶体的这一规律？

事实上，晶体学的理论体系并没有因为 5 次旋转对称性的发现而崩溃，反而在这一新发现的推动下得到了新的发展。

对于准晶的五次对称性，英国数学家 Penrose 指出，虽然不能用正五边形铺满整个平面，但可以用两种具有 $\pi/5$ 整数倍角度的菱形（一种是顶角为 $2\pi/5$ 和 $3\pi/5$ 的宽菱形，另一种是具有 $\pi/5$ 和 $4\pi/5$ 的窄菱形）无缝隙地铺满整个平面。这样就形成了具有某种 5 次对称性的图案，如图 2-15 所示。这种图案虽然没有平移周期对称性，不符合空间点阵的定义，但又不是完全无序。这种非点阵结构的 5 次对称性与建立在空间点阵基础上的经典晶体学并不矛盾。

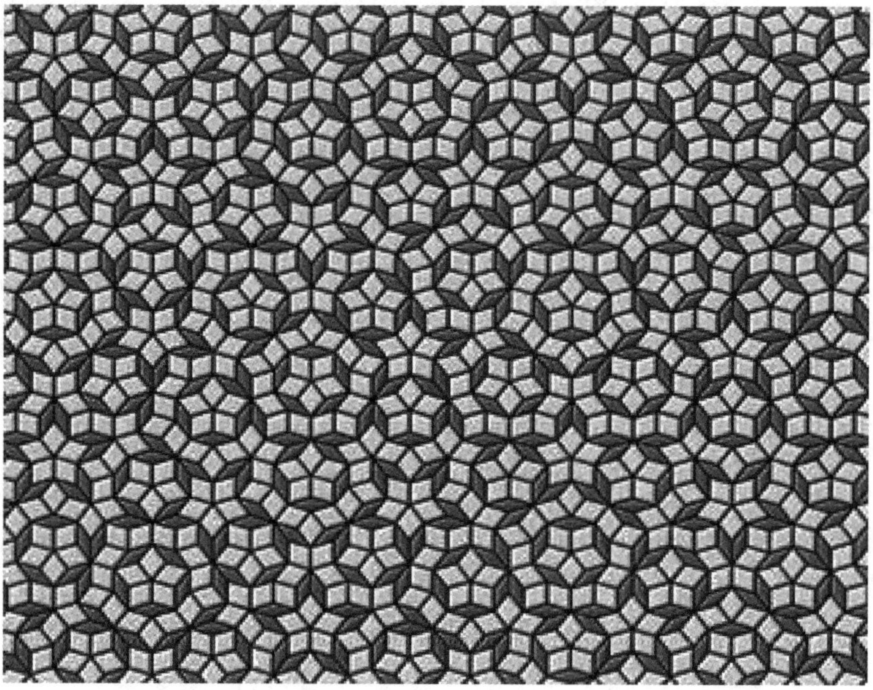

图 2-15　5 次旋转对称的 Penrose 拼图

当晶体绕晶体坐标系的原点顺时针旋转 θ 角后能复原时，上述操作也可看作原晶体坐标系 (x,y,z) 绕原点逆时针旋转 θ 角，此时得到一个新坐标系 (x',y',z')。则晶体中某固定点 M 的新坐标 (x',y',z') 参照原坐标 (x,y,z) 的表达式为

$$\begin{pmatrix} x' \\ y' \\ z' \end{pmatrix} = \begin{pmatrix} a_{11} & a_{12} & a_{13} \\ a_{21} & a_{22} & a_{23} \\ a_{31} & a_{32} & a_{33} \end{pmatrix} \begin{pmatrix} x \\ y \\ z \end{pmatrix} \tag{2-6}$$

令

$$\boldsymbol{a}_{ij} = \begin{pmatrix} a_{11} & a_{12} & a_{13} \\ a_{21} & a_{22} & a_{23} \\ a_{31} & a_{32} & a_{33} \end{pmatrix} \tag{2-7}$$

$\boldsymbol{a}_{ij}$ 即为对称变换矩阵。$a_{ij}(i,j=1,2,3)$ 是新坐标轴 i 与原坐标轴 j 之间夹角的余弦。

当原坐标系绕 X 轴逆时针旋转 θ 角时（如图 2-16 所示），对称变换矩阵为

$$\boldsymbol{a}_{ij} = \begin{pmatrix} 1 & 0 & 0 \\ 0 & \cos\theta & \sin\theta \\ 0 & -\sin\theta & \cos\theta \end{pmatrix} \tag{2-8}$$

当晶体点阵中的 a 轴选为 X 轴，且 a 轴为 2 次轴时，上述对称变换矩阵变为

$$\boldsymbol{L}(180^\circ)=\begin{pmatrix}1 & 0 & 0\\ 0 & -1 & 0\\ 0 & 0 & -1\end{pmatrix} \tag{2-9}$$

当 a 轴为 4 次轴时，对称变换矩阵为

$$\boldsymbol{L}(90^\circ)=\begin{pmatrix}1 & 0 & 0\\ 0 & 0 & 1\\ 0 & -1 & 0\end{pmatrix} \tag{2-10}$$

当 a 轴为 3 次轴时，对称变换矩阵为

$$\boldsymbol{L}(120^\circ)=\begin{pmatrix}1 & 0 & 0\\ 0 & -\frac{1}{2} & \frac{\sqrt{3}}{2}\\ 0 & -\frac{\sqrt{3}}{2} & -\frac{1}{2}\end{pmatrix} \tag{2-11}$$

当 a 轴为 6 次轴时，对称变换矩阵为

$$\boldsymbol{L}(60^\circ)=\begin{pmatrix}1 & 0 & 0\\ 0 & \frac{1}{2} & \frac{\sqrt{3}}{2}\\ 0 & -\frac{\sqrt{3}}{2} & \frac{1}{2}\end{pmatrix} \tag{2-12}$$

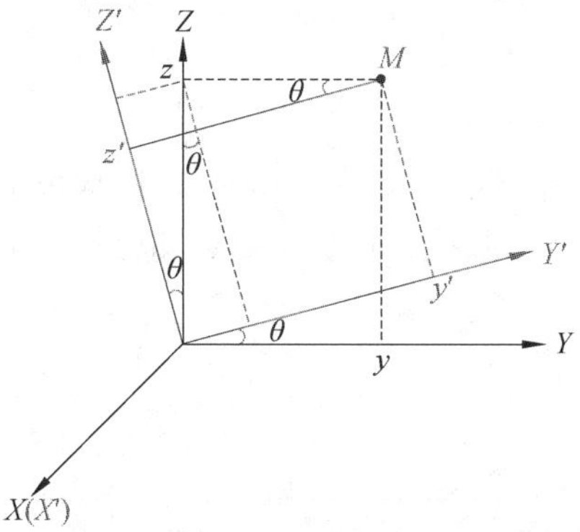

图 2-16　*XYZ* 坐标系绕 *X* 轴逆时针旋转 *θ* 角后得到新坐标系 *X′Y′Z′*

2.2.3　反映

如果晶体表面或内部每一点通过该晶体中的一个平面反映，在平面的另一侧等距离处都能找到相应的等同点，即图形互为镜像而又不叠合，如图 2-17 所示，这种对称操作称为反映，习惯符号为 P，国际符号为 m。施行对称操作的元素称为对称面或镜面，包含的对称操作有 m，$m^2=1$（表示经过二次反映后与未经过对称操作一样），阶次是 2。

设晶体点阵中的 bc 面为反映面，且 a 轴垂直于 bc 面，则晶体点阵中某一点 M 的反映对称操作相当于新坐标系中的 a 轴旋转了 180°，而 b、c 轴保持不变，根据公式(2-8)，对称变换矩阵为

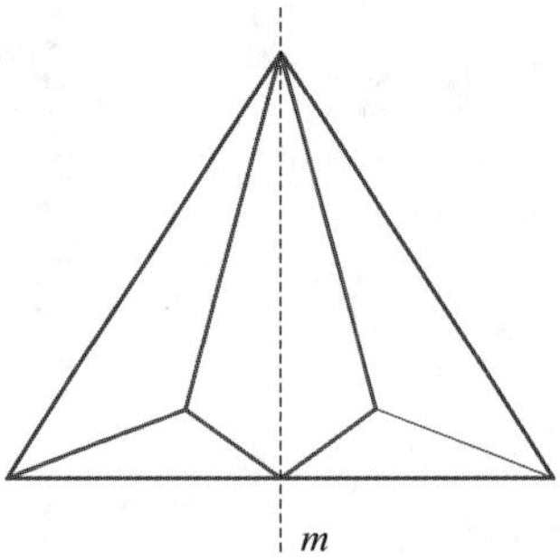

图 2-17　反映(镜面)对称示意图

$$m_a = \begin{bmatrix} -1 & 0 & 0 \\ 0 & 1 & 0 \\ 0 & 0 & 1 \end{bmatrix} \tag{2-13}$$

同理,垂直于 b、c 轴的反映面对称变换矩阵分别为

$$m_b = \begin{bmatrix} 1 & 0 & 0 \\ 0 & -1 & 0 \\ 0 & 0 & 1 \end{bmatrix} \tag{2-14}$$

$$m_c = \begin{bmatrix} 1 & 0 & 0 \\ 0 & 1 & 0 \\ 0 & 0 & -1 \end{bmatrix} \tag{2-15}$$

2.2.4　反演

若在通过晶体中心的任一直线上,离中心等距离处均能找到相应的等同点,如图 2-18 所示,则该晶体具有对称中心,此对称操作称为反演,记为 i。对称操作有 i,$i^2=1$,阶次为 2。

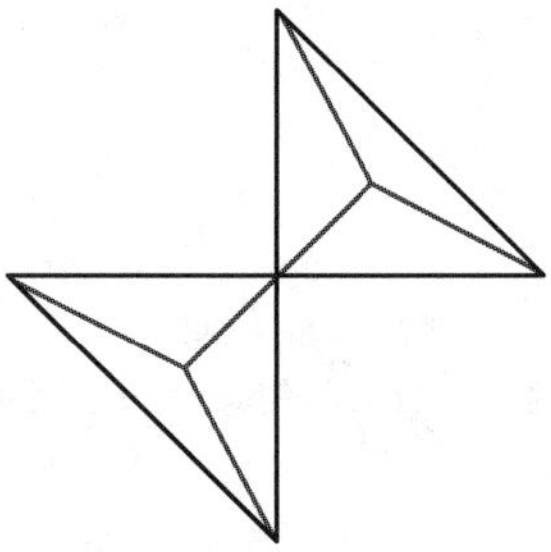

图 2-18　反演对称示意图

空间点阵中的每一阵点以及其他相应的特定位置都是对称中心。因而,当点阵以某一阵点为原点时,若在(x,y,z)位置有一原子,则在($-x$,$-y$,$-z$)处必有相同的原子。

当坐标原点置于对称中心时,反演后新坐标相对于原坐标分别旋转了 180°,二次反演则旋转了 360°。因此,对称变换矩阵分别为

$$i = \begin{bmatrix} -1 & 0 & 0 \\ 0 & -1 & 0 \\ 0 & 0 & -1 \end{bmatrix} \tag{2-16}$$

$$\boldsymbol{i}^2=\begin{pmatrix}-1&0&0\\0&-1&0\\0&0&-1\end{pmatrix}\begin{pmatrix}-1&0&0\\0&-1&0\\0&0&-1\end{pmatrix}=\begin{pmatrix}1&0&0\\0&1&0\\0&0&1\end{pmatrix}=\boldsymbol{E} \tag{2-17}$$

这里 $\boldsymbol{E}$ 为单位矩阵，对应的是不变操作。

2.2.5 旋转-反演

晶体绕某一固定轴旋转 $\theta=2\pi/n$ 以后再经反演，晶体能复原，称这种对称操作为旋转-反演。这是一种复合对称操作，其对称元素为旋转-反演对称轴（简称反演轴），它并非普通旋转对称轴。显然，晶体的反演轴也能有 1、2、3、4、6 次，而不可能有 5 次或 6 次以上的反演轴。为了与普通旋转轴相区别，在轴次上再加一横，即分别用 $\bar{1}$、$\bar{2}$、$\bar{3}$、$\bar{4}$、$\bar{6}$ 来表示反演轴。

(1) 1 次反演轴就是对称中心，即 $\bar{1}=\boldsymbol{i}$，如图 2-19(a)所示。

(2) 2 次反演轴是垂直于该轴的对称面。若绕 a 轴旋转 180°，再经反演，则其对称变换矩阵为

$$\bar{2}=\begin{pmatrix}1&0&0\\0&-1&0\\0&0&-1\end{pmatrix}\begin{pmatrix}-1&0&0\\0&-1&0\\0&0&-1\end{pmatrix}=\begin{pmatrix}-1&0&0\\0&1&0\\0&0&1\end{pmatrix}=\boldsymbol{m} \tag{2-18}$$

此镜面 $\boldsymbol{m}$ 垂直于 a 轴，因此二次反演轴即为垂直于该轴的镜面，如图 2-19(b)所示。

(3) 3 次反演轴的效果和 3 次旋转轴加上对称中心的总效果一样。若晶体绕 a 轴旋转 120°再经过反演，则其对称变换矩阵为

$$\bar{3}=\begin{pmatrix}1&0&0\\0&-\frac{1}{2}&\frac{\sqrt{3}}{2}\\0&-\frac{\sqrt{3}}{2}&-\frac{1}{2}\end{pmatrix}\begin{pmatrix}-1&0&0\\0&-1&0\\0&0&-1\end{pmatrix}=\begin{pmatrix}-1&0&0\\0&\frac{1}{2}&-\frac{\sqrt{3}}{2}\\0&\frac{\sqrt{3}}{2}&\frac{1}{2}\end{pmatrix}=3+\boldsymbol{i} \tag{2-19}$$

上述写法表明，三次反演轴并不是晶体中独立的对称元素。也就是说，晶体中的一个 3 次反演轴和一个 3 次旋转轴以及在该轴上的对称中心是完全等效的。可以认为 3 次反演轴中 3 次旋转轴和反演中心是相互独立的。从矩阵运算来看，3 次反演轴基本操作矩阵为 $\boldsymbol{L}(120°)\boldsymbol{i}$，连续操作对应的矩阵分别为

$$[\boldsymbol{L}(120°)\boldsymbol{i}]^2=\boldsymbol{L}(240°)\boldsymbol{i}^2=\boldsymbol{L}(240°)\boldsymbol{E}=\boldsymbol{L}(240°)=\boldsymbol{L}(120°)^*$$

其中，$\boldsymbol{L}(120°)^*$ 为 $\boldsymbol{L}(120°)$ 的逆操作；$[\boldsymbol{L}(120°)\boldsymbol{i}]^3=\boldsymbol{L}(360°)\boldsymbol{i}^3=\boldsymbol{i}$；$[\boldsymbol{L}(120°)\boldsymbol{i}]^4=\boldsymbol{L}(480°)\boldsymbol{i}^4=\boldsymbol{L}(120°)$；$[\boldsymbol{L}(120°)\boldsymbol{i}]^5=\boldsymbol{L}(600°)\boldsymbol{i}^5=\boldsymbol{L}(240°)\boldsymbol{i}=\boldsymbol{L}(120°)^*\boldsymbol{i}$；$[\boldsymbol{L}(120°)\boldsymbol{i}]^6=\boldsymbol{L}(720°)\boldsymbol{i}^6=\boldsymbol{E}$。

而 3 次旋转轴的基本操作矩阵为 $\boldsymbol{L}(120°)$，反演中心的基本操作矩阵为 $\boldsymbol{i}$，如果晶体中存在独立的 3 次旋转轴和反演中心，3 次旋转轴连续作用可以得到如下矩阵：$[\boldsymbol{L}(120°)]^1=\boldsymbol{L}(120°)$，$[\boldsymbol{L}(120°)]^2=\boldsymbol{L}(240°)=\boldsymbol{L}(120°)^*$，$[\boldsymbol{L}(120°)]^3=\boldsymbol{L}(360°)=\boldsymbol{E}$。反演中心和 3 次旋转轴操作连续作用时，可得到矩阵：$\boldsymbol{iL}(120°)$，$\boldsymbol{iL}(120°)^*$。因为 $\boldsymbol{iL}(120°)=\boldsymbol{L}(120°)\boldsymbol{i}$，$\boldsymbol{iL}(120°)^*=\boldsymbol{L}(120°)^*\boldsymbol{i}$，可见 3 次旋转轴和反演中心独立存在得到的操作矩阵是完全一样的，即 $\boldsymbol{i}$、$\boldsymbol{L}(120°)$、$\boldsymbol{L}(120°)^*$、$\boldsymbol{E}$、$\boldsymbol{L}(120°)\boldsymbol{i}$、$\boldsymbol{L}(120°)^*\boldsymbol{i}$ 共 6 个操作矩阵。所以 3 次反演轴和 1 次、2 次反演轴一样都不是独立的对称元素，如图 2-19(c)所示。

(4) 如果以 a 轴作为 6 次反演轴的话，其操作相当于先绕 a 轴逆时针旋转 60°再进行反演操作，操作矩阵如下：

$$\bar{6}=\begin{pmatrix}1&0&0\\0&\frac{1}{2}&\frac{\sqrt{3}}{2}\\0&-\frac{\sqrt{3}}{2}&\frac{1}{2}\end{pmatrix}\begin{pmatrix}-1&0&0\\0&-1&0\\0&0&-1\end{pmatrix}=\begin{pmatrix}-1&0&0\\0&-\frac{1}{2}&-\frac{\sqrt{3}}{2}\\0&\frac{\sqrt{3}}{2}&-\frac{1}{2}\end{pmatrix}\tag{2-20}$$

我们来看另一个复合操作,即先绕 a 轴顺时针旋转 120°,相当于对称操作 $\boldsymbol{L}(120°)^*$,即先逆时针旋转 240°,再以与 a 轴垂直的面进行反映操作,操作矩阵为

$$\boldsymbol{L}(120°)^*\boldsymbol{m}=\begin{pmatrix}1&0&0\\0&-\frac{1}{2}&-\frac{\sqrt{3}}{2}\\0&\frac{\sqrt{3}}{2}&-\frac{1}{2}\end{pmatrix}\begin{pmatrix}-1&0&0\\0&1&0\\0&0&1\end{pmatrix}=\begin{pmatrix}-1&0&0\\0&-\frac{1}{2}&-\frac{\sqrt{3}}{2}\\0&\frac{\sqrt{3}}{2}&-\frac{1}{2}\end{pmatrix}=\bar{6}=3+\boldsymbol{m}\tag{2-21}$$

可见,6 次反演轴和 3 次旋转轴加上垂直于该轴的对称面效果完全相同,也不是一个独立的对称元素,如图 2-19(d)所示。

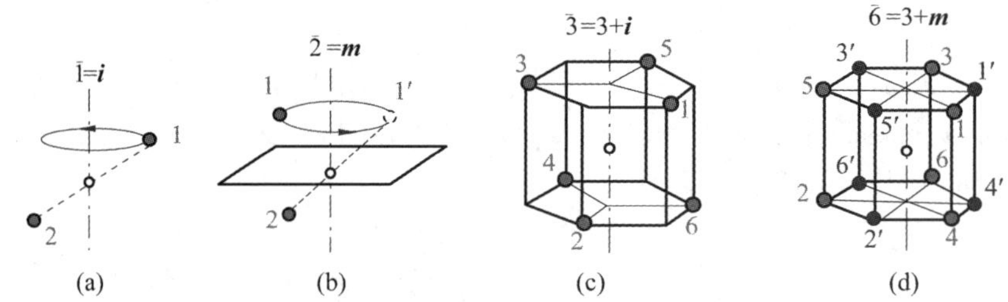

图 2-19　1、2、3、6 次反演轴效果图

(5) 4 次反演轴的对称变换矩阵为

$$\bar{4}=\begin{pmatrix}1&0&0\\0&0&1\\0&-1&0\end{pmatrix}\begin{pmatrix}-1&0&0\\0&-1&0\\0&0&-1\end{pmatrix}=\begin{pmatrix}-1&0&0\\0&0&-1\\0&1&0\end{pmatrix}\neq 4+\boldsymbol{i}\tag{2-22}$$

从矩阵运算来看,4 次反演轴基本操作矩阵为 $\boldsymbol{L}(90°)\boldsymbol{i}$,连续操作对应的矩阵分别为

$$[\boldsymbol{L}(90°)\boldsymbol{i}]^1=\boldsymbol{L}(90°)\boldsymbol{i}$$

$$[\boldsymbol{L}(90°)\boldsymbol{i}]^2=\boldsymbol{L}(180°)\boldsymbol{i}^2=\boldsymbol{L}(180°)\boldsymbol{E}=\boldsymbol{L}(180°)$$

$$[\boldsymbol{L}(90°)\boldsymbol{i}]^3=\boldsymbol{L}(270°)\boldsymbol{i}^3=\boldsymbol{L}(90°)^*\boldsymbol{i}$$

其中,$\boldsymbol{L}(90°)^*$ 为 $\boldsymbol{L}(90°)$ 的逆操作;$[\boldsymbol{L}(90°)\boldsymbol{i}]^4=\boldsymbol{L}(360°)\boldsymbol{i}^4=\boldsymbol{E}$。所以,4 次反演轴连续操作一共只有 $\boldsymbol{L}(90°)\boldsymbol{i}$、$\boldsymbol{L}(180°)$、$\boldsymbol{L}(90°)^*\boldsymbol{i}$、$\boldsymbol{E}$ 四个操作矩阵。

4 次旋转轴的基本操作矩阵为 $\boldsymbol{L}(90°)$,反演中心的基本操作矩阵为 $\boldsymbol{i}$。如果晶体中存在独立的 4 次旋转轴和反演中心,4 次旋转轴连续作用可以得到如下矩阵:$\boldsymbol{L}(90°)$、$\boldsymbol{L}(180°)$、$\boldsymbol{L}(270°)=\boldsymbol{L}(90°)^*$、$\boldsymbol{L}(360°)=\boldsymbol{E}$;反演中心 $\boldsymbol{i}$ 和 4 次旋转轴操作连续作用时,可得到矩阵:$\boldsymbol{iL}(90°)$,$\boldsymbol{iL}(90°)^*$。可见,独立的 4 次旋转轴和反演中心 $\boldsymbol{i}$ 连续作用,一共可以产生 $\boldsymbol{L}(90°)$、$\boldsymbol{L}(180°)$、$\boldsymbol{L}(270°)=\boldsymbol{L}(90°)^*$、$\boldsymbol{L}(360°)=\boldsymbol{E}$、$\boldsymbol{i}$、$\boldsymbol{iL}(90°)=\boldsymbol{L}(90°)\boldsymbol{i}$、$\boldsymbol{iL}(90°)^*=\boldsymbol{L}(90°)^*\boldsymbol{i}$ 七个操作矩阵。

所以 4 次反演轴是一个独立的宏观对称元素。图 2-20 为 4 次反演轴效果图,如果将图

中的 1、2、3、4 点连起来构成一个正四面体图形，很显然，该正四面体既无 4 次旋转轴也无对称中心。所以，4 次反演轴是一个新的独立的宏观对称元素。

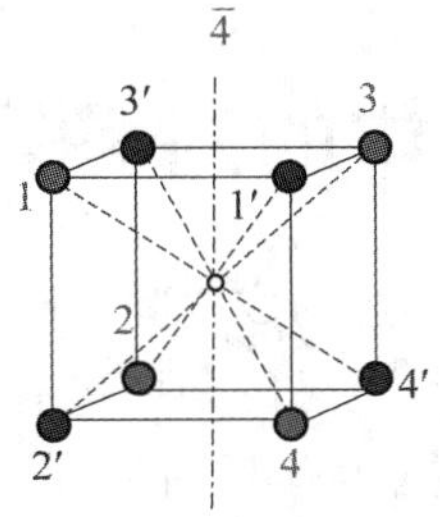

图 2-20　4 次反演轴的操作效果图

2.2.6　旋转-反映

晶体绕某一固定轴旋转 $\theta=2\pi/n$ 以后再经与之垂直的对称面反映，晶体能复原，称这种对称操作为旋转-反映。这也是一种复合对称操作，其对称元素为旋转-反映对称轴，简称反映轴，国际符号记为 $\tilde{n}$，熊夫利斯符号记为 S_n。以下介绍具体的反映轴：

（1）$\tilde{1}$：也即反映 m，与操作 $\bar{2}$ 等价。

（2）$\tilde{2}$：也即反演操作，$\tilde{2}=\bar{1}$。

（3）$\tilde{3}$：前面介绍了 6 次反演轴时已讨论，6 次反演轴与 3 次旋转轴及与之垂直的对称面等价，也即 $\bar{6}=\tilde{3}$。

（4）$\tilde{4}$：其操作矩阵为

$$\tilde{4}=\begin{pmatrix}1 & 0 & 0\\ 0 & 0 & 1\\ 0 & -1 & 0\end{pmatrix}\begin{pmatrix}-1 & 0 & 0\\ 0 & 1 & 0\\ 0 & 0 & 1\end{pmatrix}=\begin{pmatrix}-1 & 0 & 0\\ 0 & 0 & 1\\ 0 & -1 & 0\end{pmatrix} \tag{2-23}$$

再来看下面的 4 次反演轴操作：先逆时针旋转 90°再反演，其操作矩阵为 $\boldsymbol{L}(90°)^*\boldsymbol{i}$：

$$\boldsymbol{L}(90°)^*\boldsymbol{i}=\bar{4}=\begin{pmatrix}1 & 0 & 0\\ 0 & 0 & -1\\ 0 & 1 & 0\end{pmatrix}\begin{pmatrix}-1 & 0 & 0\\ 0 & -1 & 0\\ 0 & 0 & -1\end{pmatrix}=\begin{pmatrix}-1 & 0 & 0\\ 0 & 0 & 1\\ 0 & -1 & 0\end{pmatrix} \tag{2-24}$$

可见 $\tilde{4}$ 和 $\bar{4}$ 的操作矩阵相同。图 2-21 为 $\tilde{4}$ 的操作效果图，可见，$\tilde{4}$ 和 $\bar{4}$ 的操作效果（见图 2-20）完全相同。因此，这两个复合操作完全等价。

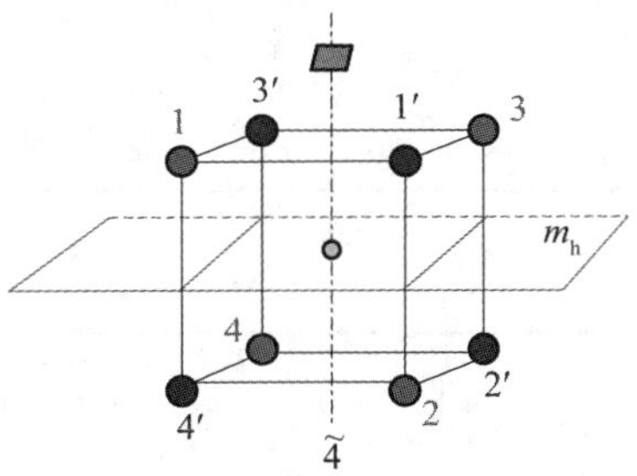

图 2-21　4 次反映轴的操作效果图

（5）$\tilde{6}$：不难通过矩阵证明，6 次反映轴的操作矩阵与 3 次逆旋转反演也即 $\boldsymbol{L}(120°)^*\boldsymbol{i}$ 的

操作矩阵完全相同，所以 $\bar{6}$ 和 $\bar{3}$ 是等价的。

由此可见，所有旋转-反映操作都可等价于某个旋转-反演操作，因此两类操作任取其一即可。现代晶体学中一般都使用旋转-反演(反演轴)来描述晶体的对称性。

2.3 晶体的对称操作分类

上述所有对称元素中，平移用来描述构成空间点阵的无限多个点的周期性，也即平移对称性。因此平移是一种微观对称元素，无法用来描述有限晶体外形的宏观对称性。而旋转、反映、反演、旋转-反演操作可以用来描述有限晶体外形的宏观对称性，统称为宏观对称元素。根据上面讨论可知，晶体中共有 1、2、3、4、6、i、m、$\bar{4}$ 八种宏观对称元素。

由于点阵的周期性特点(平移)，晶体微观结构的对称性和晶体宏观外形的对称性是有差别的。最显著的差别在于，宏观对称性对应的"对称操作"中至少有一点是不动的，因此又把它们称为点对称操作，而平移则是整体运动，没有不动点。

上述 8 种宏观对称操作中，旋转操作 1、2、3、4、6 不会改变坐标系的手性，无论怎么旋转都不会将右手系变成左手系，这类操作称为第一类对称操作。而反演(i)、反映(m)则不同，如坐标系 abc 为右手系，以 bc 面为镜面反映后，a 轴反向，变成左手系，再次反映后坐标系又还原成右手系；反演操作和 $\bar{4}$ 也改变坐标系手性。因此，把它们称为第二类对称操作。此外也可以用对称操作矩阵的行列式的值把第一类和第二类对称操作分开，对称操作矩阵行列式值为 1 的操作称为第一类对称操作，1、2、3、4、6 次旋转操作的行列式值均为 1；而对称操作矩阵行列式值为 −1 的操作称为第二类对称操作，如 i、m、$\bar{4}$。

需要指出的是，晶体微观对称性是其宏观对称性的根源，而宏观对称性只是晶体微观对称性的外在表现。

2.4 准晶的对称性及其操作分类

准晶不具有平移对称性，但具有自相似性(放大或缩小)平移准周期。到目前为止，根据准晶的对称性特点，推导出准晶的对称元素特点包括五类：有唯一的五次轴、有唯一的八次轴、有唯一的十次轴、有唯一的十二次轴和有 10 根三次轴。这些对称元素特点分别对应五方、八方、十方、十二方和二十面体这五大晶系。

习题二

2-1 在下列点阵中画出一个初基格子，两个非初基格子。

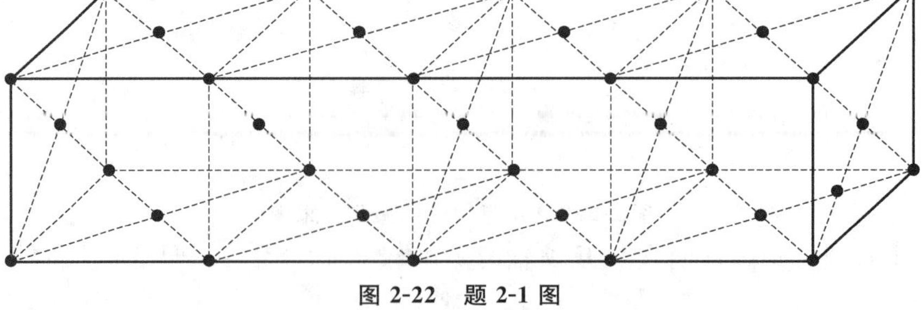

图 2-22 题 2-1 图

2-2　通过矩阵运算证明：$\bar{6}=\dfrac{3}{\boldsymbol{m}}$（$\boldsymbol{m}$ 垂直于 3 次轴）。

2-3　指出如图 2-23 所示结晶多面体中有哪些对称元素？

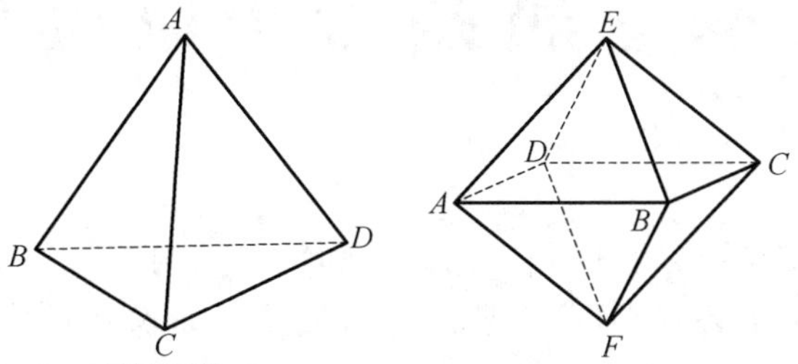

(a)正四面体　　(b)正八面体

图 2-23　题 2-3 图

2-4　钙钛矿的分子式为 $CaTiO_3$，其晶胞如图 2-24 所示，Ca 的坐标为(0,0,0)，Ti 的坐标为(1/2,1/2,1/2)，O 的坐标为(1/2,0,1/2)、(1/2,1/2,0)、(0,1/2,1/2)，指出它属于什么空间点阵？

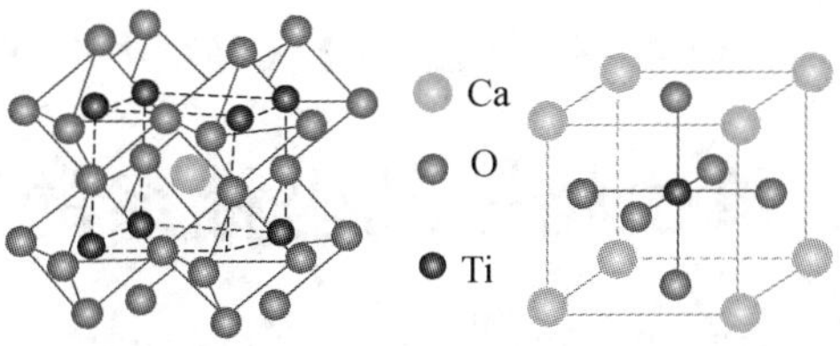

钛氧八面体　　晶胞

图 2-24　题 2-4 图

2-5　写出点阵分别绕 Y、Z 轴旋转 θ 角时所对应的变换矩阵。

第3章　晶系与布拉维格子

前章已提到，晶体结构可以看成是空间点阵和特定结构基元的结合。由于晶体材料种类繁多，相应的晶体结构也各不相同，有些还非常复杂。如果撇开结构基元，仅从空间点阵的角度利用几何学原理来分析晶体结构，就会发现很多晶体结构具有相同的周期。结构周期性相同的晶体会有许多共性。例如，尽管 Cu、Si 和 NaCl 的结构基元不同，但它们具有相同的周期性。将具有同种周期性的晶体结构归纳到一起来处理，问题就会变得简单很多。1848 年，法国晶体学家布拉维(A. Bravais)用数学方法证明了所有晶体结构只能有 14 种空间点阵，为纪念其所作贡献，14 种空间点阵又称为 14 种布拉维格子。根据特征对称元素的不同，这 14 种布拉维格子可以归纳为七大晶系(即三斜、单斜、正交、六方、三方、四方和立方晶系)。也就是，所有材料的晶体结构都可归纳为七大晶系中 14 种布拉维格子中的一种。

3.1　单位格子及坐标系的选择

如前所述，晶体的空间点阵可以看成由 $\boldsymbol{a}_1$、$\boldsymbol{a}_2$、$\boldsymbol{a}_3$ 单位矢量构成的平行六面体在三维空间堆砌而成的空间格子。如果不对 $\boldsymbol{a}_1$、$\boldsymbol{a}_2$、$\boldsymbol{a}_3$ 作任何规定，这种平行六面体的取法是多种多样的，只要能反映空间点阵的最小周期性即可。

如图 3-1 所示，如果只要它们反映点阵的周期性特征，则可以取体积最小的平行六面体作为重复单元，这样的重复单元即为初基格子，又称原胞(primitive cell)，其中，$\boldsymbol{a}_1$、$\boldsymbol{a}_2$、$\boldsymbol{a}_3$ 称为原胞基矢(或初基基矢)，空间点阵中的任一格点 R 均可以由

$$\boldsymbol{R} = n_1\boldsymbol{a}_1 + n_2\boldsymbol{a}_2 + n_3\boldsymbol{a}_3 \tag{3-1}$$

来确定。

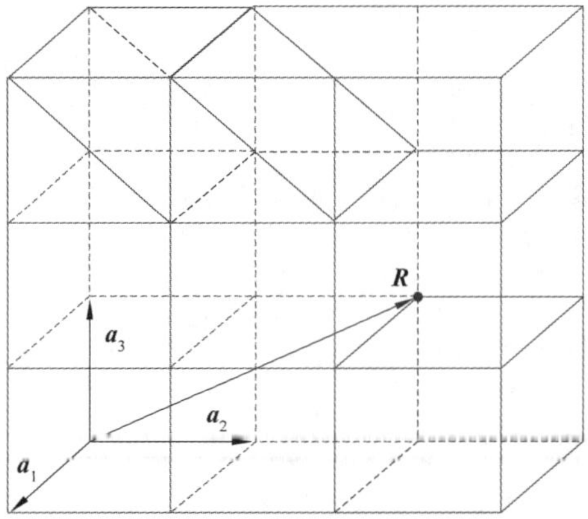

图 3-1　空间点阵中的平行六面体

此时，由 $\boldsymbol{a}_1$、$\boldsymbol{a}_2$、$\boldsymbol{a}_3$ 构成的原胞，其体积为

$$V_P = \boldsymbol{a}_1 \cdot (\boldsymbol{a}_2 \times \boldsymbol{a}_3) \tag{3-2}$$

需要注意的是，尽管初基格子（原胞）的选取不是唯一的，但它们的体积都相同。在初基格子中，格点只在顶角上，内部和面上皆不含格点。事实上，除了周期性外，每种空间点阵还具有对称性，为了使所取的单位格子同时反映空间点阵的周期性和对称性，单位格子不一定非要是体积最小的格子，体内和面上也可以有阵点。这样的单位格子称为非初基格子，把同时能反映空间点阵周期性和对称性的初基和非初基格子统称为布拉维格子，又称单胞或晶胞（unit cell）。

单胞（布拉维格子）的选择应遵循以下基本原则：

(1) 所选的单元格子要完全反映出整个空间点阵的对称性（即包含空间点阵所具有的最高对称性的点群）。

(2) 在满足第一条原则的基础上，所选的单位格子中要有尽可能多的直角。

(3) 在满足上述两条原则的基础上，所选的单位格子的体积应最小。

如图 3-2 所示，在面心立方点阵中，其空间点阵所具有的最高对称性的点群为 O_h（第八章将详细介绍点群），包含的对称元素有 $3C_4$、$4C_3$、$6C_2$、$9m$、i。若所选的单位格子为菱面体，它的体积虽然最小，但包含的对称元素为 $1C_3$、$3C_2$、$3m$、i。若所选的单位格子是四方体心格子，其平面角虽为直角，但包含的对称元素为 $1C_4$、$4C_2$、$5m$、i。它们都没有充分反映空间点阵的对称性。当单位格子是面心立方格子时，其体积虽较大，但它反映了整个空间点阵的最高对称性（具有 O_h 的对称性）。因此，应选面心立方格子为其点阵的布拉维格子。

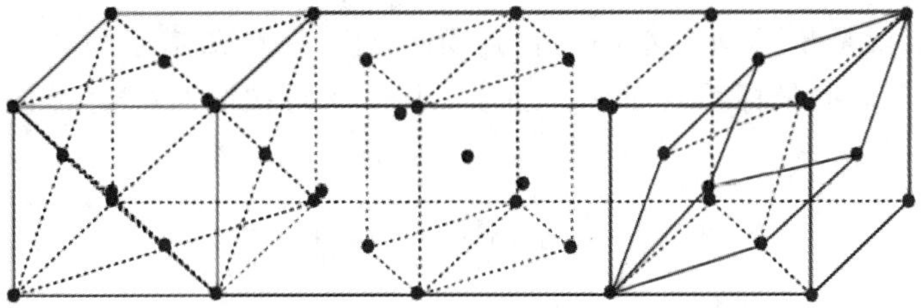

图 3-2　面心立方布拉维格子的不同取法

在晶体的点阵结构中，当根据上述原则从中选取单位格子（单胞）时，实际上就确定了该点阵结构的坐标系。单位格子的三棱边便是三坐标轴 X、Y、Z，由于每一阵点都是具有等同环境的抽象几何点，因此任一阵点都可选作坐标原点。一般按右手规则确定坐标系，三棱边长 a、b、c 是三坐标轴的度量单位，对应的单位矢量 $\boldsymbol{a}$、$\boldsymbol{b}$、$\boldsymbol{c}$ 称为单胞的基本平移矢量，简称单胞基矢。单胞基矢 $\boldsymbol{c}$ 与 $\boldsymbol{b}$、$\boldsymbol{a}$ 与 $\boldsymbol{c}$、$\boldsymbol{a}$ 与 $\boldsymbol{b}$ 之间的夹角分别定义为 α、β、γ，如图 3-3 所示。此时，对于由 $\boldsymbol{a}$、$\boldsymbol{b}$、$\boldsymbol{c}$ 构成的单胞，其体积为

$$V_{\mathrm{U}} = \boldsymbol{a} \cdot (\boldsymbol{b} \times \boldsymbol{c}) \tag{3-3}$$

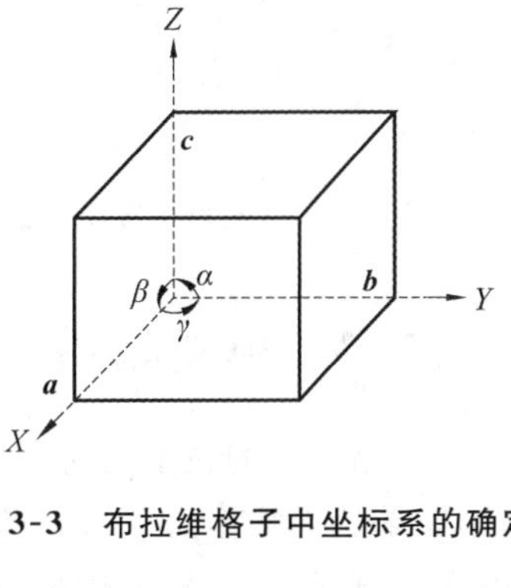

图 3-3　布拉维格子中坐标系的确定

在点阵中确定单位格子与引入坐标是统一的。所以，坐标系因点阵类型而异，三坐标轴的单位矢量及其长度不一定相等，三夹角也不一定是直角。在晶体点阵中按这样的规定引入坐标也称为标准定向。需要说明的是，七大晶系均可以采用上述三轴定向的方法来表示，即米勒定向（Miller's orientation）。然而，由于三方和六方晶系的特殊对称性，为了方便表

述，有时也会引入一个附加的晶轴，形成四轴定向，即布拉维定向(Bravais's orientation)。

晶体空间点阵中的原胞和晶胞是非常重要的概念，二者的特点归纳如表 3-1 所示。

表 3-1　原胞和晶胞的特点

原胞	晶胞
原胞是体积最小的重复单元	晶胞不必是体积最小的重复单元
原胞中的格点只出现在顶角上	晶胞中的格点不只出现在顶角上，还会出现在体心或面心上
每个原胞平均只包含一个原子或格点	晶胞中平均包含不止一个格点
原胞的选择方式有多种，但原胞的体积都相同	晶胞的体积是原胞体积的整数倍
原胞往往反映不出空间点阵的对称性	晶胞反映晶体的对称性

3.2　晶　　系

14 种布拉维点阵中，不同类型的布拉维格子具有不同的对称性，而每一种布拉维格子所包含的各种对称元素中又存在一个特征对称元素。根据不同类型布拉维格子所具有的特征对称元素，可把所有晶体分为七大类，也就是常说的七大晶系。所以不同类型的布拉维格子的特征对称元素就是指不同晶系的特征对称元素。一旦知道了所属格子的特征对称元素，也就知道了它们取的坐标系及所属的晶系。接下来将按照对称性从低到高的顺序，依次描述这七大晶系。

3.2.1　三斜晶系

当单位格子无特征对称元素时，只能选择三个适当的晶棱方向，且这类格子的三棱边长 a、b、c 各不相等，即 $a \neq b \neq c$，三夹角 α、β、γ 也各不相等，即 $\alpha \neq \beta \neq \gamma \neq 90°$。这种格子形式除反演 i 或 1 次旋转对称外没有更高对称性，属于三斜晶系(triclinic system)，也是对称性最低的晶系，如图 3-4 所示。

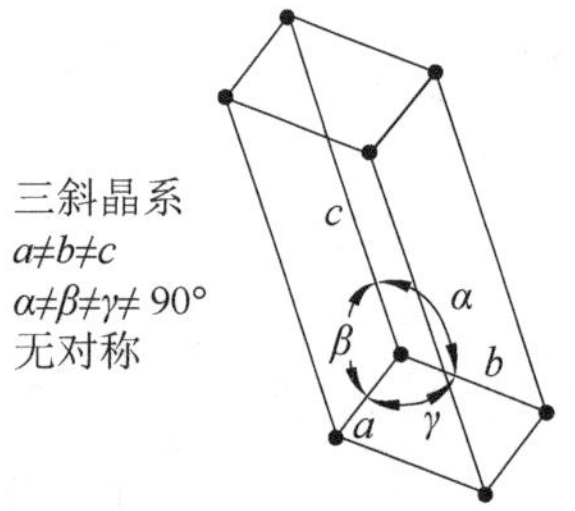

图 3-4　三斜晶系示意图

3.2.2　单斜晶系

当单位格子的特征对称元素为一根 2 次旋转轴($1C_2$)时，所取坐标系中必有一根轴为 2 次轴，如果选 b 轴作为 2 次旋转轴，那么 b 轴分别与 a 轴、c 轴垂直，因此有：$\alpha = \gamma = 90° \neq \beta$，而单胞的三条棱长各不相等，所以 $a \neq b \neq c$。这种格子形式属于单斜晶系(monoclinic system)。显然，通过这种格子的每一个阵点及任意两个阵点的中心都存在平行于 b 轴的 2 次轴，如图 3-5 所示。

值得注意的是，如果单胞的 $a \neq b \neq c$，三夹角中有一个角等于 90°(如 $\alpha = 90°$，但其他两角 $\beta \neq \gamma \neq 90°$)，由于它除了反演和一次旋转外，没有其他对称元素，因此它并不是单斜晶系，仍

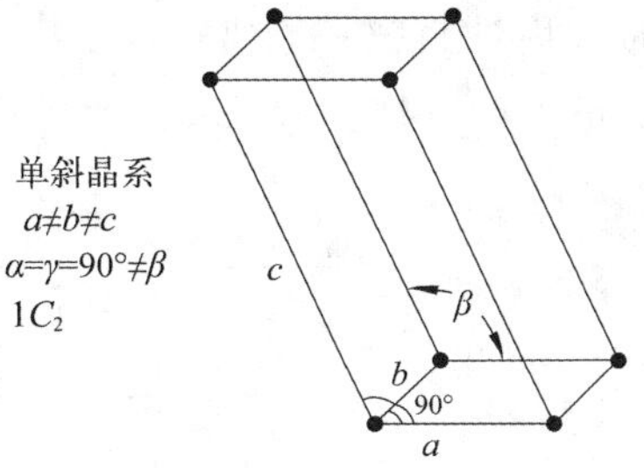

图 3-5　单斜晶系示意图

属于三斜晶系。

3.2.3　正交晶系

当单位格子的特征元素为 $3C_2$，即具有 3 根 2 次旋转轴（$3C_2$）时，其三条棱边必须相互垂直，但边长各不相等，即 $\alpha=\beta=\gamma=90°$，$a\neq b\neq c$。这种布拉维格子属于正交晶系（orthorhombic system），又称为斜方晶系，如图 3-6 所示。

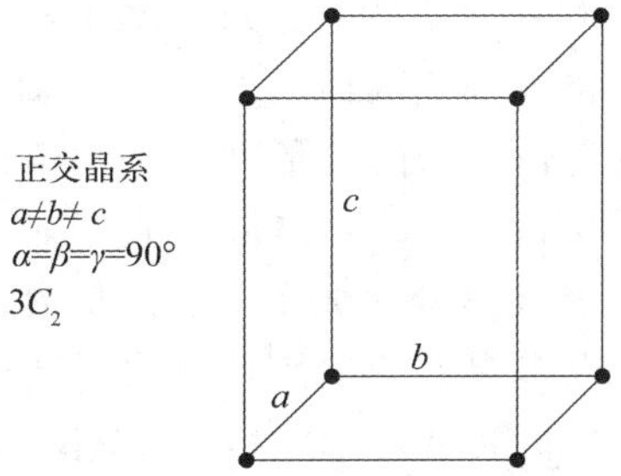

图 3-6　正交晶系示意图

3.2.4　三方晶系

当单位格子的特征对称元素为 1 根 3 次旋转轴（$1C_3$）时，要求坐标系的三条轴长和三个夹角均相等，即 $a=b=c$，$\alpha=\beta=\gamma\neq 90°$，$a$、$b$、$c$ 三条轴与 3 次旋转轴等角相交，相应的格子可以看作立方格子沿体对角线方向拉伸或压缩而成，如图 3-7 所示，最长的体对角线为 3 次旋转轴。这种布拉维格子属于三方晶系（trigonal system），又称菱方晶系。

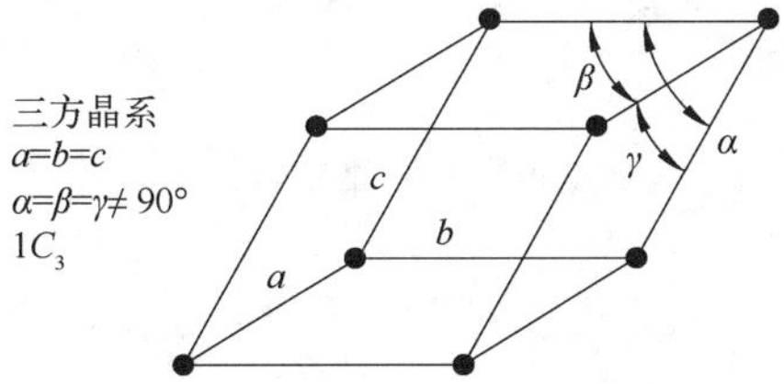

图 3-7　三方晶系示意图

3.2.5　四方晶系

相比于存在 3 次旋转轴的三方晶系，若沿轴方向存在 1 根 4 次旋转轴（$1C_4$），这不仅要求单位格子坐标系的三个轴夹角为 90°，同时要求其中两根轴长必须相等，通常令 $a=b\neq c$，如图 3-8 所示。此时，该格子的对称性将进一步增加，相应的格子形式为四方晶系（tetragonal system）。显然，四方晶系格子的对称元素包含 1 根 4 次轴、4 根 2 次轴和反演 i。

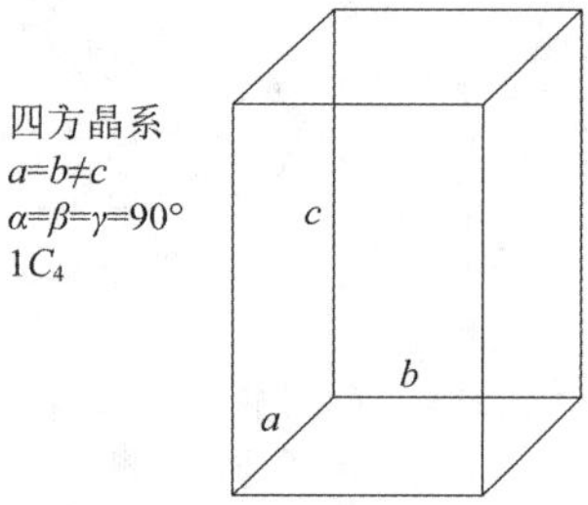

图 3-8　四方晶系示意图

3.2.6　六方晶系

当单位格子特征对称元素为 1 根 6 次旋转轴（$1C_6$）时，要求坐标系中的一根轴为 6 次旋转轴（C_6），通常取 c 轴，要求 c 轴与 a、b 两个轴垂直，a 轴、b 轴之间的夹角为 120°，且长度相等，即 $a=b\neq c$，$\alpha=\beta=90°$，$\gamma=120°$。相应的格子形式属于六方晶系（hexagonal system）。显然，六方晶系格子的对称元素包含 1 根 6 次轴、6 根与 6 次轴相垂直的 2 次轴和反演 i。

需要注意的是，六方晶系的单位格子的外形并不是六棱柱，而是四棱柱[见图 3-9(a)]，它具有 1 根 C_6 轴，由图 3-9 可见，由 a、b 轴构成垂直于轴 c 的截面图，单位格子的截面 $OADB$ 是一菱形，图中的虚线将各菱形分为 2 个等边三角形，取其中一阵点为原点 O，围绕 c 轴[见图 3-9(b)]，六边形 $ADBEFG$ 具有 6 次旋转对称，其中有 2 个单位格子（截面 $OADB$、$OEFG$）和 2 个等边三角形（OEB 和 OGA）。显然六边形不是初基格子。

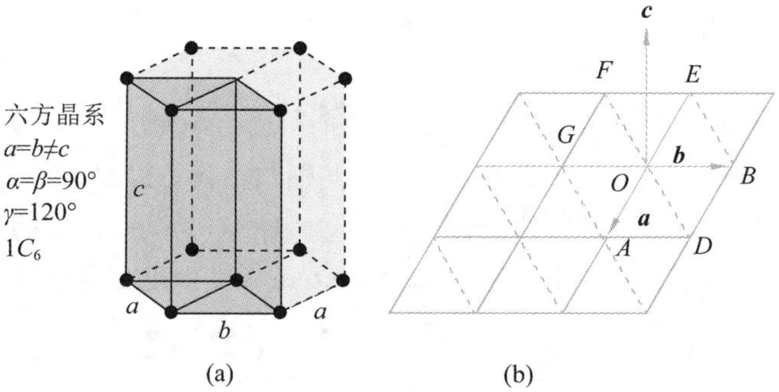

图 3-9　六方晶系示意图

3.2.7　立方晶系

当单位格子的特征对称元素为 4 根 3 次旋转轴（$4C_3$）时，这时单位格子的 6 个参量必须满足：$a=b=c$，$\alpha=\beta=\gamma=90°$。这种布拉维格子属立方晶系（cubic system）。立方晶系也是所有晶系中对称性最高的晶系，其对称元素包含 4 根 3 次轴、3 根 4 次轴、6 根 2 次轴和反演 i。立方晶系格子形式如图 3-10 所示。

上述七大晶系轴长和夹角关系以及典型的材料见表 3-2。

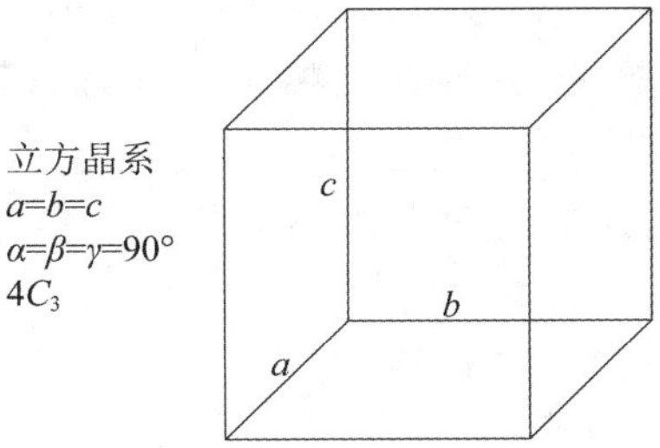

图 3-10　立方晶系示意图

表 3-2　七大晶系的特点及其典型晶体

晶系	棱边长度	夹角	晶体示例
三斜	$a\neq b\neq c$	$\alpha\neq\beta\neq\gamma\neq 90°$	蔷薇辉石、微斜长石、钠长石、胆矾、斧石、重铬酸钾
单斜	$a\neq b\neq c$	$\alpha=\gamma=90°\neq\beta$	β-S、$CaSO_4\cdot 2H_2O$、锂辉石、绿帘石
正交	$a\neq b\neq c$	$\alpha=\beta=\gamma=90°$	石英、硅、磷酸铁锂、Fe_3C、锰酸锂
三方	$a=b=c$	$\alpha=\beta=\gamma\neq 90°$	碳酸钙、大理石、石灰岩、$PtBi_2$、铋、锑
四方	$a=b\neq c$	$\alpha=\beta=\gamma=90°$	钼铅矿、金红石、硫酸镍、β-Sn
六方	$a=b\neq c$	$\alpha=\beta=90°,\gamma=120°$	锌、镁、六硼化镧、砷化镍、硫化锌、硫化铜
立方	$a=b=c$	$\alpha=\beta=\gamma=90°$	铜、金、银、铬、铁、β-SiC、氯化钠、钻石

3.3　十四种布拉维格子

上节将各种不同类型的单位格子按它们具有的特征对称元素归类到七个晶系，介绍了与每种晶系相对应的最简单的7种初基格子(记为 P)。布拉维证明了所有空间点阵只有14种布拉维格子，前面已经介绍了7种初基格子，也就是说还有属于七大晶系的7种布拉维格子没有介绍。其余7种非初基格子，可通过在初基格子各个面或内部加入阵点的办法推演出来。但阵点的加入必须遵循以下原则：① 不破坏原空间点阵的对称性，且所有阵点都是环境相同的等同点。② 加入阵点所形成的新的布拉维格子，必须能容纳属于该晶系最高对称性的点群。

基于此，一般而言，一个平行六面体中，格点的分布最多有四种类型，如图3-11所示。

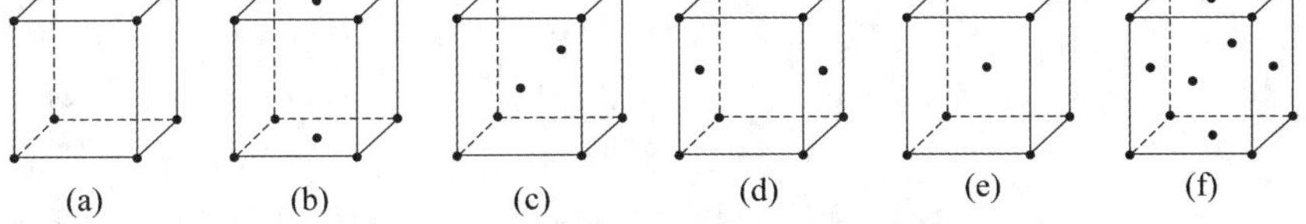

图 3-11　四种不同格点分布的格子类型

(1) 原始格子：在平行六面体的8个顶角上分布有格点的空间格子，用符号 P 表示。特殊的，三方晶系菱面体格子也属于原始格子，为了与一般原始格子相区分，用 R 表示[见图3-11(a)]。

(2) 底心格子：如图3-11(b)～(d)所示，在平行六面体的顶角和相对面的中心上分布有格点的空间格子。由于平行六面体中有三组相对的面，根据格点在相对面的情况，当格点分布在(010)、(100)和(001)面的中心时，对应的格子分别为 *A* 心格子(用 *A* 表示)、*B* 心格子(用 *B* 表示)和 *C* 心格子(用 *C* 表示)。

(3) 体心格子：在平行六面体的顶角和体心上分布有格点的空间格子，用 *I* 表示[见图 3-11(e)]。

(4)面心格子：在平行六面体的顶角和 6 个面的中心上分布有格点的空间格子，用 *F* 表示[见图 3-11(f)]。

这种推导方法称为点阵有心化。1848 年，布拉维综合考虑单位平行六面体的形状及格点的分布情况，最先推导出晶体结构中只可能出现 14 种不同类型的空间格子，因此也被称为布拉维格子。接下来，我们将系统描述这 14 种布拉维格子。

3.3.1 三斜晶系

在这种晶系中，由于六个点阵参数没有任何限制，因此，采取任何一种有心化，仍会得出三斜晶系的点阵。如图 3-12 所示，在 *ABCD* 面中心加阵点后，仍可以作出初基点阵 DM_1CM_2，因为对 *ABCD* 的边长和夹角不作任何限制，所以对 DM_1CM_2 的边长和夹角也没有任何限制，构成的新点阵仍为三斜晶系。因此，三斜晶系有心化后不产生新点阵。

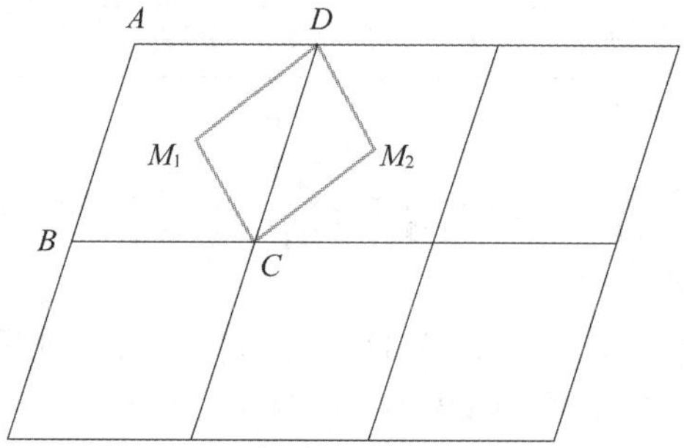

图 3-12　三斜点阵有心化示意图

3.3.2 单斜晶系

单斜晶系具有一根二次旋转轴，如果把 **c** 轴作为二次轴，并在 *C* 面(**a** 轴和 **b** 轴形成)的中心加阵点，则不可能得到新的点阵。图 3-13 中虚线所示的 *P* 格子仍属单斜晶系，只是角度 γ 与原来不同而已。

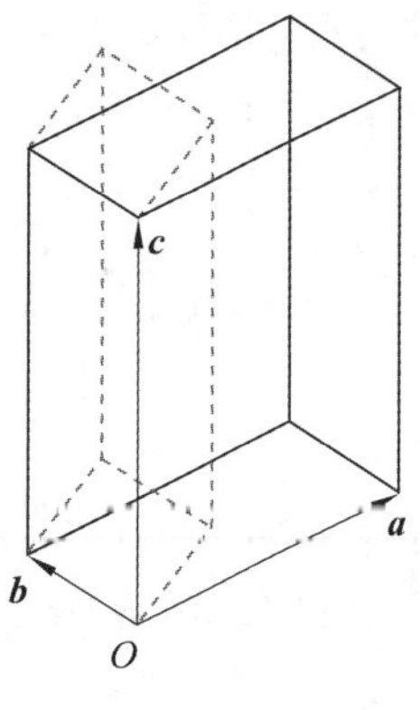

图 3-13　单斜点阵 *C* 面加心

然而在 *B* 面(**a** 轴和 **c** 轴形成)上加心后，虽然从中也可划出一个 *P* 格子，如图 3-14(a)虚线所示，但在这个 *P* 格子中，特征对称元素(C_2)已消失，不再属于单斜晶系，所以不能这样取格子。如果我们考虑 *B* 面加心后形成的侧心点阵，这种格子是非初基格子，而且保持了原来的二次旋转特征对称元素，是一种新的布拉维格子。按这种方式有心化的点阵称为 *B* 点阵，用同样的方法可形成 *A* 点阵。由于这两个点阵是等效的，通常只取 *B* 点阵。如果在单斜初基格子的体心位置加阵点，并不能形成新点阵，在图 3-14(b)虚线所示格子中，原格子的体心位置已变成虚线所示格子的侧心位置，形成的仍然是 B 点阵。还可证明，在单斜初基点阵的六个面加心（记为 F 点阵）也不能引出新的格子形式。所以，单斜晶系有 P、B 两种布拉维格子。

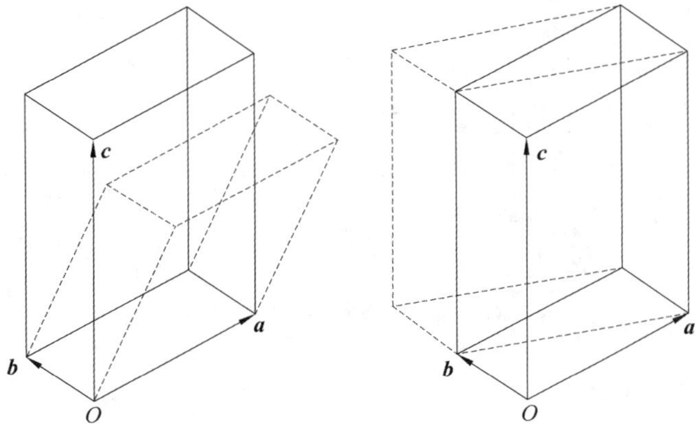

(a)　　(b)

图 3-14　单斜点阵 *B* 面加心(a)和体心位置加阵点(b)

3.3.3　正交晶系

若在正交初基格子 C 面（$\boldsymbol{a}$ 轴和 $\boldsymbol{b}$ 轴形成）加心，则能得到非初基格子 C，由于在正交初基格子 A 面和 B 面加心的结果等效于在 C 面加心，即 $A=B=C$，因此习惯用 C 表示。

在正交初基格子的六个面加心后，从中取出的初基格子已使特征对称元素 $3C_2$ 消失，故形成的新点阵不是该晶系的一种新格子。而 F 格子本身仍保持上述特征对称元素，故它是正交晶系的一个新格子形式。同样，在正交初基格子体内加心后得到的 I 格子也是正交晶系的一个新点阵。因此，正交晶系有 P、C、I 和 F 四种格子形式，如图 3-15 所示。

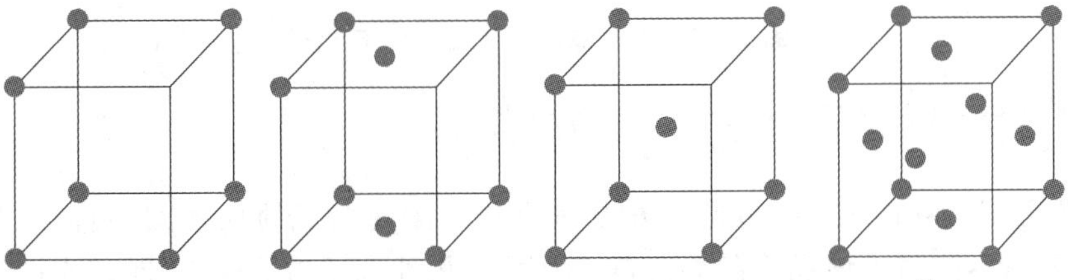

图 3-15　正交点阵的 *P* 格子、*C* 格子、*I* 格子和 *F* 格子

3.3.4　四方晶系

在四方点阵中，使 A 面或 B 面有心化都会使四方晶系 C_4 对称性消失，所以没有 A 格子和 B 格子形式。虽然当 C 面有心化后，仍可保持 4 次对称，但从中还可以取出一个具有 C_4 对称性的 P 格子，见图 3-16(a)，所以在四方晶系中，C 面有心化产生的点阵仍为 P 点阵，记为 $C \rightarrow P$。若在体心位置加上阵点，则点阵仍保持 4 次对称，所以体心四方格子 I 是此晶系的一种新格子形式。四方点阵的面心化不会产生新的格子形式，如图 3-16(b)所示，四方晶系中 $F \rightarrow I$，所以四方晶系有 P 和 I 两种格子。

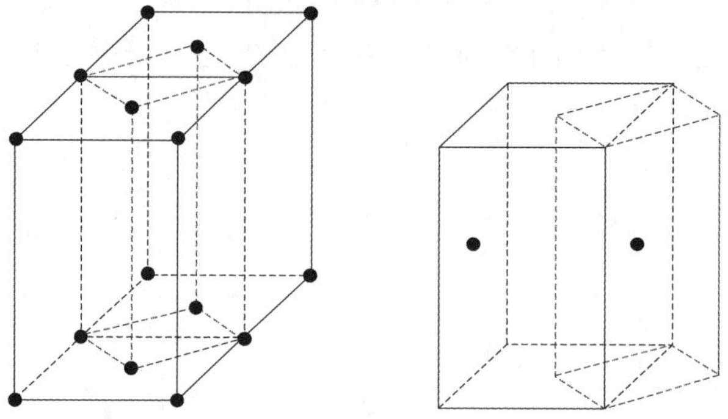

图 3-16 四方点阵的 ***P*** 格子和 ***I*** 格子

3.3.5 立方晶系

立方初基格子 P 为简单立方，当其体心化后，仍保持立方晶系的特征对称元素 $4C_3$，因此体心立方格子是立方晶系的新点阵(I)，记为体心立方 bcc(body centered cubic)。如果在立方初基格子各个面上加心能得到 F 格子，记为面心立方 fcc(face centered cubic)。但在立方初基格子的任一对面上加心都会使 $4C_3$ 消失。所以，立方晶系有 P、I、F 三种格子形式，如图 3-17 所示。

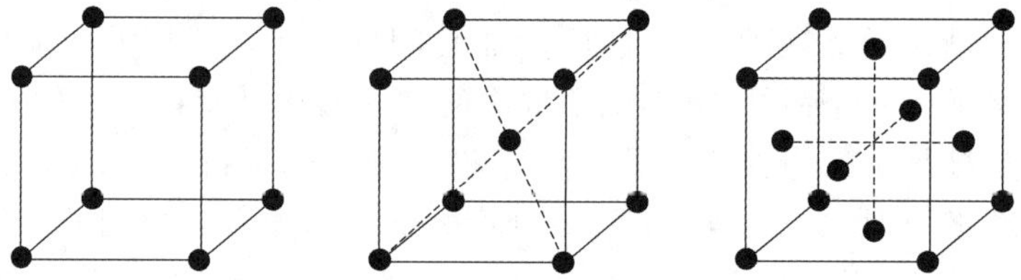

图 3-17 立方点阵的 ***I*** 格子和 ***F*** 格子

3.3.6 六方晶系和三方(菱方)晶系

三方(菱方)晶系：图 3-18(a)是六方点阵的三个初基格子的顶视图，用前三种有心化会使 C_6 消失，因而不能引出该晶系的新点阵。如果把图中每个单位点阵划分为两个等边三角形，并在每个相应三角形的重心位置，以高为 1/3 或 2/3 的距离加上阵点，如图 3-18(a)所示，其中标以 0 的点表示第一层(底层)的阵点，标以 1/3 和 2/3 的点表示第二层和第三层的阵点，即在初基格子的$\left(\frac{2}{3},\frac{1}{3},\frac{1}{3}\right)$和$\left(\frac{1}{3},\frac{2}{3},\frac{2}{3}\right)$位置加阵点。每个阵点的环境都相同，但由六次对称降为三次对称，并能从中作出菱形初基点阵，如图 3-18(b)所示，记为 R。菱形初基点阵就其特征对称元素而言，应属三方晶系。但习惯上仍把它作为六方晶系处理，每个单位格子有 3 个阵点，所以是非初基格子，此时，$a=b\neq c$，$\alpha=\beta=90°$，$\gamma=120°$，见图 3-18(b)。

在三方初基格子中采用上述有心化均不能构成新的点阵，但在(2/3，1/3，2/3)及(1/3，2/3，1/3)的位置上加阵点仍然是一个点阵，不过，此点阵的格子形式为六方初基格子。因此，三方点阵和六方点阵的有心化除了相互转化外不能产生新的格子形式。

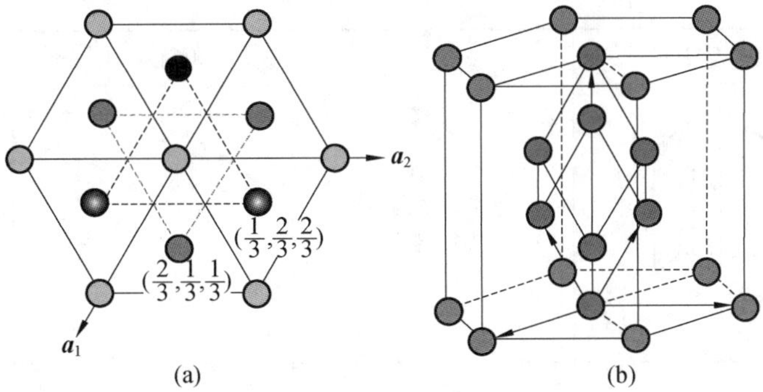

图 3-18　六方非初基格子顶视图(a)和 六方非初基格子中划出的菱形初基格子(b)

至此，对各个晶系的初基格子进行有心化后，能导出 7 种非初基格子，总共有 14 种布拉维格子。表 3-3 列出了相应的晶系、初基格子和非初基布拉维格子的类型。

表 3-3　14 种布拉维格子相应的晶体学特征

晶系	初基(P)	底心(C)	体心(I)	面心(F)
三斜	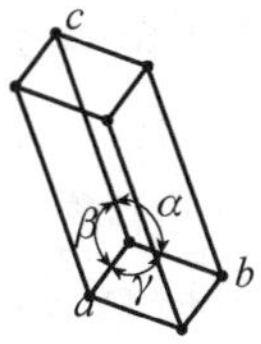	$C=R(P)$	$I=R(P)$	$F=R(P)$
单斜	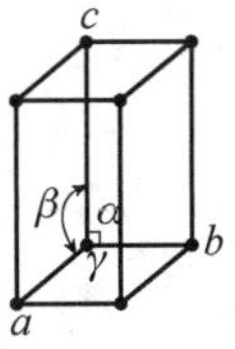	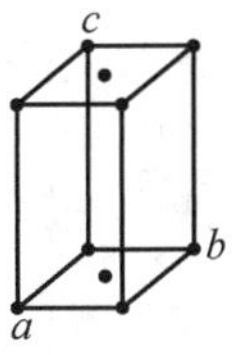	$I=P$	$F=P$
正交(斜方)	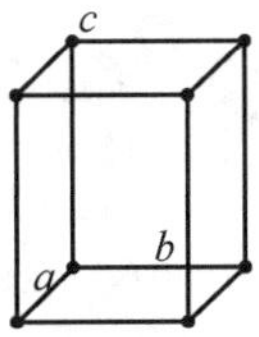	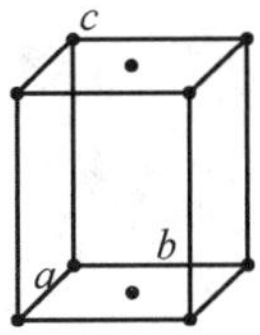	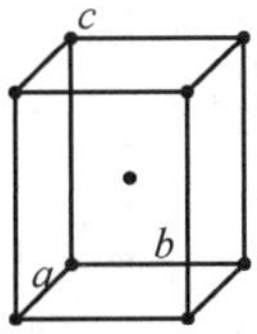	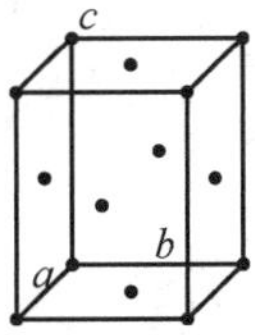
三方(菱方)		与本晶系对称特征不符	$I=P$	$F=P$
四方	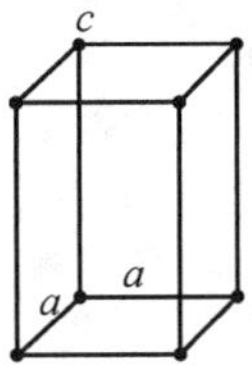	$C=P$	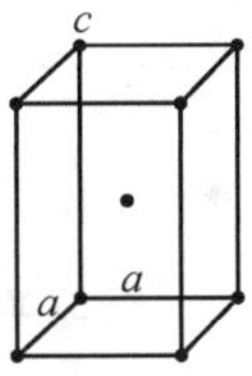	$F=I$

续表

晶系	初基(*P*)	底心(*C*)	体心(*I*)	面心(*F*)
六方	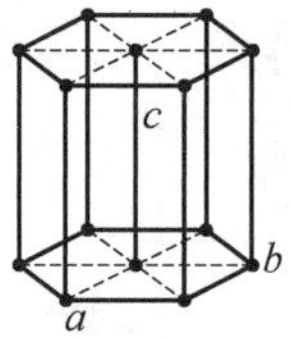	与本晶系对称特征不符	$I=P$	$F=P$
立方	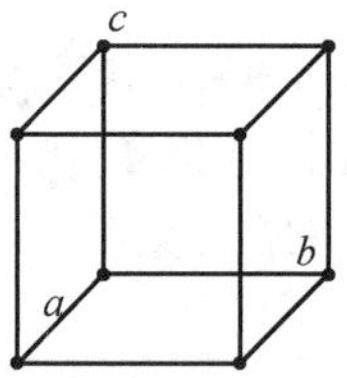	与本晶系对称特征不符	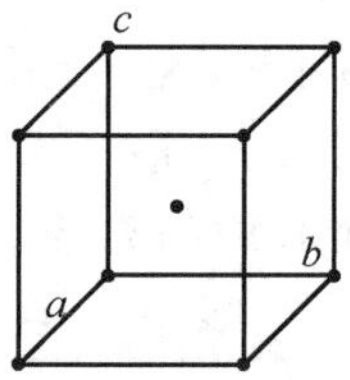	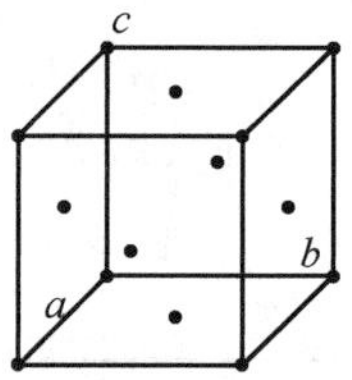

需要说明的是,空间点阵是晶体中质点排列的几何学抽象,只是为了方便描述和分析晶体结构的周期性和对称性而引入的。由于各格点的周围环境相同,它只能有 14 种类型,即 14 种布拉维格子。而在实际晶体结构中,质点(原子、离子或分子)的排列具有多样性,可以形成无限的晶体结构。如图 3-19 所示,Cu、NiO 和 CaF_2 的晶体结构不同,但它们都属于面心立方点阵;如图 3-20 所示,Cr 和 CsCl 的晶体结构类似(都是体心立方结构),但 Cr 和 CsCl 的空间点阵分别为体心立方点阵和简单立方点阵。

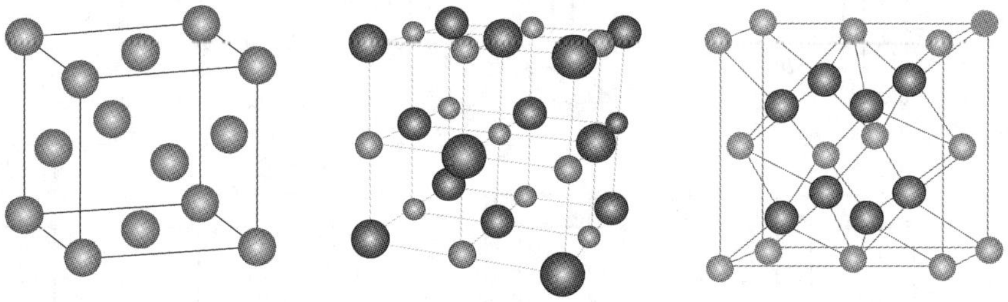

(a) (b) (c)

图 3-19 晶体结构不同但空间点阵相同

(a) Cu 的晶体结构;(b) NiO 的晶体结构;(c) CaF_2 的晶体结构

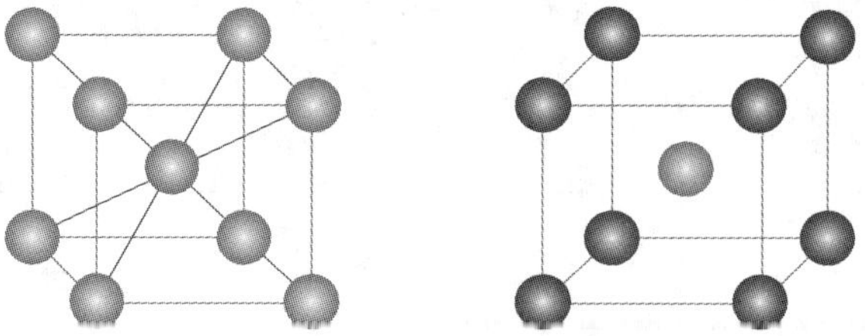

(a) (b)

图 3-20 晶体结构相似但空间点阵不同

(a) Cr 的晶体结构;(b) CsCl 的晶体结构

3.4　初基格子与非初基格子之间的坐标转换

尽管晶胞能够很好地反映晶体的对称性，也是晶体学最常用的一种晶体空间点阵的表示方法，但在某些时候，用原胞比用晶胞更方便。例如，在固体物理中，原胞包含了晶体中所有原子的信息，如原子位置和晶格参数等。然而，原胞体积较小、格点较少，因此在基于第一性原理计算材料的电子结构、能量和物理性质时，使用原胞可以显著提高计算速率(为了更有效反映实际晶体的物理性质，有时采用周期性拓展后的超胞)。因此，有必要掌握初基格子与非初基格子之间的坐标转换。

利用几何学方法，可以实现初基格子和非初基格子的坐标转换。设 $\boldsymbol{a}_1$、$\boldsymbol{a}_2$、$\boldsymbol{a}_3$ 为初基格子的三个初基矢量，$\boldsymbol{A}_1$、$\boldsymbol{A}_2$、$\boldsymbol{A}_3$ 为非初基格子的三个矢量。参照非初基格子坐标系，初基格子的三个矢量可用以下关系式表示：

$$\begin{bmatrix}\boldsymbol{a}_1\\ \boldsymbol{a}_2\\ \boldsymbol{a}_3\end{bmatrix}=\begin{bmatrix}r_{11} & r_{12} & r_{13}\\ r_{21} & r_{22} & r_{23}\\ r_{31} & r_{32} & r_{33}\end{bmatrix}\begin{bmatrix}\boldsymbol{A}_1\\ \boldsymbol{A}_2\\ \boldsymbol{A}_3\end{bmatrix} \tag{3-4}$$

其中，r_{ij} 为 $\boldsymbol{a}_i$ 在 $\boldsymbol{A}_j$ 上的投影。

接下来，以体心立方和面心立方为例，分析其原胞和晶胞之间的关系。

体心立方格子如图 3-21(a)所示，平均每个晶胞包含 2 个格点。设其晶胞基矢长度为 a，为了方便辨认，在相邻的两套空间点阵中绘制了其原胞，如图 3-21(b)所示。其中 $\boldsymbol{a}_1$、$\boldsymbol{a}_2$、$\boldsymbol{a}_3$ 为原胞基矢，$\boldsymbol{a}=a\boldsymbol{i}$，$\boldsymbol{b}=a\boldsymbol{j}$，$\boldsymbol{c}=a\boldsymbol{k}$ 为晶胞基矢，$\boldsymbol{i}$、$\boldsymbol{j}$、$\boldsymbol{k}$ 为晶胞基矢的单位矢量。

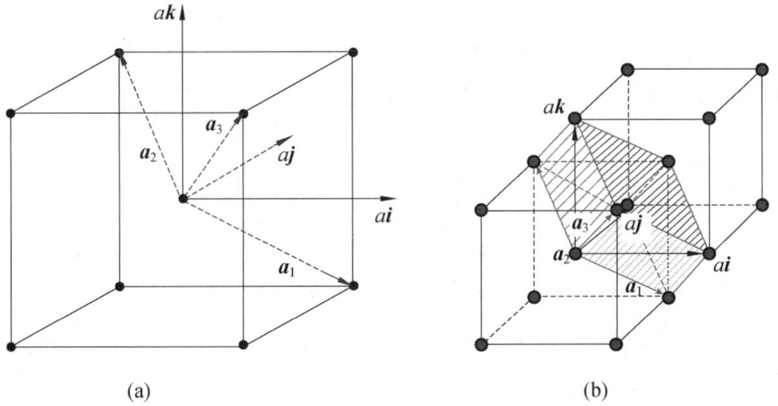

图 3-21　体心立方初基格子的三个初基矢量

参照非初基格子坐标系，初基格子的三个矢量可表示为

$$\begin{cases}\boldsymbol{a}_1=\dfrac{a}{2}(\boldsymbol{i}+\boldsymbol{j}-\boldsymbol{k})\\ \boldsymbol{a}_2=\dfrac{a}{2}(-\boldsymbol{i}+\boldsymbol{j}+\boldsymbol{k})\\ \boldsymbol{a}_3=\dfrac{a}{2}(\boldsymbol{i}-\boldsymbol{j}+\boldsymbol{k})\end{cases} \tag{3-5}$$

即

$$\begin{cases} \boldsymbol{a}_1 = \dfrac{1}{2}(\boldsymbol{a}+\boldsymbol{b}-\boldsymbol{c}) \\ \boldsymbol{a}_2 = \dfrac{1}{2}(-\boldsymbol{a}+\boldsymbol{b}+\boldsymbol{c}) \\ \boldsymbol{a}_3 = \dfrac{1}{2}(\boldsymbol{a}-\boldsymbol{b}+\boldsymbol{c}) \end{cases} \tag{3-6}$$

其原胞的体积为

$$V_P = \boldsymbol{a}_1 \cdot (\boldsymbol{a}_2 \times \boldsymbol{a}_3) = \frac{a^3}{2} \tag{3-7}$$

即，体心立方格子原胞体积为其晶胞体积的 1/2。

面心立方格子的三个初基矢量如图 3-22(a)所示，平均每个晶胞包含 4 个格点。设其晶胞基矢长度为 a，其原胞是由 4 个面心格点和 2 个顶角格点构成的菱形格子，如图 3-22(b)所示。其中 $\boldsymbol{a}_1$、$\boldsymbol{a}_2$、$\boldsymbol{a}_3$ 为原胞基矢，$\boldsymbol{a}=a\boldsymbol{i}$，$\boldsymbol{b}=a\boldsymbol{j}$，$\boldsymbol{c}=a\boldsymbol{k}$ 为晶胞基矢，$\boldsymbol{i}$、$\boldsymbol{j}$、$\boldsymbol{k}$ 为晶胞基矢的单位矢量。

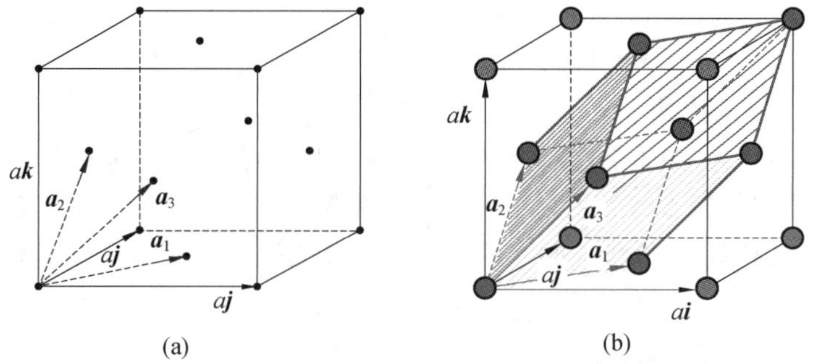

图 3-22　面心立方格子的三个初基矢量

参照非初基格子坐标系，初基格子的三个矢量可表示为

$$\begin{cases} \boldsymbol{a}_1 = \dfrac{a}{2}(\boldsymbol{i}+\boldsymbol{j}) \\ \boldsymbol{a}_2 = \dfrac{a}{2}(\boldsymbol{j}+\boldsymbol{k}) \\ \boldsymbol{a}_3 = \dfrac{a}{2}(\boldsymbol{i}+\boldsymbol{k}) \end{cases} \tag{3-8}$$

即

$$\begin{cases} \boldsymbol{a}_1 = \dfrac{1}{2}(\boldsymbol{a}+\boldsymbol{b}) \\ \boldsymbol{a}_2 = \dfrac{1}{2}(\boldsymbol{b}+\boldsymbol{c}) \\ \boldsymbol{a}_3 = \dfrac{1}{2}(\boldsymbol{a}+\boldsymbol{c}) \end{cases} \tag{3-9}$$

其原胞的体积为

$$V_P = \boldsymbol{a}_1 \cdot (\boldsymbol{a}_2 \times \boldsymbol{a}_3) = \frac{a^3}{4} \tag{3-10}$$

即，面心立方格子的原胞体积为其晶胞体积的 1/4。

此外，利用它们之间的坐标转换矩阵进行基矢的长度和夹角的运算非常方便。

设体心立方、面心立方的三个晶胞基矢长度为 a,求其初基格子的基矢长度和它们之间的夹角(见图 3-23)。

把矩阵相应一行的元素分别平方相加,可以求出初基矢量 $\boldsymbol{a}_1$、$\boldsymbol{a}_2$、$\boldsymbol{a}_3$ 的长度:

体心立方:

$$|\boldsymbol{a}_1|^2 = \frac{3}{4}a^2, a_1 = \frac{\sqrt{3}}{2}a \tag{3-11}$$

面心立方:

$$|\boldsymbol{a}_1|^2 = \frac{a^2}{2}, a_1 = \frac{\sqrt{2}}{2}a \tag{3-12}$$

由初基矢量点积可以求得它们之间的夹角:

体心立方:

$$\boldsymbol{a}_1 \cdot \boldsymbol{a}_2 = a_1 a_2 \cos\theta = \frac{3}{4}a^2\cos\theta \tag{3-13}$$

同时有:

$$\boldsymbol{a}_1 \cdot \boldsymbol{a}_2 = a_{1x}a_{2x} + a_{1y}a_{2y} + a_{1z}a_{2z} = -\frac{a^2}{4} - \frac{a^2}{4} + \frac{a^2}{4} = -\frac{a^2}{4} \tag{3-14}$$

所以

$$\cos\theta = -\frac{1}{3}, \theta = 109°36' \tag{3-15}$$

面心立方:

$$\boldsymbol{a}_1 \cdot \boldsymbol{a}_2 = \frac{a^2}{4} = \left(\frac{1}{2}a^2\right)\cos\theta, \cos\theta = \frac{1}{2}, \theta = 60° \tag{3-16}$$

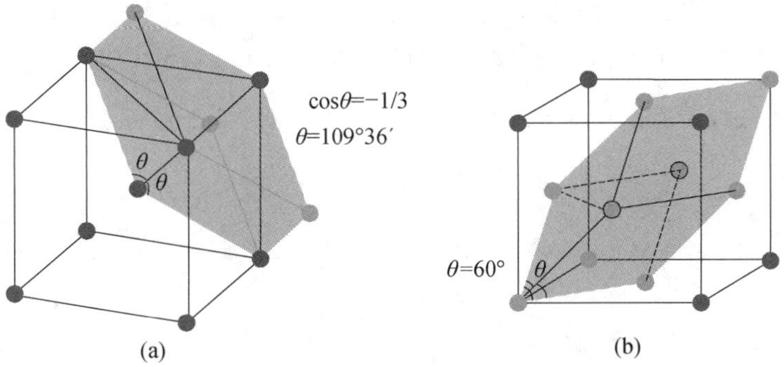

图 3-23　初基格子及初基基矢的夹角

(a) 体心立方;(b) 面心立方

习题三

3-1　通过作图证明三方初基格子面心化后仍为三方初基格子。

3-2　通过作图证明单斜晶系中 $F \rightarrow B$。

3-3　作出面心立方和体心立方的初基格子,指出它们所属的晶系。若面心立方和体心立方的边长为 a,求其三个基矢之间的夹角和长度。

第 4 章　晶体学指数

由于晶体结构不同，不同的材料性能相差极大，尤其是声、光、电、磁、热等功能特性。即使是同一种晶体材料，沿不同的晶体学方向和平面，其性能也差别明显，这就是所谓的各向异性。各向异性的根本原因在于不同方向和平面内晶体材料结构基元（原子、离子、分子等）排列方式的不同。在晶体材料的研究或使用过程中，经常涉及特定的晶体学方向和平面，一般简称为晶向和晶面。为便于区分，对晶体学方向、平面进行标定显得尤为必要。

如前所述，在按照晶系对称性确定相应的布拉维格子和建立坐标系后，就可确定该布拉维格子中的阵点坐标、晶向直线方程和晶体学平面方程。但晶体学中不采用方程式来表示晶体学方向和平面，而是用与它们方程式有关的三个按坐标轴顺序排列的一组数来表征晶体学方向和平面，就像用三个数字表示空间某一点的坐标一样。从数的排列和符号还可看出点、直线和平面的对称排列情况，这种表示方法既方便又直观。

4.1　阵点坐标

在空间点阵中，由于所有阵点具有等同环境，因此可选定任一阵点作为坐标原点来设置坐标。如图 4-1 所示，平行六面体晶胞基矢为 $\boldsymbol{a}$、$\boldsymbol{b}$、$\boldsymbol{c}$，M 为单位格子中的一点，则由原点 O 到 M 点的矢量为 $\overrightarrow{OM}=x\boldsymbol{a}+y\boldsymbol{b}+z\boldsymbol{c}$，$M$ 点的坐标记为 (x,y,z)。如果 $|\boldsymbol{a}|=6.4$ Å，$|\boldsymbol{b}|=4.8$ Å，$|\boldsymbol{c}|=8.2$ Å，$x=3.2$ Å，$y=1.2$ Å，$z=4.1$ Å，则 M 点坐标为 $\left(\frac{1}{2},\frac{1}{4},\frac{1}{2}\right)$，即 $\boldsymbol{a}$、$\boldsymbol{b}$、$\boldsymbol{c}$ 的分数。

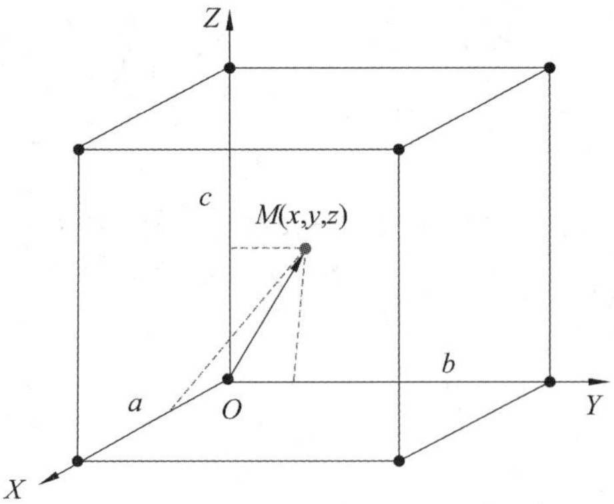

图 4-1　阵点坐标

如果 M 点是空间点阵中的一个阵点，则坐标的数值取决于点阵的类型。现将 P、C、I、F 四类布拉维格子（见图 4-2）中阵点坐标分别列出如下：

(1) 初基格子 P：(0,0,0)。

(2) 底心格子 C：(0,0,0)，$\left(\frac{1}{2},\frac{1}{2},0\right)$。

(3) 体心格子 I：(0,0,0)，$\left(\frac{1}{2},\frac{1}{2},\frac{1}{2}\right)$。

(4) 面心格子 F：(0,0,0)，$\left(\frac{1}{2},\frac{1}{2},0\right)$，$\left(0,\frac{1}{2},\frac{1}{2}\right)$，$\left(\frac{1}{2},0,\frac{1}{2}\right)$。

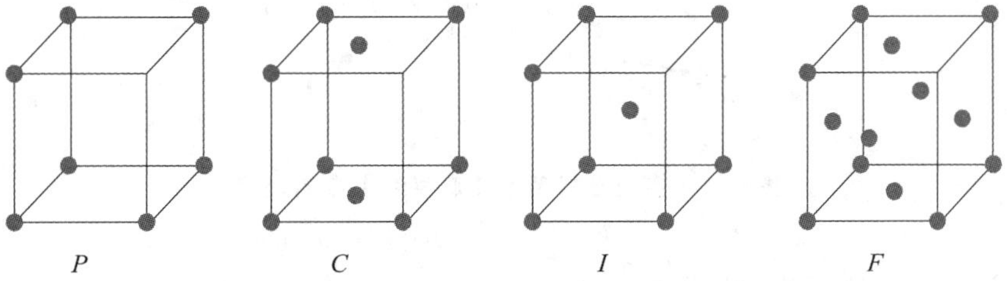

图 4-2　P、C、I、F 四种布拉维格子中的阵点坐标

4.2　晶向指数的确定方法

所谓晶向，是指通过点阵中一列阵点(至少包括两个阵点)的直线方向。在空间点阵中，如果把任意两个阵点连成一直线，则在此直线上必然包含无限个阵点。那么通过直线以外的其他阵点都可作一条直线与此直线平行，且具有相同的周期。这些平行直线将把空间点阵中所有阵点串接起来而无一遗漏，如图 4-3 所示。如果作另一组平行直线，如图 4-3 中虚线所示，很显然，它们也可以将空间点阵中的所有阵点包括进来。可见，空间方向是这组直线的唯一特点，方向确定了，这组直线就确定了。

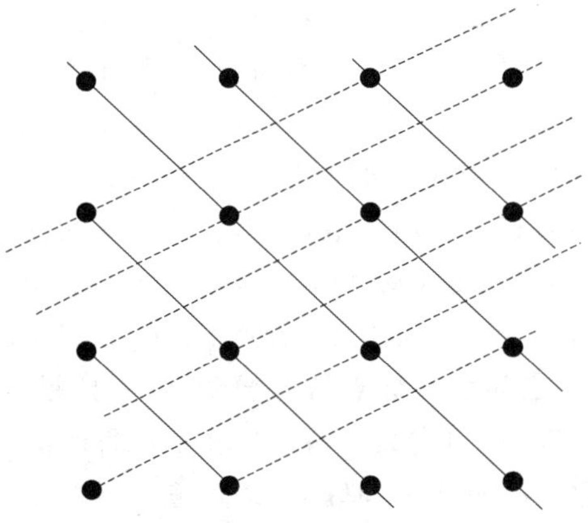

图 4-3　阵点列

在图 4-4 所示的空间点阵中，取 O 点为原点，L_0、L_1、L_2…代表点阵中涵盖所有阵点的一组相互平行的直线。R_0 为 L_0 上最靠近原点的阵点，坐标为(x_0，y_0，z_0)；R_1 代表 L_1 上的阵点，坐标为(x_1，y_1，z_1)。

由图可见：

$$\overrightarrow{R_1R}=n\,\overrightarrow{OR_0} \tag{4-1}$$

上式为直线 L_1 的矢量表达式。由于空间点阵中同一方向的阵点列具有相同的周期，因而上式中的 n 必为正整数。如果 $\boldsymbol{a}$、$\boldsymbol{b}$、$\boldsymbol{c}$ 分别代表坐标系(x，y，z)三个方向上的基矢，则式(4-1)变为

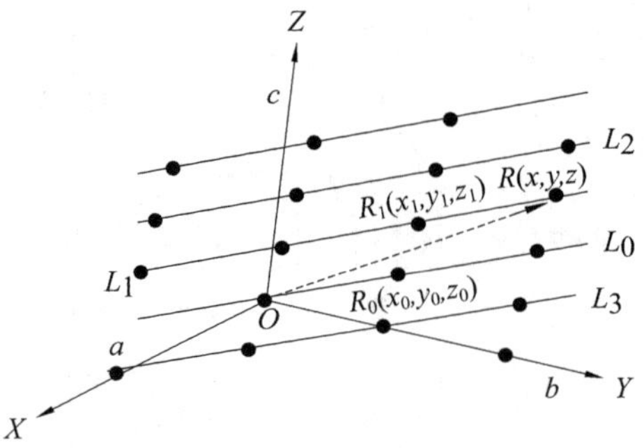

图 4-4　空间坐标系中任意直线上点的坐标

$$(x-x_1)\boldsymbol{a}+(y-y_1)\boldsymbol{b}+(z-z_1)\boldsymbol{c}=n(x_0\boldsymbol{a}+y_0\boldsymbol{b}+z_0\boldsymbol{c}) \tag{4-2}$$

比较两边 $\boldsymbol{a}$、$\boldsymbol{b}$、$\boldsymbol{c}$ 的系数，得

$$x-x_1=nx_0,\quad y-y_1=ny_0,\quad z-z_1=nz_0 \tag{4-3}$$

消去 n 后可得直线 L 方程式的坐标式，有

$$\frac{x-x_1}{x_0}=\frac{y-y_1}{y_0}=\frac{z-z_1}{z_0} \tag{4-4}$$

不难看出，L_0、L_1、L_2、L_3…这些直线中的任一直线均可写成同样的形式。

$$L_2:\quad \frac{x-x_2}{x_0}=\frac{y-y_2}{y_0}=\frac{z-z_2}{z_0} \tag{4-5}$$

$$L_3:\quad \frac{x-x_3}{x_0}=\frac{y-y_3}{y_0}=\frac{z-z_3}{z_0} \tag{4-6}$$

这些方程式可以写成 x_0、y_0、z_0 的连比：

$$\begin{aligned}x_0:y_0:z_0&=(x-x_1):(y-y_1):(z-z_1)\\&=(x-x_2):(y-y_2):(z-z_2)\\&=(x-x_3):(y-y_3):(z-z_3)\end{aligned} \tag{4-7}$$

可见 $x_0:y_0:z_0$ 这个连比可以用来表示这一族直线的方向。由于 R_0 的坐标都是有理数，因此，它们的连比可以化为三个互质整数比，即

$$x_0:y_0:z_0=u:v:w \tag{4-8}$$

因此就用 u、v、w 来表示这族晶列的方向，记为[$u\ v\ w$]，即晶向指数。注意：(1) 晶向指数用中括号标记；(2) u、v、w 之间没有标点符号分隔；(3) 如果 u，v，w 三者中有负数的话，负号写在上面。根据上述原理，晶向指数[uvw]的求法有两种：

一是引入直线族中过原点的直线 L_0，写出 L_0 上任一不在原点的阵点坐标，将其数值化为三个互质整数之比即可。

二是写出直线族中任一阵点列上两点的坐标，如(x_1，y_1，z_1)和(x_2，y_2，z_2)，将$(x_1-x_2):(y_1-y_2):(z_1-z_2)$化为三个互质整数之比，即得晶向指数。

例 4-1　如图 4-5 所示，求正交晶系面心点阵中 X、Y、Z 轴以及晶列 L_1、L_2 的晶向指数。

解　由于 X、Y、Z 轴上最靠近原点的阵点坐标分别为(1，0，0)、(0，1，0)、(0，0，1)，又都是互质整数，因此坐标轴的晶向指数分别为[100]、[010]、[001]。

由于 L_1 上两阵点 A、B 的坐标分别为 $\left(1,\frac{1}{2},\frac{1}{2}\right)$ 和 $\left(\frac{1}{2},1,\frac{1}{2}\right)$，因此

$$u:v:w=\left(1-\frac{1}{2}\right):\left(\frac{1}{2}-1\right):\left(\frac{1}{2}-\frac{1}{2}\right)=1:\bar{1}:0,[u\,v\,w]=[1\,\bar{1}\,0] \quad (4\text{-}9)$$

因 $L_2 /\!/ L_1$，故 L_2 的晶向指数亦为$[1\,\bar{1}\,0]$。

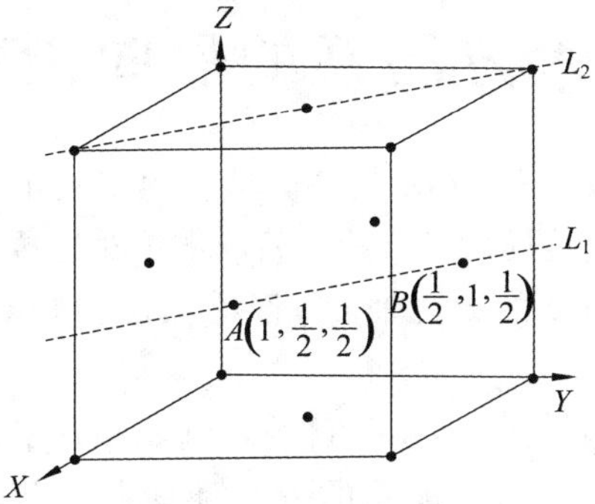

图 4-5　正交晶系面心点阵

例 4-2　金刚石晶体结构如图 4-6 所示，已知阵点 $O(0,0,0)$、$C\left(\frac{3}{4},\frac{3}{4},\frac{1}{4}\right)$、$A(0,0,1)$、$B\left(\frac{1}{2},\frac{1}{2},0\right)$，求过 OC、AB、BC、AC 阵点的晶列 L 的晶向指数。

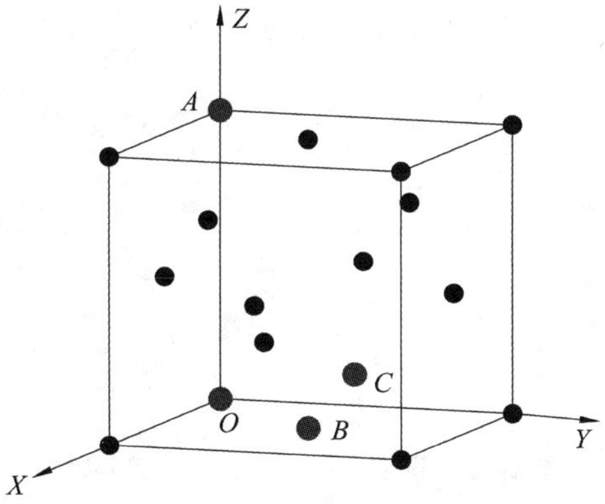

图 4-6　金刚石晶体结构中晶向指数的确定

解　对于晶列 OC，由于过原点 O，故可直接求出：

$$u:v:w=\frac{3}{4}:\frac{3}{4}:\frac{1}{4}=3:3:1 \quad (4\text{-}10)$$

所以其晶向指数为$[331]$。

对于晶向 AB：

$$u:v:w=\left(\frac{1}{2}-0\right):\left(\frac{1}{2}-0\right):(0-1)=\frac{1}{2}:\frac{1}{2}:(-1)=1:1:\bar{2} \quad (4\text{-}11)$$

所以其晶向指数为$[11\bar{2}]$。

对于晶向 BC：

$$u:v:w=\left(\frac{3}{4}-\frac{1}{2}\right):\left(\frac{3}{4}-\frac{1}{2}\right):\left(\frac{1}{4}-0\right)=\frac{1}{4}:\frac{1}{4}:\frac{1}{4}=1:1:1 \quad (4\text{-}12)$$

所以其晶向指数为$[111]$。

对于晶向 AC：

$$u:v:w=\left(\frac{3}{4}-0\right):\left(\frac{3}{4}-0\right):\left(\frac{1}{4}-1\right)=\frac{3}{4}:\frac{3}{4}:\left(-\frac{3}{4}\right)=1:1:\bar{1} \quad (4\text{-}13)$$

所以其晶向指数为$[1\ 1\ \bar{1}]$。

4.3 六方晶系的晶向指数

在六方晶系的三轴定向中，OX、OY、OZ 三坐标轴上的基矢 $\boldsymbol{a}$、$\boldsymbol{b}$、$\boldsymbol{c}$ 分别是六方初基格子的三边，而且轴 $\boldsymbol{a}$ 和 $\boldsymbol{b}$ 平行于 2 次旋转轴 C_2，轴 $\boldsymbol{c}$ 平行于 6 次旋转轴 C_6。Z 轴是 6 次旋转对称轴，在与其垂直的基面内有 3 根 2 次旋转轴 C_2，受 6 次旋转轴 C_6 的作用而构成 6 次旋转的对称配置。

如图 4-7 所示，如果仅取其中 2 个与 C_2 平行的基矢 $\boldsymbol{a}$ 和 $\boldsymbol{b}$ 定出 X 轴和 Y 轴，并不能很好地显示 6 次旋转对称的特征，对于六方晶系的一些计算也不方便。因此六方晶系常常采用四轴定向，将垂直于 Z 轴的平面上的 3 根 C_2 轴都选作坐标轴，记为 OX_1、OX_2、OX_3，相应的基矢分别记为$\boldsymbol{a}_1$、$\boldsymbol{a}_2$、$\boldsymbol{a}_3$，如图 4-8 所示。

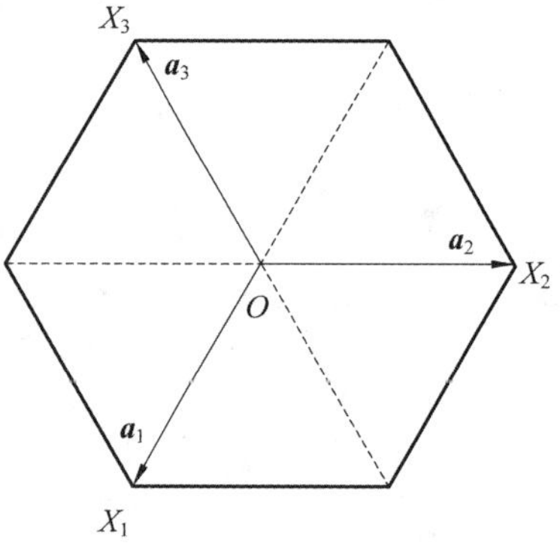

图 4-7 四轴定向中的基面坐标轴的选取

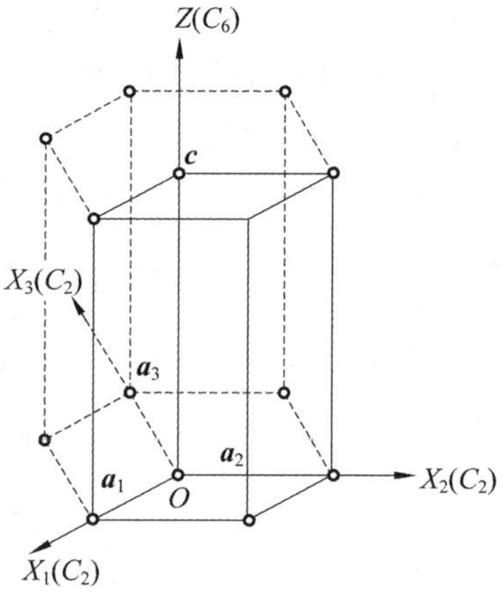

图 4-8 六方晶系的四轴定向

六方晶系的四轴坐标系中，$\boldsymbol{a}_1$、$\boldsymbol{a}_2$、$\boldsymbol{a}_3$ 在同一个平面内，因此只有两个基矢是独立的，其中一个基矢可表示为另两个基矢之和，故有

$$\boldsymbol{a}_1+\boldsymbol{a}_2+\boldsymbol{a}_3=0 \quad (4\text{-}14)$$

四轴坐标系中，如果空间任一阵点 S 的坐标为(x_1,x_2,x_3,z)，对应的矢量就可以写成

$$\overrightarrow{OS}=x_1\boldsymbol{a}_1+x_2\boldsymbol{a}_2+x_3\boldsymbol{a}_3+z\boldsymbol{c} \quad (4\text{-}15)$$

由于 X_1 轴、X_2 轴、X_3 轴相对 Z 轴构成 6 次旋转对称，矢量$\overrightarrow{OS}$在各轴上的分量和点坐标的 x_1、x_2、x_3 三个数也具有轮换对称形式，必然满足下列关系：

$$x_1+x_2+x_3=0 \quad (4\text{-}16)$$

设六方晶系点阵空间中 S 点在三轴标准定向中的坐标为(x,y,z)，在四轴定向中的坐标为(x_1,x_2,x_3,z)，则有

$$\overrightarrow{OS}=x\boldsymbol{a}+y\boldsymbol{b}+z\boldsymbol{c}=x_1\boldsymbol{a}_1+x_2\boldsymbol{a}_2+x_3\boldsymbol{a}_3+z\boldsymbol{c} \quad (4\text{-}17)$$

又因为

$$\boldsymbol{a}_1+\boldsymbol{a}_2+\boldsymbol{a}_3=0，且\boldsymbol{a}_1=\boldsymbol{a},\boldsymbol{a}_2=\boldsymbol{b} \quad (4\text{-}18)$$

故有

$$\begin{aligned}\overrightarrow{OS} &= x\boldsymbol{a} + y\boldsymbol{b} + z\boldsymbol{c} = x_1\boldsymbol{a}_1 + x_2\boldsymbol{a}_2 - x_3(\boldsymbol{a}_1 + \boldsymbol{a}_2) + z\boldsymbol{c} \\ &= (x_1 - x_3)\boldsymbol{a}_1 + (x_2 - x_3)\boldsymbol{a}_2 + z\boldsymbol{c}\end{aligned} \tag{4-19}$$

比较三轴定向和四轴定向的系数，可得

$$\begin{cases} x = x_1 - x_3 \\ y = x_2 - x_3 \\ z = z \end{cases} \tag{4-20}$$

式(4-20)为四轴坐标系中点坐标转换至三轴坐标系中点坐标的公式。同理，根据前面的规定，也可得到三轴坐标系中点坐标转换为四轴坐标系中点坐标的公式，具体如下：

$$\begin{cases} x_1 = \dfrac{2}{3}x - \dfrac{1}{3}y \\ x_2 = \dfrac{2}{3}y - \dfrac{1}{3}x \\ x_3 = -\dfrac{1}{3}x - \dfrac{1}{3}y \\ z = z \end{cases} \tag{4-21}$$

三方晶系和六方晶系有时也用四轴定向，上述转换公式也可使用。晶向指数$[uvw]$与点坐标(x,y,z)之间在数值上有密切关系。u、v、w 三个互质整数可根据过原点的阵点直线上的点坐标(x,y,z)计算出来。因此，六方晶系三轴定向与四轴定向之间晶向指数的转换公式也可按照点坐标的转换规律写出。设三轴坐标系中某一晶向的指数为$[UVW]$，在四轴坐标系中该晶向指数为$[uvtw]$，同理它们之间也有如下转换公式：

$$\begin{cases} U = u - t \\ V = v - t \\ W = w \end{cases} \tag{4-22}$$

即

$$\begin{cases} u = \dfrac{2}{3}U - \dfrac{1}{3}V \\ v = \dfrac{2}{3}V - \dfrac{1}{3}U \\ t = -\dfrac{1}{3}(U + V) \\ w = W \end{cases} \tag{4-23}$$

对于图 4-9 中的晶向 OA、OB 和 OC，在三轴坐标系中的晶向指数分别为$[1\ 0\ 0]$、$[0\ 1\ 1]$、$[\bar{1}\ \bar{1}\ 0]$，根据方程组(4-23)可知，在四轴坐标系中，其指数则分别为$[2\ \bar{1}\ \bar{1}\ 0]$、$[\bar{1}\ 2\ \bar{1}3]$和$[\bar{1}\ \bar{1}2\ 0]$。

除上述坐标转换方法之外，巴瑞特(C. S. Barrett)提出了确定六方晶系四轴坐标系中晶向指数的移动距离法，也称巴瑞特法，如图 4-10 所示。

该方法的具体步骤如下：① 将坐标原点平移，使其与晶向中的一点重合。② 从原点出发，沿平行于四个坐标轴方向依次移动，使之最后到达要标定方向上的某一格点，移动时要使 a_3 轴移动的距离是 a_1、a_2 两轴移动距离之和的负值。③ 将各轴移动距离简化为最小整数加上方括号，即可得晶向指数。用此方法确定晶向指数较为麻烦，但因其避免了三轴向四轴转换这一环节，故仍被一些资料所引用。

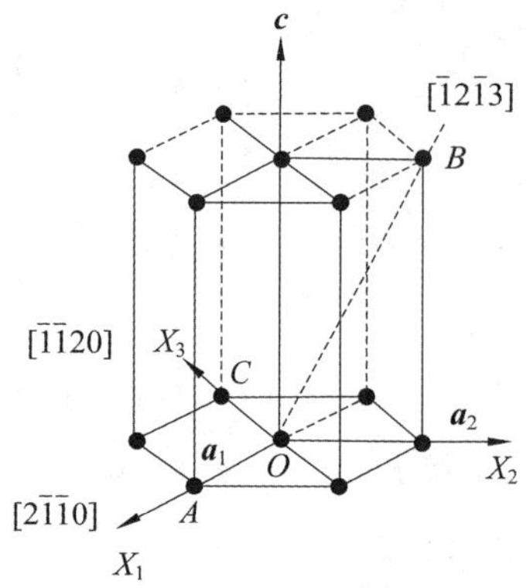

图 4-9　六方晶系坐标系的选定

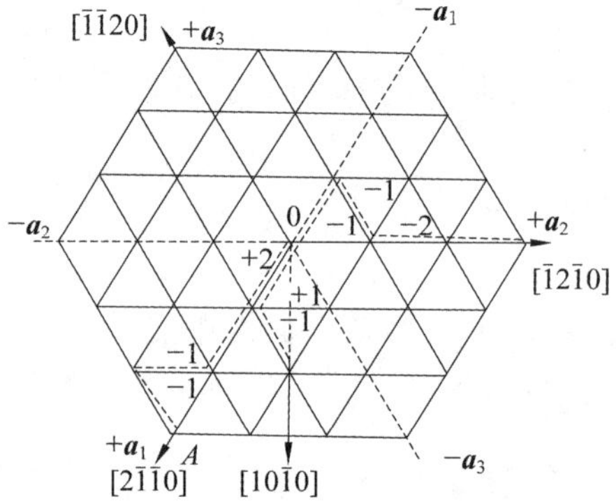

图 4-10　确定六方晶系晶向指数的移动距离法

前已述及，在三轴体系中，晶向指数的标定可以通过写出晶向上任意两点的坐标，再通过相减并化简得到。那么，在四轴坐标体系（如六方晶系）中，晶向指数是否也能通过这种简单而直观的方法得到呢？答案是肯定的，我国学者孙振国在巴瑞特法的基础上提出了一种简便方法（以下称为坐标法）。具体步骤如下：

（1）取 a_1、a_2、a_3、c 四个晶轴，a_1 轴、a_2 轴、a_3 轴之间的夹角均为 120°，c 轴与 a_1 轴、a_2 轴、a_3 轴相垂直；

（2）以点阵常数作为坐标轴的长度单位，写出所求晶向的矢量箭头坐标和箭尾坐标，求得两个坐标值的差值；

（3）将 c 轴上的差值乘 3/2 后，再将这些差值化简为最小整数；

（4）将此最小整数放在方括号内，即为所求的晶向指数。

再来看图 4-9 中的 OB 晶向，O 点坐标为（0，0，0，0），B 点坐标为（−1/2，1，−1/2，1），用 B 点坐标减去 O 点坐标，得到差值分别为 −1/2，1，−1/2，1；再将 c 轴方向差值乘以 3/2 后，上述差值变为 −1/2，1，−1/2，3/2；化简得到 OB 晶向指数为[$\bar{1}\ 2\ \bar{1}\ 3$]：

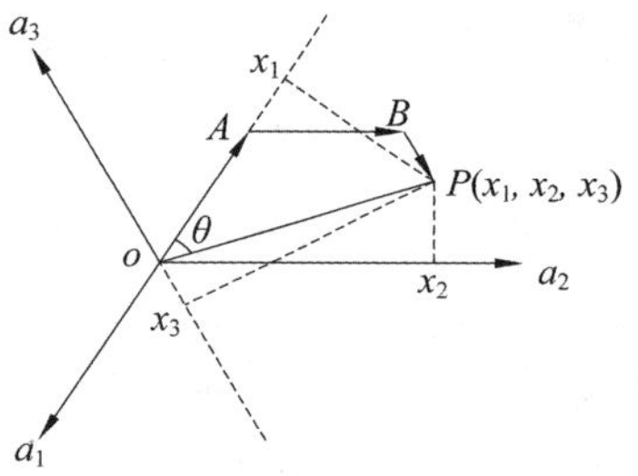

图 4-11　坐标法证明示意图

上述方法中，c 轴上的差值为什么要乘 3/2 呢？以下对其给予证明。

如果用三个坐标值来表示二维平面上一个点时，三个坐标中只有两个坐标值是独立的，三个坐标值之间满足：$x_1+x_2+x_3=0$。

如图 4-11 所示，在 a_1、a_2、a_3、c 四轴坐标系中，P 为平面内任意一点，其坐标值分别为 x_1、x_2、x_3，则有：

$$x_1=-OP\cos\theta,\ x_2=OP\cos(60°-\theta),\ x_3=-OP\cos(120°-\theta) \tag{4-24}$$

因此有

$$x_1+x_2+x_3=OP\left[\cos(60°-\theta)-\cos\theta-\cos(120°-\theta)\right]=0 \tag{4-25}$$

由此可见，使用此方法确定点的坐标是符合要求的。

按照巴瑞特法，标定平面内某一晶向 OP 的指数，移动路线如图 4-11 所示。沿 a_1 轴负方向移动的距离为 OA，沿 a_2 轴移动的距离为 AB，沿 a_3 轴负方向移动的距离为 BP。则有：

$$AB-OA-BP=0$$

如果按照坐标法，矢量$\overrightarrow{OP}$的起点坐标为（0，0，0），终点坐标为（x_1，x_2，x_3）。由此可见，

巴瑞特移动距离法和坐标法在同一轴上的数值并不相等。然而应该看到，它们在各轴上的数值都有着同样的关系。在图 4-11 中：

$$x_2 = OA\cos60° + AB + BP\cos60° = AB + 1/2(OA + BP) \tag{4-26}$$

由于

$$AB - OA - BP = 0, AB = OA + BP \tag{4-27}$$

因此有

$$x_2 = \frac{3}{2}AB$$

同理可得

$$x_1 = \frac{3}{2}OA, \quad x_3 = \frac{3}{2}BP$$

上述分析表明，巴瑞特移动距离法得出的数值必须乘以 3/2 后才能与坐标法所得出的数值相等。但无论是移动距离法还是坐标法，c 轴上的数值应该是相等的，因此，采用坐标法标定六方晶系晶向指数时，c 轴的坐标差也应乘 3/2。

4.4　晶向指数的对称性

由于空间点阵的对称性，在一些对称元素的作用下，一些方向的晶向指数也具有对称性。

4.4.1　平面点阵晶向指数的对称性

1. 平行四边形点阵

在图 4-12 所示的平行四边形点阵中，每一阵点都是对称中心，方向 A 与方向 B 的原子排列情况完全相同，因此这两个晶向成为等同晶向，也即[1 1]=[$\bar{1}\bar{1}$]，记为[uv]=[$\bar{u}\bar{v}$]。垂直于平面点阵的二次旋转操作可以使它们完全重合，且具有同样效果。

2. 矩形点阵(初基或非初基)

如图 4-13 所示，矩形点阵具有一个垂直点阵平面的 2 次旋转对称轴 C_2，两个正交的对称面 m_1、m_2。若以方向 A [1 2]为起始方向，通过对称中心或 C_2 操作都能导致等同方向[$\bar{1}\bar{2}$]。再通过镜面 m_1 或 m_2 操作可得[1 $\bar{2}$]和[$\bar{1}$ 2]。所以方向 A 通过全部对称元素的作用可以产生四个等同方向，写为[uv]=[$\bar{u}\bar{v}$]=[$u\,\bar{v}$]=[$\bar{u}v$]。

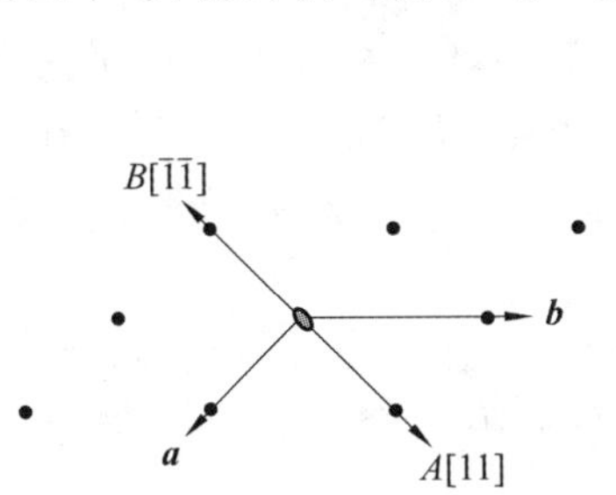

图 4-12　平行四边形的等同方向

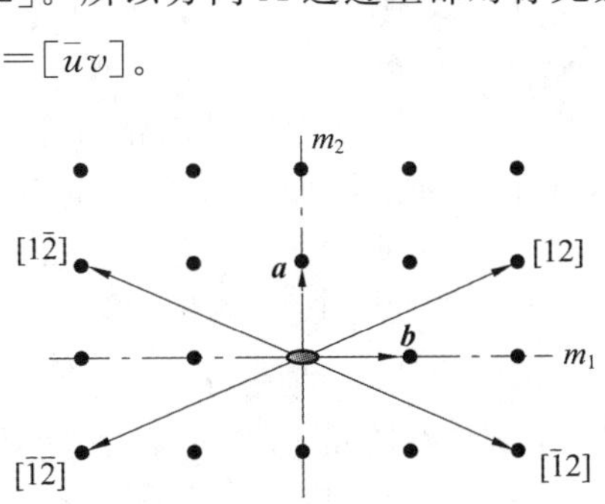

图 4-13　矩形点阵的等同方向

可见，矩形点阵的等同方向只改变符号，不改变指数的顺序。在晶体学中，把某一晶向凭借对称元素,实行对称操作而得到的一系列等同方向称为一个晶向族,并把这些等同方向用尖括号记为$\langle uv \rangle_{矩形}$。

3. 正方点阵

如图 4-14 所示,正方点阵有一个垂直于点阵平面的四次旋转轴 C_4 和 4 个对称面 m,这些对称元素作用会产生更多的等同方向。以[1 3]为起始方向,在 C_4 作用下产生$[3\ \bar{1}]$、$[\bar{1}\ \bar{3}]$、$[\bar{3}\ 1]$。

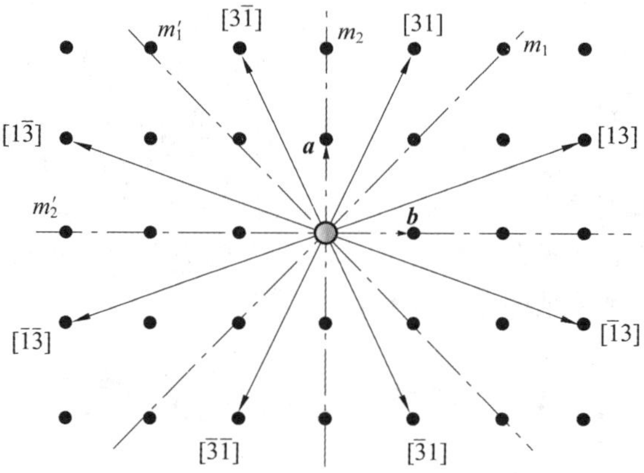

图 4-14 正方点阵中的等同方向

在镜面 m_1、m_2 的作用下进一步产生[3 1]、$[1\ \bar{3}]$、$[\bar{3}\ \bar{1}]$和$[\bar{1}\ 3]$。所以考虑到正方点阵中全部对称元素的作用,可以产生 8 个等同方向,通常记为$[uv]=[u\ \bar{v}]=[\bar{u}v]=[\bar{u}\ \bar{v}]=[vu]=[v\ \bar{u}]=[\bar{v}u]=[\bar{v}\bar{u}]=\langle vu \rangle_{正方}$,可见正方点阵的等同方向不仅改变符号,而且改变指数的顺序。

4.4.2 三维点阵晶向指数的对称性

三斜晶系中,由于只存在对称中心,因此对于晶向$[u\ v\ w]$,只有一个等同方向,即$[u\ v\ w]=[\bar{u}\bar{v}\bar{w}]$。而单斜晶系中,$c$ 轴为唯一的二次轴,含有二次轴的点阵平面是矩形平面,所以不仅在 C 面上存在$[u\ v]=[\bar{u}\ \bar{v}]$,而且分别在 A 面和 B 面上存在:

$$[uw]=[\bar{u}\ \bar{w}]=[\bar{u}w]=[u\ \bar{w}],$$
$$[vw]=[\bar{v}\ \bar{w}]=[\bar{v}w]=[v\ \bar{w}] \tag{4-28}$$

也即单斜晶系晶向指数$[u\ v\ w]$中,w 可改变符号,而 u、v 两个指数只能同时改变符号,而且 u、v、w 不能交换位置,三者共有$[uvw]$、$[\bar{u}\bar{v}\bar{w}]$、$[\bar{u}\bar{v}w]$、$[uv\bar{w}]$四种组合方式,也即$[uvw]=[\bar{u}\bar{v}\bar{w}]=[\bar{u}\bar{v}w]=[uv\bar{w}]$,故$\langle uvw \rangle_{单斜}$含有四个等同方向。

对于正方点阵,可以看成是由正方平面格子沿 c 轴等距堆积构成的。由于正方形中的$\langle uv \rangle_{正方}$有 8 个等同方向,即 u、v 指数的符号和顺序都可交换(即 $2\times2\times2=8$)。在正方点阵的晶胞中,$a=b\neq c$,所以沿 c 轴方向看,a、c 轴和 b、c 轴构成的四边形为矩形,故指数$\langle uw \rangle$和$\langle vw \rangle$仅能更换符号而不能更换顺序。即

$$[uw]=[\bar{u}\ \bar{w}]=[\bar{u}w]=[u\ \bar{w}]=[vw]=[\bar{v}\ \bar{w}]=[\bar{v}w]=[v\ \bar{w}] \tag{4-29}$$

所以,当正方点阵的三个指数组合时,w 必须限制在第三个位置上,符号可以改变。故有:

$[uvw]=[\bar{u}\bar{v}w]=[\bar{u}vw]=[u\ \bar{v}w]$以及与$\bar{w}$重复组合一次,产生 8 个等同方向;

$[vuw]=[\bar{v}\bar{u}w]=[\bar{v}uw]=[v\ \bar{u}w]$以及与$\bar{w}$重复组合一次,又产生 8 个等同方向。

因此，$\langle uvw \rangle_{正方}$共含有 16 个等同方向。如果三指数中两个或全部相等（顺序更换不起作用），甚至一个或两个为零（更换顺序和符号均不起作用），则等同方向数将会减少。例如$\langle 1\ 0\ 0 \rangle_{正方}$只有$[1\ 0\ 0]=[\bar{1}\ 0\ 0]=[0\ 1\ 0]=[0\ \bar{1}\ 0]$4 个等同方向，$\langle 1\ 1\ 1 \rangle_{正方}$有$[1\ 1\ 1]=[\bar{1}\bar{1}\bar{1}]=[\bar{1}\bar{1}1]=[1\bar{1}\bar{1}]=[\bar{1}1\bar{1}]=[1\bar{1}1]=[11\bar{1}]=[\bar{1}11]$8 个等同方向。

对于立方晶系，一个晶向的等同方向将更多。由于立方晶系的三指数在组合时符号和位置均可变化，所以$\langle uvw \rangle_{立方}$含有 48(2×2×2×2×3)个等同方向。不言而喻，如果三指数中两个或全部相等，甚至一个或两个为零，均会使等同方向数减少。

对于六方晶系，四轴定向可以较好反映其六次旋转对称性。其中 c 轴为六次旋转轴，而垂直于 c 轴的另外三个坐标轴为二次旋转轴。晶向指数$[u\ v\ t\ w]$中，u、v、t 三者可以相互交换位置，但只有两者可以独立改变符号，w 只能改变符号，不能交换位置，因此有 2×2×2×3＝24 种组合方式，也即$\langle uvtw \rangle_{六方}$有 24 个等同方向。

4.5　晶面指数

空间点阵中如果有一个通过阵点的晶体平面，则必有一族与它平行且等距的平面，各平面上阵点的分布情况完全相同，可以把空间点阵中所有阵点都包括进去而无遗漏。空间点阵中也可以有无限多的不同取向的平行平面族（见图 4-15）。表示一个平面的方法，可选定一坐标系，并在坐标系中表示出该平面法线的方向余弦，也可以用这个平面在三个坐标轴上的截距来表示该平面。

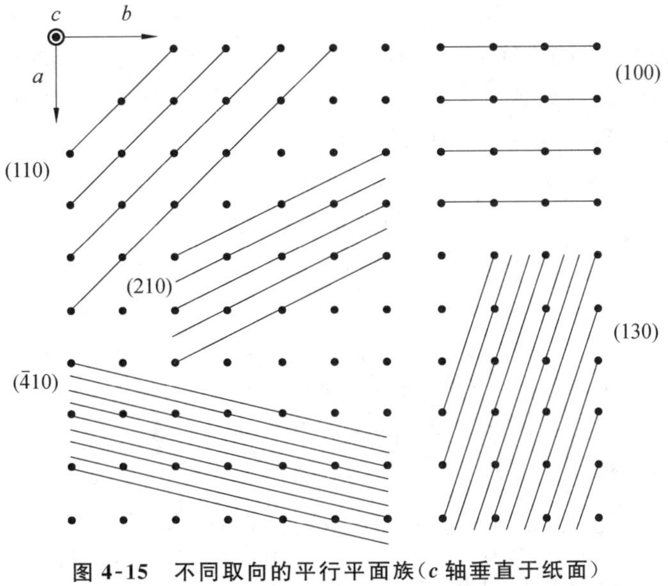

图 4-15　不同取向的平行平面族（c 轴垂直于纸面）

在点阵中选取任一阵点为原点，以单位格子的三个基矢量 $\boldsymbol{a}$、$\boldsymbol{b}$、$\boldsymbol{c}$ 为坐标系的三个轴。设某一族平面的面间距为 d，它的法向单位矢量为 $\boldsymbol{n}$，则在这族平面中，离开原点距离等于 md 的平面方程式为

$$\boldsymbol{X} \cdot \boldsymbol{n} = md \tag{4-30}$$

式中：$\boldsymbol{X}$ 代表平面上任意阵点 X 的位矢；m 为整数（$m=1$ 代表平面族中离原点最近的平面）。设此平面与三个坐标轴的交点的位矢分别为 $r\boldsymbol{a}$、$s\boldsymbol{b}$、$t\boldsymbol{c}$，如图 4-16 所示，依次代入式(4-30)得到：

$$\begin{cases} ra\cos(\boldsymbol{a},\boldsymbol{n}) = md \\ sb\cos(\boldsymbol{b},\boldsymbol{n}) = md \\ tc\cos(\boldsymbol{c},\boldsymbol{n}) = md \end{cases} \tag{4-31}$$

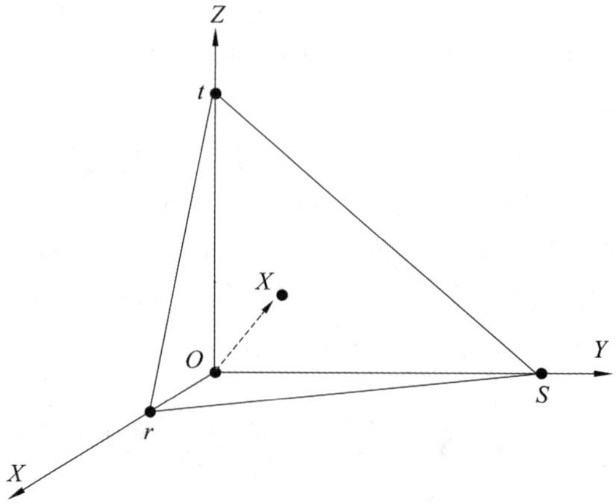

图 4-16　晶面指数的确定

其中，a、b、c 分别为三个坐标轴基矢的长度，所以有

$$\cos(\boldsymbol{a},\boldsymbol{n}) : \cos(\boldsymbol{b},\boldsymbol{n}) : \cos(\boldsymbol{c},\boldsymbol{n}) = \frac{1}{ra} : \frac{1}{sb} : \frac{1}{tc} \tag{4-32}$$

可见，平面的法线方向 $\boldsymbol{n}$ 与三坐标轴的夹角的余弦之比等于平面在三个坐标轴上的截距的倒数之比。

由于一族平面包含点阵中所有阵点而无遗漏，因此，在三个基矢末端的阵点必定分别落在该族平面的三个平面上，设这三个阵点分别落在距离原点为 hd、kd、ld 的平面上，这里 h、k、l 都是整数，按式(4-30)，对这三个平面分别有

$$\begin{cases} \boldsymbol{a} \cdot \boldsymbol{n} = hd \\ \boldsymbol{b} \cdot \boldsymbol{n} = kd \\ \boldsymbol{c} \cdot \boldsymbol{n} = ld \end{cases} \tag{4-33}$$

也即

$$\begin{cases} a\cos(\boldsymbol{a},\boldsymbol{n}) = hd \\ b\cos(\boldsymbol{b},\boldsymbol{n}) = kd \\ c\cos(\boldsymbol{c},\boldsymbol{n}) = ld \end{cases} \tag{4-34}$$

取它们之连比，即得

$$\cos(\boldsymbol{a},\boldsymbol{n}) : \cos(\boldsymbol{b},\boldsymbol{n}) : \cos(\boldsymbol{c},\boldsymbol{n}) = \frac{h}{a} : \frac{k}{b} : \frac{l}{c} \tag{4-35}$$

比较式(4-32)和式(4-35)，则得

$$h : k : l = \frac{1}{r} : \frac{1}{s} : \frac{1}{t} \tag{4-36}$$

化 $h : k : l$ 为三个互质整数之比，并用 h、k、l 表示该平面族的法线方向与三坐标轴夹角余弦之比的三个数，称它们为晶面指数，用记号(hkl)表示。这种晶面指数的标记方法是由英国人密勒(Miller)于 1839 年首次提出，因此又称为密勒指数(Miller indics)。

当 $m=1$ 时，式(4-31)就是平面族(hkl)中最靠近原点的平面在坐标轴上截距的关系式：这个平面在三个轴上的截距为 a/h、b/k、c/l，同族的其他平面在坐标轴上的截距为这组最小

截距的整数倍。因此，h、k、l 就是该平面中最靠近原点的截距倒数。

按照上述原理，平面族指数(hkl)的求法有两种：

方法 1：求出平面族中任一平面在 x、y、z 三轴上的截距倒数之比，化简为互质整数之比，所得的互质整数即为晶面指数。

方法 2：若已知平面族中任一平面上三个阵点的坐标(x_1,y_1,z_1)、(x_2,y_2,z_2)、(x_3,y_3,z_3)，将每一阵点坐标分别代入式(4-30)即得

$$\begin{cases} x_1\cos\alpha+y_1\cos\beta+z_1\cos\gamma=md \\ x_2\cos\alpha+y_2\cos\beta+z_2\cos\gamma=md \\ x_3\cos\alpha+y_3\cos\beta+z_3\cos\gamma=md \end{cases} \tag{4-37}$$

由方程组(4-37)可解出：

$$\cos\alpha=\frac{\begin{vmatrix} md & y_1 & z_1 \\ md & y_2 & z_2 \\ md & y_3 & z_3 \end{vmatrix}}{\begin{vmatrix} x_1 & y_1 & z_1 \\ x_2 & y_2 & z_2 \\ x_3 & y_3 & z_3 \end{vmatrix}},\quad \cos\beta=\frac{\begin{vmatrix} x_1 & md & z_1 \\ x_2 & md & z_2 \\ x_3 & md & z_3 \end{vmatrix}}{\begin{vmatrix} x_1 & y_1 & z_1 \\ x_2 & y_2 & z_2 \\ x_3 & y_3 & z_3 \end{vmatrix}},\quad \cos\gamma=\frac{\begin{vmatrix} x_1 & y_1 & md \\ x_2 & y_2 & md \\ x_3 & y_3 & md \end{vmatrix}}{\begin{vmatrix} x_1 & y_1 & z_1 \\ x_2 & y_2 & z_2 \\ x_3 & y_3 & z_3 \end{vmatrix}} \tag{4-38}$$

$$\cos\alpha:\cos\beta:\cos\gamma=h:k:l=\begin{vmatrix} 1 & y_1 & z_1 \\ 1 & y_2 & z_2 \\ 1 & y_3 & z_3 \end{vmatrix}:\begin{vmatrix} x_1 & 1 & z_1 \\ x_2 & 1 & z_2 \\ x_3 & 1 & z_3 \end{vmatrix}:\begin{vmatrix} x_1 & y_1 & 1 \\ x_2 & y_2 & 1 \\ x_3 & y_3 & 1 \end{vmatrix} \tag{4-39}$$

例 4-3　求图 4-17 中面心点阵的晶面 $ABGF$、EFG、HIB 的指数。

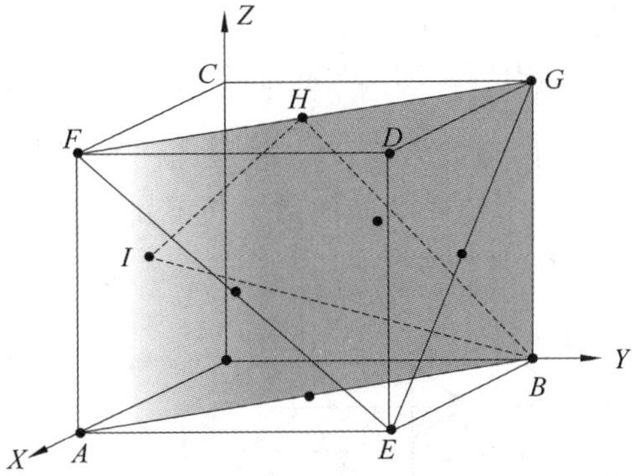

图 4-17　面心点阵

解　(1) 晶面 $ABGF$ 在 X 轴上截距为 $1a$、在 Y 轴上截距为 $1b$，晶面 $ABGF$ 与 Z 轴平行，截距为∞。所以，$h:k:l=1:1:0$，$ABGF$ 的晶面指数为$(1\ 1\ 0)$。

(2) EFG 平面与 ABC 面平行，所以指数相同，ABC 面在三个轴上的截距分别为 $1a$、$1b$ 和 $1c$，故$(hkl)_{EFG}=(1\ 1\ 1)$。

(3) 点阵面 HIB 通过 H、I 及 B 点，坐标分别为$\left(\frac{1}{2},\frac{1}{2},1\right)$，$\left(\frac{1}{2},0,\frac{1}{2}\right)$，$(0,1,0)$，则

$$h:k:l=\begin{vmatrix} 1 & 1/2 & 1 \\ 1 & 0 & 1/2 \\ 1 & 1 & 0 \end{vmatrix}:\begin{vmatrix} 1/2 & 1 & 1 \\ 1/2 & 1 & 1/2 \\ 0 & 1 & 0 \end{vmatrix}:\begin{vmatrix} 1/2 & 1/2 & 1 \\ 1/2 & 0 & 1 \\ 0 & 1 & 1 \end{vmatrix}$$

$$=\frac{3}{4}:\frac{1}{4}:\left(-\frac{1}{4}\right)=3:1:(-1)$$

所以，$(hkl)_{HIB}=(3\ 1\ \bar{1})$。

例 4-4 求图 4-18 中正方柱的四个棱柱面的晶面指数。

解 取 OA、OB、OC 分别为三坐标轴的基矢，其长度为四方格子的边长，如图 4-18 所示。其中 $AGDE$ 截 OX 轴一个单位，与 Y 轴、Z 轴平行；$DGBF$ 截 OY 轴一个单位，与 X 轴、Z 轴平行。所以它们的晶面指数分别为(100)和(010)。在旋转轴 C_4 的作用下，另两个面的指数为$(\bar{1}00)$和$(0\bar{1}0)$。

此外，六方晶系三轴定向与四轴定向之间晶面指数的转换公式可根据图 4-19 推导出来。

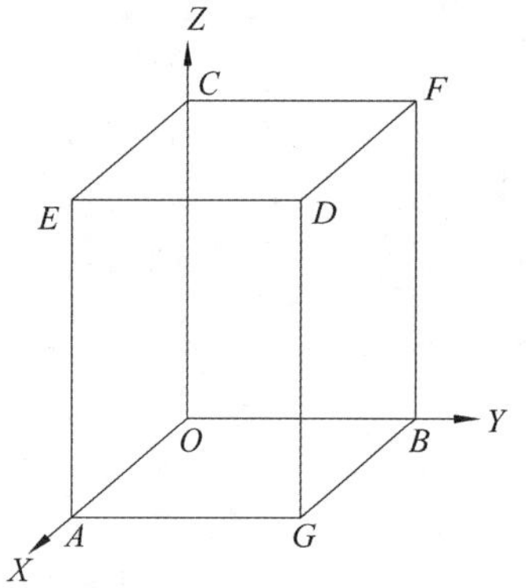

图 4-18　四方晶系单胞

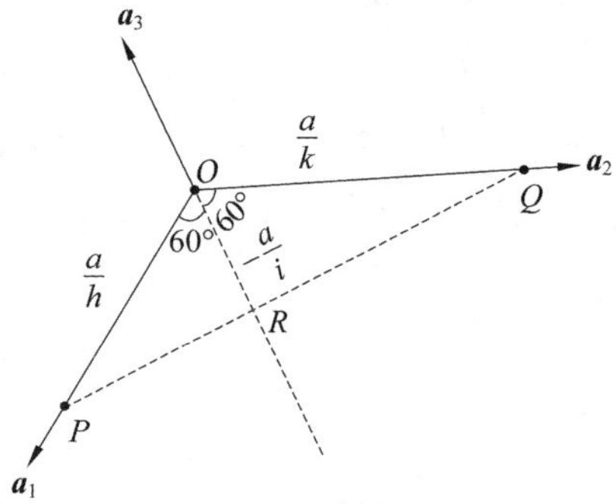

图 4-19　六方晶系三轴定向与四轴定向之间的关系

设有一晶面与 $\boldsymbol{a}_1$、$\boldsymbol{a}_2$、$\boldsymbol{a}_3$ 三个轴分别截在 P、R、Q 三点，在三轴上的截距分别为 $\frac{a}{h}$、$\frac{a}{k}$、$-\frac{a}{i}$，因△OPQ 的面积等于△OPR 及△OQR 的面积之和，即可得到 $h+k+i=0$，所以 $i=-(h+k)$。因此，四轴定向的晶面指数为$(hkil)$，相应的三轴定向的晶面指数为(hkl)。

根据上述关系，图 4-20 中六个柱面的晶面指数将显示六次对称，分别为$(1\ 0\ \bar{1}\ 0)$、$(1\ \bar{1}\ 0\ 0)$、$(\bar{1}\ 1\ 0\ 0)$、$(0\ 1\ \bar{1}\ 0)$、$(0\ \bar{1}\ 1\ 0)$、$(\bar{1}\ 0\ 1\ 0)$。

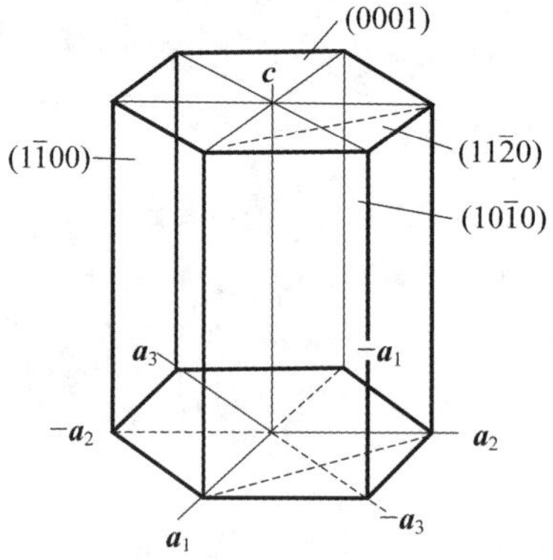

图 4-20　六方晶系的晶面指数

关于晶面指数，有以下几个问题需要注意：

(1) 晶面指数的排列顺序应严格按照 x、y、z 或 x、y、t、z 的顺序；

(2) 晶面符号的指数之间是比例关系，因此它只具有空间方位的意义，而不能确定具体的空间位置；

(3) h、k、l 三个数是互质数，不能有公约数；

(4) 由于晶面与坐标轴的截距值有正负之分，晶面指数也有正负之分，需将符号写在相应的晶面指数上；

(5) 如果晶面与某一坐标轴平行，则其在该坐标轴上的截距视为无穷大，对应的晶面指数为 0。

4.6　单形与聚形

天然结晶形成的单晶体的形态可分为两种：一种由一组等同晶面(即性质相同，晶面同形等大，阵点分布相同)组成，称为单形；另一种则由两种或两种以上等同晶面组成，称为聚形。对于立方体，其上下底和周围四个面是两种等同面，如图 4-21(a)所示。

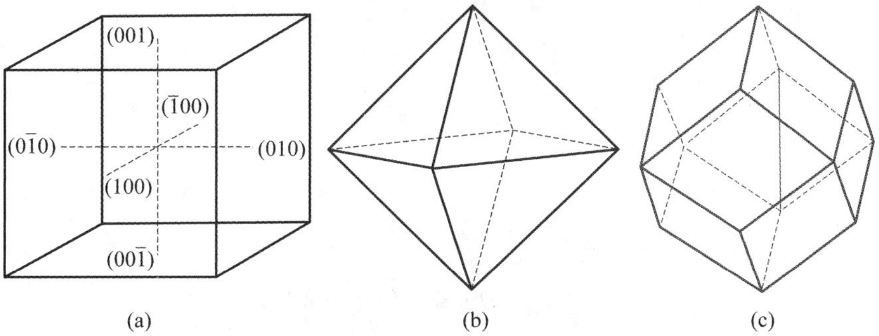

图 4-21　(a) 立方体；(b) 正八面体；(c) 正十二面体

与晶向族相似，单形是指通过对称元素的作用而相互关联的一组等同晶面。由于同一单形中各个晶面相互对称，因此，各晶面的三个指数在排列顺序和正负符号上会呈现规律性变化。如图 4-21(a)中立方体的六个晶面为(1 0 0)、($\bar{1}$ 0 0)、(0 $\bar{1}$ 0)、(0 1 0)、(0 0 1)、(0 0 $\bar{1}$)。所以，在表示同一单形中的各晶面时，写出一个代表性的晶面即可。一般选取指数中正数较多，数字按大到小排列的三个指数，对选出的三个指数加上大括号，记为$\{hkl\}$，即为单形符号。如上述立方体的单形符号为{1 0 0}、正八面体的单形符号为{1 1 1}，正十二面体的单形符号为{1 1 0}。对于不同晶系，由于对称性不同，相同单形符号中的晶面数是不同的，如{1 0 0}在立方晶系中有 6 个晶面，但在四方晶系中只有 4 个晶面，显然，在同一晶系中，不同单形符号中的晶面数是不同的。表 4-1 列出了各晶系中当 hkl 既不为零又不相同时单形中的晶面数。由表 4-1 可见，单形的晶面数取决晶体的对称性，随对称性提高而增加。

表 4-1　七大晶系中单形的晶面数

晶系	三指数符号、位置的变化	单形中的晶面数
三斜	全为正或全为负	2
单斜	三个指数的正负号变化，其中两指数(hl)保持同符号	4
正交	三个指数的正负号都可变化	8
四方	三个指数的正负号可变化，两指数位置可交换(hk)	16
立方	三个指数的正负号和指数位置都可变化	48
六方	hki 位置可变化，hki 中的两个指数正负号可变；l 正负号可变，位置不变	24
三方	同六方	24

单形的晶面数等效于晶面族中的晶面数，也等效于 X 射线衍射强度中的多重因数。显然，它的大小会直接影响该晶面族的衍射强度。

在图 4-22 中，四方晶系的四方柱体六个晶面的指数与立方体相同，但四方晶系中的对称元素只能使(1 0 0)与(0 1 0)晶面作规律重复，故构成{1 0 0}单形，而(0 0 1)晶面构成另一单形{0 0 1}，所以四方柱体是单形{1 0 0}和{0 0 1}组成的聚形。此聚形符号为{0 0 1}+{1 0 0}，可见一种点群可以有两个或更多的单形，两个或更多的单形可以构成聚形。单形或聚形实际上就是晶体的形态，即品种繁多的结晶多面体，由 32 点群的对称作用构成了 47 种几何性质不同的单形。

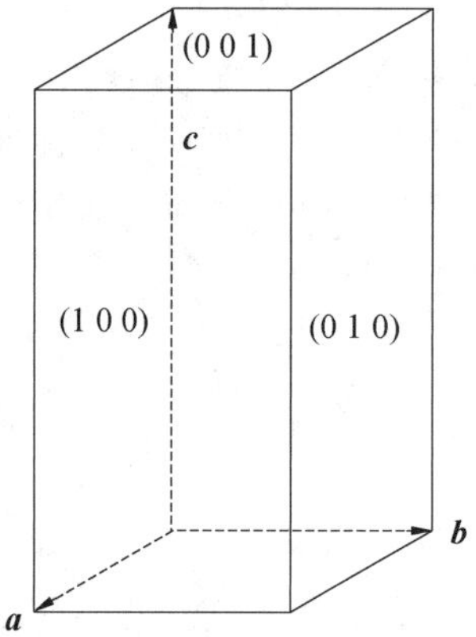

图 4-22　四方晶系的六个晶面

4.7　晶面间距

晶面间距是指$(h\ k\ l)$晶面族中两相邻的平行晶面之间的垂直距离。如图 4-23 所示，对于指数为$(h\ k\ l)$的平行晶面族，所属点阵的基矢为 $\boldsymbol{a}$、$\boldsymbol{b}$、$\boldsymbol{c}$，通过原点并垂直于该组晶面的法线为 ON，由原点至晶面族中最邻近晶面的距离为 d，也即该晶面族中两个相邻晶面的间距为 d。

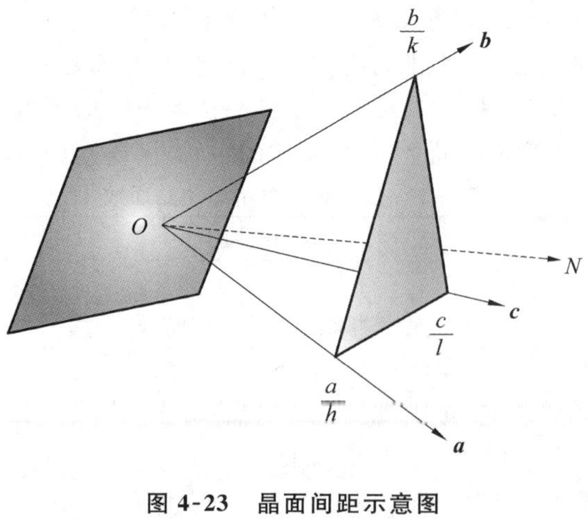

图 4-23　晶面间距示意图

若法线的方向余弦为 $\cos\alpha$、$\cos\beta$、$\cos\gamma$，那么晶面间距为

$$d=\left(\frac{a}{h}\right)\cos\alpha=\left(\frac{b}{k}\right)\cos\beta=\left(\frac{c}{l}\right)\cos\gamma \tag{4-40}$$

由此得

$$d^2\left[\left(\frac{h}{a}\right)^2+\left(\frac{k}{b}\right)^2+\left(\frac{l}{c}\right)^2\right]=\cos^2\alpha+\cos^2\beta+\cos^2\gamma \tag{4-41}$$

对于立方晶系，三个基矢都为 $\boldsymbol{a}$，则方程(4-41)变为

$$d^2\left[\left(\frac{h}{a}\right)^2+\left(\frac{k}{a}\right)^2+\left(\frac{l}{a}\right)^2\right]=\cos^2\alpha+\cos^2\beta+\cos^2\gamma=1 \tag{4-42}$$

因此有

$$d=\frac{a}{\sqrt{h^2+k^2+l^2}} \tag{4-43}$$

对于体心立方(bcc)和面心立方(fcc)这两种复杂立方结构，一些特殊晶面的晶面间距的计算需要考虑附加面的作用：

如(1 0 0)，(2 0 0)，(3 0 0)…；(1 1 1)，(2 2 2)，(3 3 3)…；(1 1 0)，(2 2 0)，(3 3 0)…等，这些面是不是都存在？对于简单立方，只存在(1 0 0)、(1 1 0)、(1 1 1)等简单指数面。对于复杂立方(如 fcc，bcc)，则可认为会出现倍数指数面。在计算具体晶面指数时，应该区别对待：

(1)fcc 结构中，如晶面指数(hkl)已约化成最简，当($h\ k\ l$)不为全奇、全偶数时，有 2 倍数附加面：如{1 0 0}，{1 1 0}。

(2)bcc 结构中，如晶面指数($h\ k\ l$)已约化成最简，当 $h+k+l=$奇数时，有 2 倍数附加面：{1 0 0}，{1 1 1}。

(3) 以上这些面的晶面间距的计算应采用式(4-44)计算，即晶面间距减半。

$$d_{hkl}=\frac{a}{2\sqrt{h^2+k^2+l^2}} \tag{4-44}$$

随着晶系对称性的降低，晶面间距公式逐渐变得复杂，下面列出各类晶系的晶面间距公式：

立方晶系：

$$\frac{1}{d^2}=\frac{h^2+k^2+l^2}{a^2} \tag{4-45}$$

四方晶系：

$$\frac{1}{d^2}=\frac{h^2+k^2}{a^2}+\frac{l^2}{c^2} \tag{4-46}$$

正交晶系：

$$\frac{1}{d^2}=\left(\frac{h}{a}\right)^2+\left(\frac{k}{b}\right)^2+\left(\frac{l}{c}\right)^2 \tag{4-47}$$

六方晶系：

$$\frac{1}{d^2}=\frac{4(h^2+hk+k^2)}{3a^2}+\frac{l^2}{c^2} \tag{4-48}$$

三方晶系：

$$\frac{1}{d^2}=\frac{(1+\cos\alpha)\left[(h^2+k^2+l^2)-(1-\tan^2\frac{\alpha}{2})(hk+kl+lh)\right]}{a^2(1+\cos\alpha-2\cos^2\alpha)} \tag{4-49}$$

单斜晶系：

$$\frac{1}{d^2}=\frac{h^2}{a^2\sin^2\beta}+\frac{k^2}{b^2}+\frac{l^2}{c^2\sin^2\beta}-\frac{2hl\cos\beta}{ac\sin^2\beta} \tag{4-50}$$

三斜晶系：

$$\frac{1}{d^2}=\frac{1}{\nabla^2}\{s_{11}h^2+s_{22}k^2+s_{33}l^2+2s_{12}hk+2s_{23}kl+2s_{13}hl) \tag{4-51}$$

其中

$$\nabla^2=a^2b^2c^2(1-\cos^2\alpha-\cos^2\beta-\cos^2\gamma+2\cos\alpha\cos\beta\cos\gamma) \tag{4-52}$$

$$s_{11}=b^2c^2\sin^2\alpha,\quad s_{12}=abc^2(\cos\alpha\cos\beta-\cos\gamma)$$

$$s_{22}=a^2c^2\sin^2\beta,\quad s_{23}=a^2bc(\cos\beta\cos\gamma-\cos\alpha)$$

$$s_{33}=a^2b^2\sin^2\gamma,\quad s_{13}=ab^2c(\cos\gamma\cos\alpha-\cos\beta) \tag{4-53}$$

a、b、c 为点阵常数，α、β、γ 为晶轴之间的夹角。

4.8 晶 带

晶带的概念最初是从晶体外形上引入的，两个晶面相交为一晶棱。晶体结构中平行于同一晶向的所有晶面的组合称为晶带。其中，这一晶向称为晶带轴，组成晶带的各个晶面称为共带面。

如图 4-24 所示，正交晶体的(1 0 0)、(0 1 0)、(1 1 0)、(2 1 0)等晶面构成一晶带，[0 0 1]就是此晶带的晶带轴。

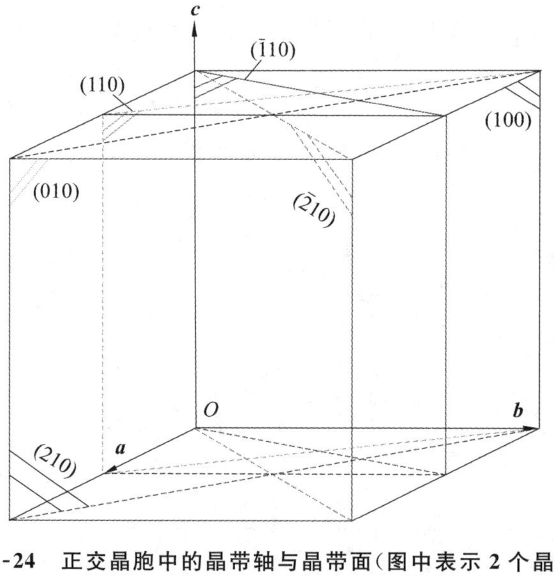

图 4-24　正交晶胞中的晶带轴与晶带面(图中表示 2 个晶胞)

根据解析几何原理，对于三维空间中的一个平面，其方程的一般形式为

$$x\cos\alpha+y\cos\beta+z\cos\gamma+D=0 \tag{4-54}$$

x、y、z 是平面上任一点 P 的坐标；$\cos\alpha$、$\cos\beta$、$\cos\gamma$ 为平面法线与三个坐标轴夹角的余弦，即方向余弦。D 是常数，其几何意义表示平面与坐标原点的距离。显然，当平面通过坐标原点时，则有

$$x\cos\alpha+y\cos\beta+z\cos\gamma=0 \tag{4-55}$$

由公式(4-35)可知：

$$\cos\alpha : \cos\beta : \cos\gamma = h : k : l \tag{4-56}$$

因此有

$$hx + ky + lz = 0 \tag{4-57}$$

设有一晶带轴$[uvw]$，它通过原点 O。若在晶带轴上任选一点 $M(x,y,z)$，它也一定同时躺在通过原点 O 的各个共带面上。由于在同一晶带轴上任一点坐标(x,y,z)均可化为三个互质的整数比 $u:v:w$，因此有

$$hu + kv + lw = 0 \tag{4-58}$$

式(4-58)即为晶带定律。

如果$(h_1k_1l_1)$和$(h_2k_2l_2)$是以$[uvw]$为晶带轴的晶带中的两个晶面，则可用下列方法求出晶带轴的方向$[uvw]$。

基于晶带定义，根据晶带定律，则有

$$\begin{cases} h_1u + k_1v + l_1w = 0 \\ h_2u + k_2v + l_2w = 0 \end{cases} \tag{4-59}$$

由上述方程可解出：

$$u = \frac{\begin{vmatrix} k_1 & l_1 \\ k_2 & l_2 \end{vmatrix}}{\begin{vmatrix} h_1 & k_1 \\ h_2 & k_2 \end{vmatrix}} w \qquad v = \frac{\begin{vmatrix} l_1 & h_1 \\ l_2 & h_2 \end{vmatrix}}{\begin{vmatrix} h_1 & k_1 \\ h_2 & k_2 \end{vmatrix}} w \tag{4-60}$$

令

$$\frac{w}{\begin{vmatrix} h_1 & k_1 \\ h_2 & k_2 \end{vmatrix}} = m \tag{4-61}$$

则

$$u = m\begin{vmatrix} k_1 & l_1 \\ k_2 & l_2 \end{vmatrix} \qquad v = m\begin{vmatrix} l_1 & h_1 \\ l_2 & h_2 \end{vmatrix} \qquad w = m\begin{vmatrix} h_1 & k_1 \\ h_2 & k_2 \end{vmatrix} \tag{4-62}$$

因而：

$$\begin{aligned} u : v : w &= \begin{vmatrix} k_1 & l_1 \\ k_2 & l_2 \end{vmatrix} : \begin{vmatrix} l_1 & h_1 \\ l_2 & h_2 \end{vmatrix} : \begin{vmatrix} h_1 & k_1 \\ h_2 & k_2 \end{vmatrix} \\ &= (k_1l_2 - k_2l_1) : (l_1h_2 - l_2h_1) : (h_1k_2 - h_2k_1) \end{aligned} \tag{4-63}$$

把上式写成

$$\begin{array}{c|cccc|c} h_1 & k_1 & l_1 & h_1 & k_1 & l_1 \\ & \times & \times & \times & & \\ h_2 & k_2 & l_2 & h_2 & k_2 & l_2 \end{array} \tag{4-64}$$

这样便于记忆。

反之，如果一个晶面同时属于两个晶带，其晶带轴分别为$[u_1v_1w_1]$和$[u_2v_2w_2]$，则晶面指数为

$$\begin{aligned} h : k : l &= \begin{vmatrix} v_1 & w_1 \\ v_2 & w_2 \end{vmatrix} : \begin{vmatrix} w_1 & u_1 \\ w_2 & u_2 \end{vmatrix} : \begin{vmatrix} u_1 & v_1 \\ u_2 & v_2 \end{vmatrix} \\ &= (v_1w_2 - v_2w_1) : (w_1u_2 - w_2u_1) : (u_1v_2 - u_2v_1) \end{aligned} \tag{4-65}$$

同样可以写成

$$\begin{array}{c|cccc|c} u_1 & v_1 & w_1 & u_1 & v_1 & w_1 \\ & & \times & \times & \times & \\ u_2 & v_2 & w_2 & u_2 & v_2 & w_2 \end{array} \tag{4-66}$$

例 4-5 已知两个晶面指数为$(1\ 1\ 0)$和$(2\ 0\ \bar{1})$，求含有这两个晶面的晶带轴指数。

解

$$\begin{array}{c|cccc|c} 1 & 1 & 0 & 1 & 1 & 0 \\ & & \times & \times & \times & \\ 2 & 0 & \bar{1} & 2 & 0 & \bar{1} \end{array}$$

所以：

$$u : v : w = \bar{1} : 1 : \bar{2}$$

故该晶带轴指数为$[\bar{1}\ 1\ \bar{2}]$，也可写为$[1\ \bar{1}\ 2]$。

例 4-6 求同时属于$[1\ 0\ 2]$和$[1\ \bar{1}\ 2]$两个晶带轴的晶面指数。

解

$$\begin{array}{c|cccc|c} 1 & 0 & 2 & 1 & 0 & 2 \\ & & \times & \times & \times & \\ 1 & \bar{1} & 2 & 1 & \bar{1} & 2 \end{array}$$

所以：

$$h : k : l = 2 : 0 : \bar{1}$$

故该晶面的指数为$(2\ 0\ \bar{1})$。

根据解析几何，当三个平面相交于一线，即三晶面$(h_1k_1l_1)$、$(h_2k_2l_2)$、$(h_3k_3l_3)$属同一晶带时，那么三晶面指数必存在下列关系：

$$\begin{vmatrix} h_1 & k_1 & l_1 \\ h_2 & k_2 & l_2 \\ h_3 & k_3 & l_3 \end{vmatrix} = 0 \tag{4-67}$$

当三线共面时，即三个晶带轴$[u_1v_1w_1]$、$[u_2v_2w_2]$、$[u_3v_3w_3]$属同一晶面时，则晶向指数应满足：

$$\begin{vmatrix} u_1 & v_1 & w_1 \\ u_2 & v_2 & w_2 \\ u_3 & v_3 & w_3 \end{vmatrix} = 0 \tag{4-68}$$

习题四

4-1 写出立方晶胞中〈100〉、〈110〉、〈111〉、〈112〉的所有晶向指数。

4-2 写出立方晶系、四方晶系中〈210〉的所有晶向指数。

4-3 在四方点阵中，作出以下方向指数。

(1) 点$\left(\frac{1}{2},0,0\right)$到点$\left(\frac{1}{8},\frac{3}{4},\frac{3}{4}\right)$；(2) 点$(1,1,0)$到点$\left(0,\frac{1}{2},\frac{1}{3}\right)$；

(3) 点(1,0,0)到点$\left(\frac{1}{2},1,0\right)$；(4) 点(0,0,0)到点$\left(1,\frac{1}{2},0\right)$；

(5) 点(0,0,0)到点$\left(\frac{1}{2},1,1\right)$。

4-4　指出以下三列晶向的直线是否共面。

(a) $[\bar{2}\ 2\ 0]$,$[1\ \bar{2}\ 1]$,$[2\ \bar{1}1\ ]$;(b) [3 2 1],[1 4 2],$[2\ \bar{2}\ 1]$；

(c) [0 1 2],[1 1 0],[2 1 3];(d) [0 1 0],[1 2 3],[2 3 6]；

(e) [2 1 2],[1 2 2],[3 2 4];(f) [1 1 0],[1 2 2],[2 1 2]；

(g) [1 2 1],[0 1 2],[1 2 1];(h) [4 1 0],[1 0 0],[3 1 0]。

4-5　在四方点阵中画出下列晶面:(0 1 1),(1 1 3),$(\bar{2}\ 1\ 3)$,$(1\ \bar{1}\ 0)$,(3 2 1)。

4-6　试在完整的六方晶系的晶胞上画出$(1\ 0\ \bar{1}\ 2)$晶面与周围晶面的交线,并在晶胞中画出$[0\ 1\ \bar{1}\ \bar{1}]$、$[\bar{2}\ 1\ 1\ 3]$晶向。

4-7　参照面心立方晶胞的坐标系,指出它的初基晶胞中的$\{1\ 0\ 0\}_{初基}$单形的晶面指数。写出它们所属面心立方的单形符号$\{h\ k\ l\}_{非初基}$,除了初基晶胞$\{1\ 0\ 0\}_{初基}$单形中的各个晶面外,还能从初基晶胞中找出哪个晶面符合下列关系:$(h\ k\ l)_{初基}=(h\ k\ l)_{非初基}$。

4-8　列出{1 0 1 2}单形中所有晶面的晶面指数。

4-9　已知晶面在三坐标轴上的截距,求相应的晶面指数$(h\ k\ l)$。

(a) $\frac{1}{3}a,\frac{2}{3}b,\frac{2}{3}c$；　　(b) $1a,\frac{1}{2}b,\frac{1}{2}c$；

(c) $\frac{1}{2}a,\frac{1}{2}b,1c$；　　(d) $\frac{1}{2}a,1b,\frac{1}{2}c$。

4-10　求下列两晶面的交线的晶向指数。

(a) (1 1 0)和$(1\ \bar{1}\ 0)$；　　(b) $(\bar{1}\ 1\ 1)$ 和$(1\ 1\ \bar{1})$ ；

(c) (2 1 1)和(0 1 0)；　　(d) $(\bar{2}\ 0\ 1)$和(0 1 1)。

4-11　求同时属于下列晶带轴的晶面指数(hkl)。

(a) [2 1 2]和[1 1 1]；　　(b) [3 1 0]和$[0\ 0\ \bar{1}]$ ；

(c) [1 0 0]和[1 1 1]。

4-12　证明立方晶胞的(1 1 1)晶面与[1 1 1]晶向垂直。

4-13　已知 Sn 晶体具有体心四方点阵,$a=b=5.8$ Å,$c=3.2$ Å,证明:(a) [2 0 1]晶向与(201)晶面不垂直;(b) 求出与(2 0 1)晶面垂直的晶向指数。

第 5 章　晶体投影

1669 年，丹麦学者斯丹诺(Nicolaus Steno，1638—1686)通过对石英晶体的研究后发现，同一物质的不同晶体，其晶面的大小、形状和个数可能不同，但其相应晶面之间的夹角保持不变，这就是面角守恒定律。面角守恒定律实际上是晶体内部结构的外在反映。它的发现，为结晶学的发展奠定了基础。上一章介绍了晶体结构中晶向和晶面的标定方法，这些晶向、晶面之间的几何关系在晶体学中除了可用数学公式来计算外，还可利用晶体投影的方法表示。晶体投影，就是把三维空间中晶体结构中的晶向、晶面及其相互之间的几何关系表示在三维球面或二维平面上的方法，通常把此球面或平面称为投影面。在三维球面或二维平面上投影，晶体结构中的晶向和晶面的对称分布情况就能够较清楚地显示出来，晶向及晶面之间的夹角也比较容易测量。晶体投影在表述晶体对称性、确定晶体取向、研究晶体材料的变形和相变以及描述晶体材料力学、物理、化学性能的各向异性等方面都有广泛的应用。

常用的晶体投影方法包括极射赤面投影和心射切面投影两种，相对而言极射赤面投影应用最为普遍，本章着重介绍这一方法。

5.1　极射赤面投影

在讨论极射赤面投影之前，首先简单介绍一下晶体的球面投影。如果把一个晶体放在参考球的球心处，然后从球心引晶向直线(或晶面法线)与参考球面相交，则称交点为极点，并将交点作为该晶向(或晶面)的球面投影点。此种投影方法就是晶体的球面投影。如图 5-1所示，立方晶体经过球面投影后，晶向和晶面之间的夹角就很直观地显示出来了。但是，球面投影的结果仍是立体图形，实际使用时还是不够方便。

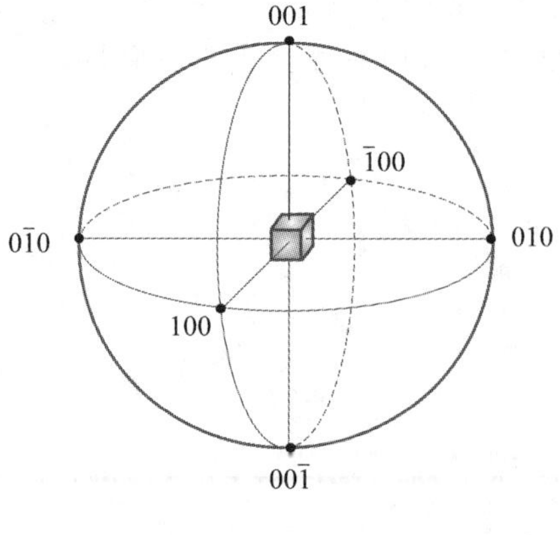

图 5-1　参考球和立方晶体的球面投影

如果在球面投影的基础上，再进行一次投射投影的话，就可把它转换成平面投影，即极射赤面投影。如图 5-2 所示，在极射赤面投影中，以赤道平面为投影平面，以南极(或北极)

为视点，投影时从南极向北半球面上的 p_1（一平面法线或一晶向直线与参考球面的交点，即露出点）引直线（投影线），投影线与赤道平面的交点 s_1 即为 p_1 的极射赤面投影。若 p_2 为南半球面上的点，则其极射赤面投影位于赤道基圆之外，这种情况对于作图以及一系列交角大小的测量极为不便，因此对于南半球面上的点，改为从北极引出投影线，这样仍可交在赤道基圆之内。通常北半球面上的极射赤面投影以小圆圈"○"表示，南半球面上的极射赤面投影以小叉"×"表示，以示区别。

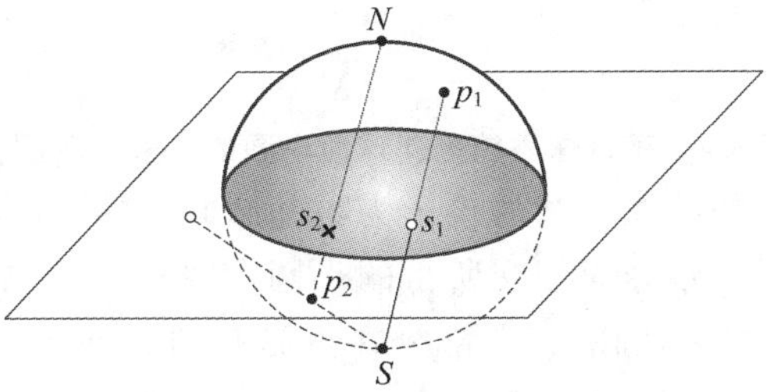

图 5-2　极射赤面投影

要理解极射赤面投影，了解参考球面上各种球面圆的极射赤面投影的特点对于分析极射赤面投影图是十分有用的，归纳起来有以下两点：

（1）凡通过视点的各种球面圆的极射赤面投影必为一直线，因为由视点发出的所有投影线均处在同一平面中，如图 5-3(a)所示；通过球心的倾斜大圆的极射赤面投影为一对大圆弧，如图 5-3(b)所示。

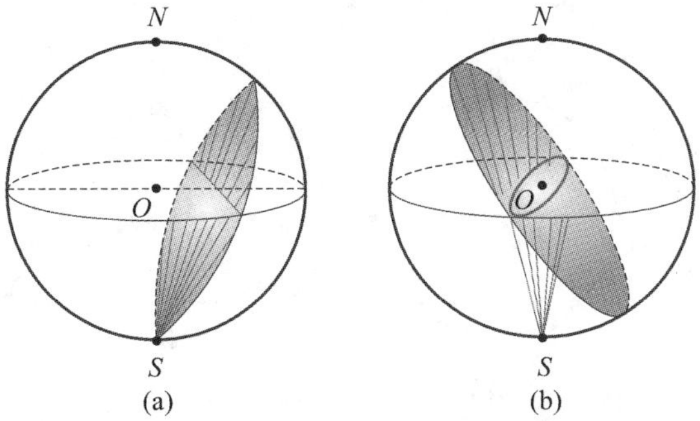

图 5-3　球面圆的极射赤面投影特点

(a) 通过视点的球面圆；(b) 通过球心的球面圆

（2）不通过视点和球心的各种球面圆的极射赤面投影仍为一个圆。若在参考球面上取一个最有代表性的小球面圆，由视点引向小圆的直线形成一个倾斜的小锥体 ASB，如图 5-4(a) 所示，AB 为其直径。通过球心并包含 AB 可作一大圆，见图 5-4(b)。显然，凡平行于 AB 截面的平面截 ASB 锥体必得一小圆，如图 5-4(b)中的 cd 截面。根据简单的几何关系，不难证明，$\triangle Scd$ 和 $\triangle SAB$ 相似，$\triangle cae$ 和 $\triangle bde$ 相似。相同的步骤，可以通过球心作另一包含球面圆半径的大圆，也可以得到相应的相似三角形，可以证明截面也必为一小圆。根据这个特点，还可以引申出下列几种情况：

① 赤道大圆的投影即其本身；

② 与 NS 轴斜交且通过球心的倾斜大圆（简称为倾斜大圆）投影为一对大圆弧（仍为大圆，但在投影基圆内只是一段大圆弧，其余部分在投影基圆之外）；

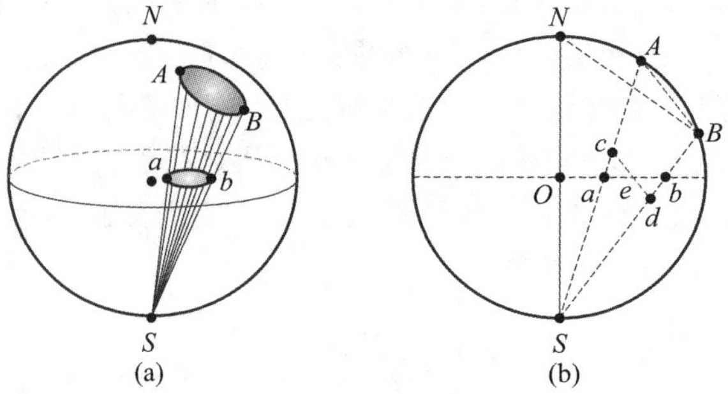

图 5-4　不过球心的倾斜球面小圆的极射赤面投影

③ 所有与 NS 轴垂直的纬线小圆的投影为与基圆同心的小圆；

④ 与 NS 轴平行的平面跟球面相交所得的小圆，其投影为小圆弧(其实仍为一大圆，但在投影基圆内只是一段小圆弧，圆的其余部分在投影基圆之外)，分别从 S 极和 N 极引出的投影线与赤道平面交点的轨迹是相同的。

以上各种情况如图 5-5 所示。

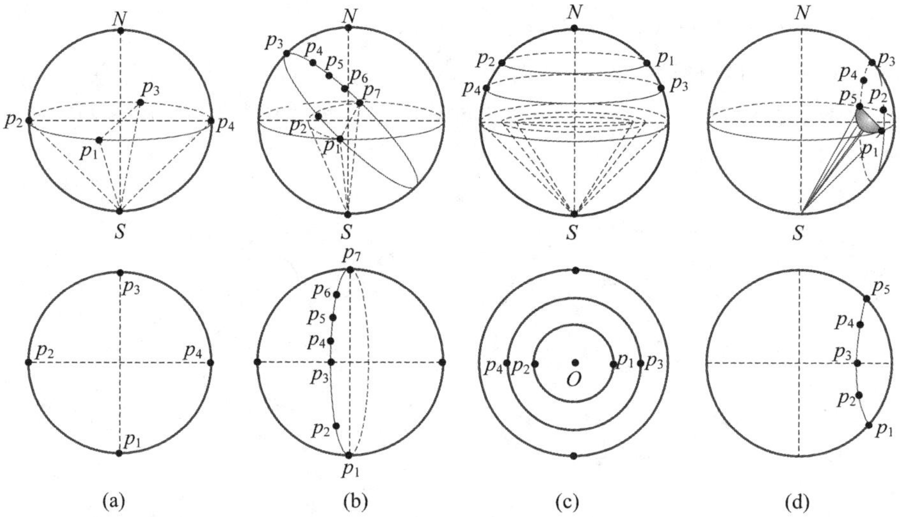

图 5-5　各种球面圆的极射赤面投影

5.2　心射切面投影

心射切面投影，是在球面投影的基础上，以与投影球面相切的某一平面(通常是相切于北极的平面)为投影平面，从球心投射到与球面相切的投影平面，可以得到心射切面投影图。其中与投影平面垂直的晶面的投影点(注意：晶面的球面投影点是其法线与球面的交点)，以及与投影平面平行的直线的投影点都位于无穷远处，通常在图上用箭头来表示；以过投影球面上 N 极的球切面为投影平面，球心 O 与球面上任一点 P 之连线为投影线，我们就可以把球面上的点转换到一个平面上，这种投影称为心射切面投影。球面上任一大圆的心射切面投影为直线，如图 5-6 所示。延长 OP 使之与投影平面交于 g 点，g 点称为 P 点的心射切面投影，N 点的心射切面投影即其自身，在此投影平面上将 N 点改记为 O' 点。

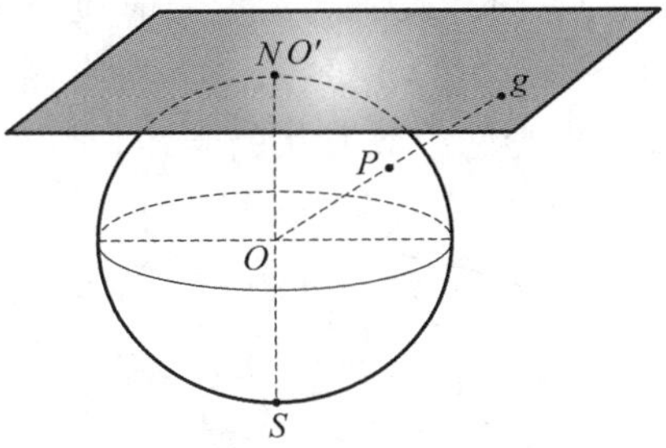

图 5-6　晶体的心射切面投影

心射切面投影的优点是：同样角距的两个点，它们在心射切面投影图上的直线距离比在极射赤面投影图上拉得开。因此，心射切面投影可以提高精度。但它的一个主要缺点是：对于一些接近于垂直投影平面的晶面来说，它们的投影点将位于距投影中心非常远的某个确定位置上。这需很大的投影图才能画上，因此这一投影方法现已很少采用。

5.3　极射赤面投影网

一般来说，晶体投影并不是先作球面投影，然后转换成极射赤面投影，而是利用极射赤面投影网，根据每个晶面的球面坐标直接画出它的极射赤面投影。如上所述，晶面的球面投影点就是晶面法线与投影球面的交点。如果像地球上的经纬线那样，在投影球面上画出坐标网线的话，那么投影点在球面上的位置就可用两个数值（经度与纬度）予以确定。

在球面坐标网中，如图 5-7 所示，与纬度相当的是极距角 ρ，与经度相当的则是方位角 φ。定义北极极距角为 0°，赤道上 ρ 等于 90°，南极 ρ 则为 180°；方位角则以所选定的某一经线为 0°，沿任一纬线由东向西递增，绕一周为 360°。极距角 ρ 和方位角 φ 就构成了球面坐标值，根据 ρ、φ 的值可以确定球面上任一点的位置。若将球面上的坐标网线也进行极射赤面投影，便可得到一张平面的投影网，即可按球面坐标值直接在投影网上标定各个投影点的位置。

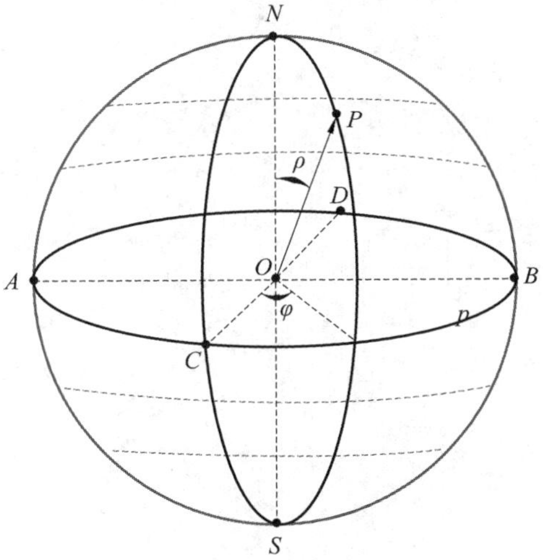

图 5-7　球面坐标网与球面上任一点 *P* 的球面坐标值 ρ 和 φ

图 5-8 是极式极射赤面投影网，简称极式网。投影时以南极为视点，赤道平面为投影平面。显然在极式网中，基圆中心是 $\rho=0°$ 的北极投影点，所有同心圆都是等 ρ 值的纬线，其中与基圆重合的是 $\rho=90°$ 的纬线。投影网中放射状的半径，对应的是等 φ 值的经线。

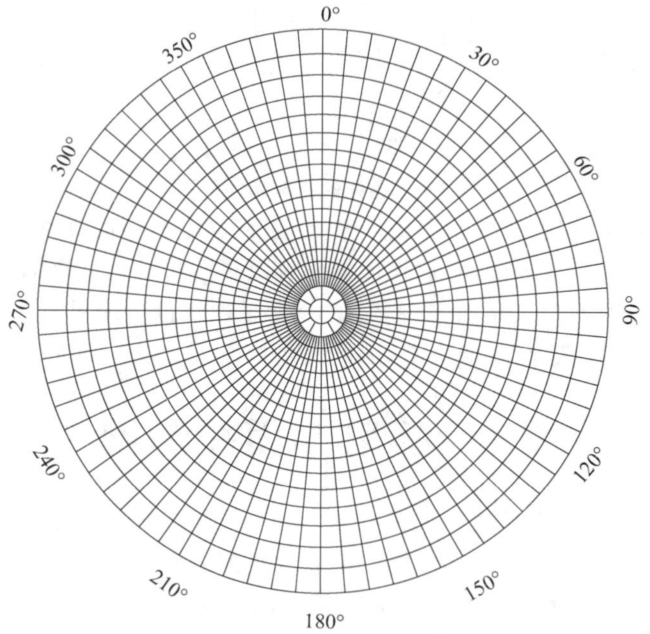

图 5-8　极式极射赤面投影网

图 5-9 是赤式极射赤面投影网，由俄国学者乌尔夫(Wulff)提出，通常称为吴氏网或乌氏网。它以赤道上的某一点作为视点，投影平面为距该点 90°，且通过球心和 N、S 点的大圆平面，它与赤道平面正好垂直。应当指出：极式极射赤面投影并不限定必须以赤道平面为投影平面，两极作为视点。实际上，通过球心的任意平面都可选作投影平面，而视点则随之而定。

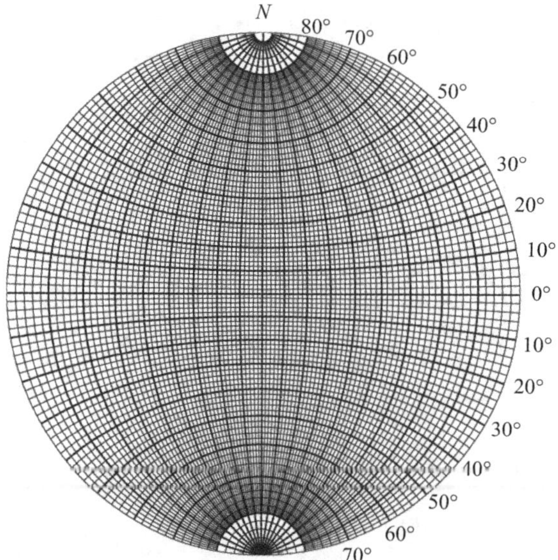

图 5-9　赤式极射赤面投影网(吴氏网)

5.4　吴氏网的运用

借助于吴氏网,可以通过作图方法解决晶体学中的许多问题,本节通过一些例题来阐明吴氏网的具体运用。

5.4.1　极点绕垂直于投影面的轴转动

晶体学的许多研究课题中,经常会遇到绕轴旋转和绕点旋转的问题。把投影图的基圆与吴氏网的圆周相重合,使投影图绕其中心转动所要求的角度,即可得到所求极点 A 的新位置,如图 5-10 所示。

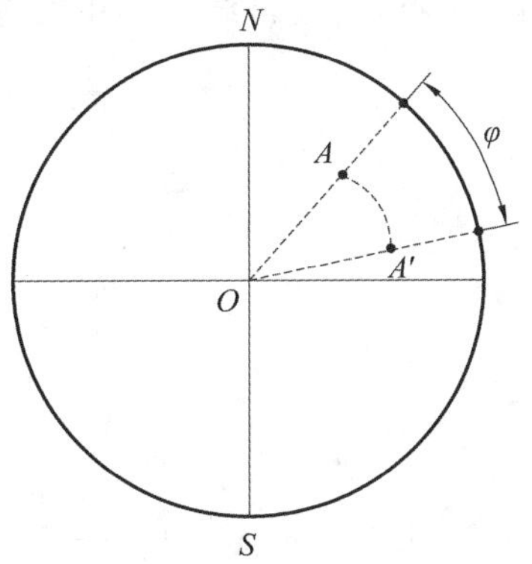

图 5-10　极点 A 绕垂直于投影面的轴转动 φ 角

5.4.2　极点绕处在投影面上的一个轴转动 φ 角

首先转动投影图,使此轴与吴氏网的 SN 轴重合,再使所要转动的极点沿着它所在的纬线移动(图 5-11 所示由西向东)所要求的角度 φ(由吴氏网上读出),即得到转动后极点 A 的新位置 A'。如果极点移至投影图背面(图中 B_1)时,则在投影图的正面可利用 B_1 点与球心延长线的另一侧等距离的点 B'来表示。

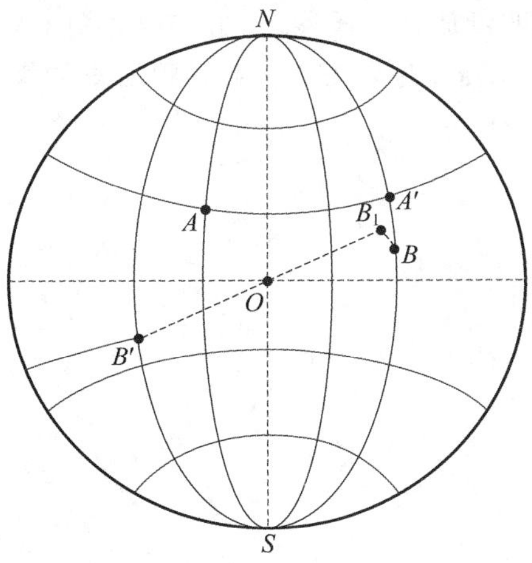

图 5-11　极点 A、B 绕 SN 轴转动

5.4.3 极点绕一个倾斜的轴转动

例如在图 5-12 中，欲使极点 P（原来在 P_1 位置）绕一个斜轴 Q（其投影极点在 Q_1 位置）按顺时针方向转动 60°，其转动轨迹如图中箭头所示。转动步骤分解如下：

（1）令 Q_1 点绕投影中心顺时针转动 φ 角，使它转到吴氏网水平直径上的 Q_2 处，这时 P_1 点也同步转至 P_2 点处。

（2）令 Q_2 点沿水平直径由西向东移至投影中心 Q_3 处，这时 P_2 点沿着所在纬线同步移至 P_3 处。

（3）令 Q_3 绕其自身顺时针转动 60°后以 Q_4 表示，这时 P_3 点同步转至 P_4 处。

（4）最后须使 Q_4 点回到原来位置 Q_1 处，即依第（2）、（1）两个步骤反向进行。这时 P_4 点首先沿纬度小圆由东向西移至 P_5 点，而后再绕投影中心逆时针转动 φ 角至 P_6 处，P_6 即为所求极点 P_1 的新位置。

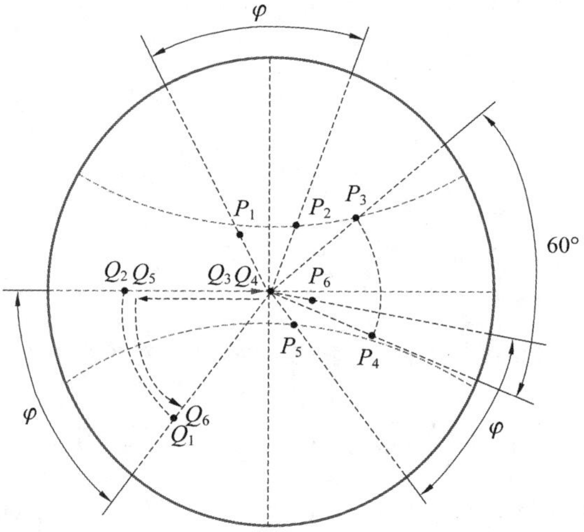

图 5-12　使极点 P 绕一个倾斜轴 Q 转动的示意图

例 5-1　已知一大圆弧（所属平面通过参考球中心），求其极点（即大圆弧所属平面的极点）。

解　将描好大圆弧的透明纸放在吴氏网上，并与某经线（$N'S'$）重合，然后，从此大圆弧与水平直径 $W'E'$ 的交点 Q' 开始，沿 $W'E'$ 数 90°即得所求的极点 P'（见图 5-13）。

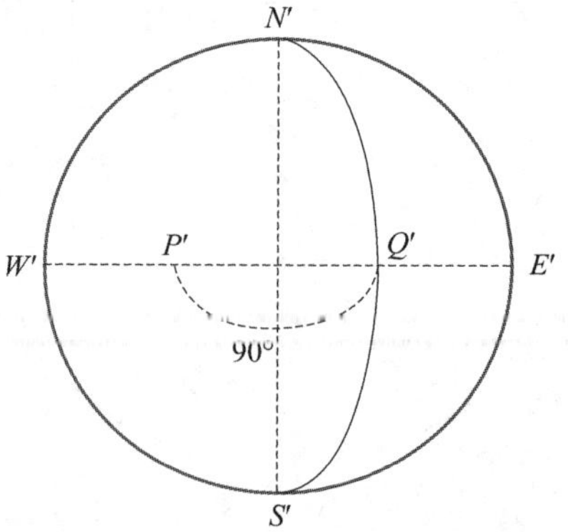

图 5-13　由已知大圆弧求其极点示意图

例 5-2　已知两个大圆 K_1、K_2 的极射赤面投影，求两个大圆所属平面之间夹角。

解　设大圆弧 K'_1 和 K'_2 为已知大圆 K_1 和 K_2 的极射赤面投影，它们的交点是 R，则交点 R 为大圆 K_1 和 K_2 两平面交线（晶带轴）的极点。以 R 为极点作其大圆弧 K'_3，则平面和大圆 K_1 和 K_2 同时垂直。以 R 为极点的大圆弧分别和大圆弧 K'_1、K'_2 交于 Q'、P' 两点。Q' 与 P' 之间的角度（有两个互补的角度，一为钝角，一为锐角）即为所求的 K_1 和 K_2 平面的二面角，如图 5-14 所示。也可先求出两大圆弧的极点，再利用吴氏网测出两个极点之间的夹角。

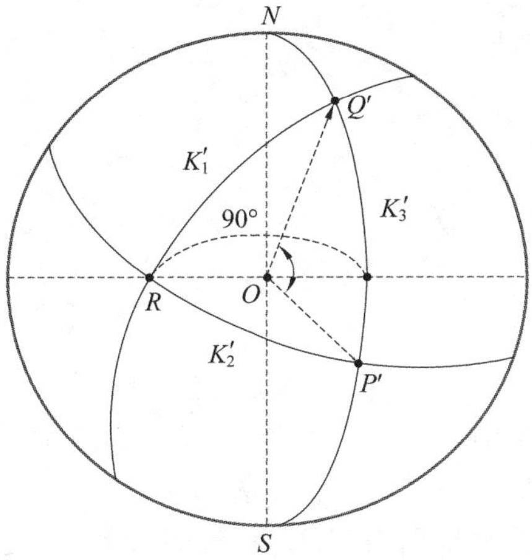

图 5-14　由已知两大圆的极射赤面投影求其所属平面之间夹角

例 5-3　已知球面上一点的极射赤面投影 P，求以此点为中心，半径等于 $n°$ 的小圆的极射赤面投影。

解　参见图 5-15，转动透明纸使已知 P 点位于吴氏网的水平直径 WE 线上，沿 WE 线从 P 点开始向右和向左各数 $n°$（设 $n°=20°$），得 Q 和 R 两点。以 QR 为直径作圆 k，则 k 即为所求小圆（注意 M 仅为作图时所用的圆心，所求实际圆心为极点 P）。如果 $n°$ 数值较大，以致 R 落在基圆之外时，可沿过 P 的大圆弧，从 P 向上、向右和向下各数 $n°$，分别得到 S、Q、T 三点，定出小圆的中心 M，这样就可作出所求小圆的极射赤面投影，如图 5-16 所示。

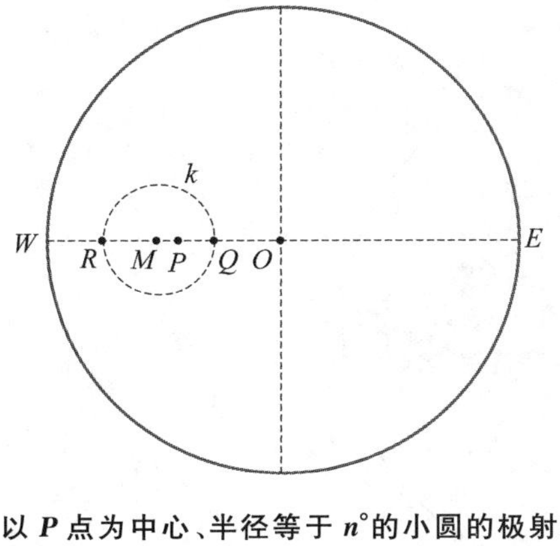

图 5-15　以 P 点为中心、半径等于 $n°$ 的小圆的极射赤面投影

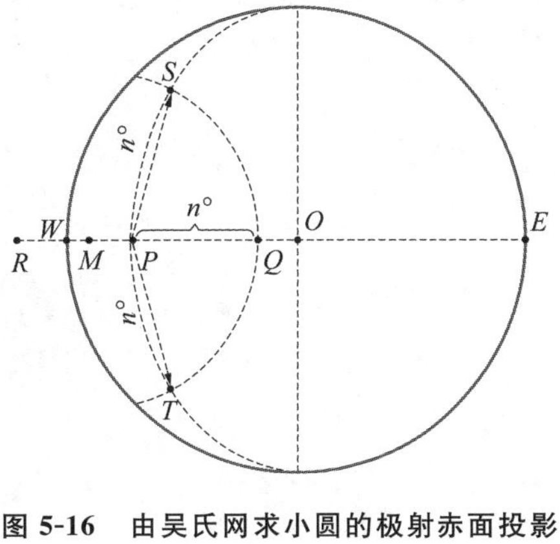

图 5-16　由吴氏网求小圆的极射赤面投影

5.4.4　转换投影平面

如图 5-17 所示，设 K 为某一大圆的极射赤面投影。P 为该大圆所属平面的极点，Q 和

R 为两个已知点的极射赤面投影。如果将投影平面由赤道平面转换为 K 所属的大圆平面，求 Q 和 R 在新投影平面上的极射赤面投影。

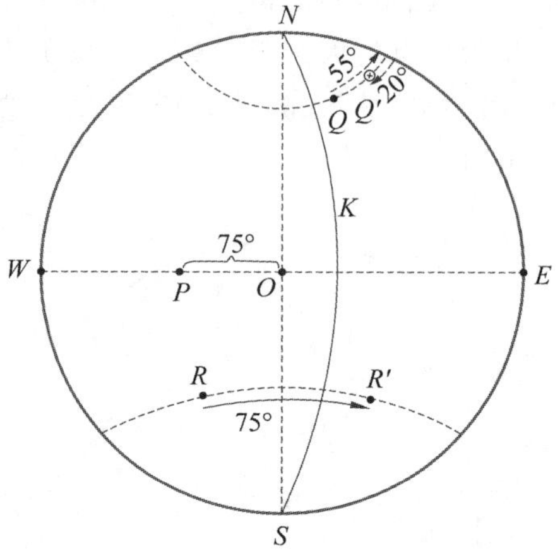

图 5-17　转换投影平面

先将 Q、R、大圆 K 及其极点 P 描在透明纸上，并将透明纸覆在吴氏网上。转动透明纸，使 K 通过吴氏网上的 N 和 S 点，这时 P 点必落在水平直径 WE 上，读出从 P 到 O 的读数(图中设为 75°)。若将 P 点沿 WE 向右移 75°后与 O 点重合，这时大圆弧 K 与投影基圆重合，Q 与 R 也应分别沿其所在纬线向右转 75°，R 转到 R' 位置上，而 Q 转 55°落于基圆上，还需继续转至反面，故沿相反方向转 20°到 Q' 点，Q' 点为在新投影平面下的点，故应以“×”标记。

5.5　极点的对称操作

晶体中的对称操作，除了用符号、点阵表示外，还可以在极射赤面投影图上表示出各种基本的对称操作。通常把旋转轴安置在 NS 轴或图 5-18 中的 AB 或 CD 位置，把镜面安置在 $NDSC$、$NASB$、$ACBD$ 位置，对称中心与球心重合，如图 5-18 所示。

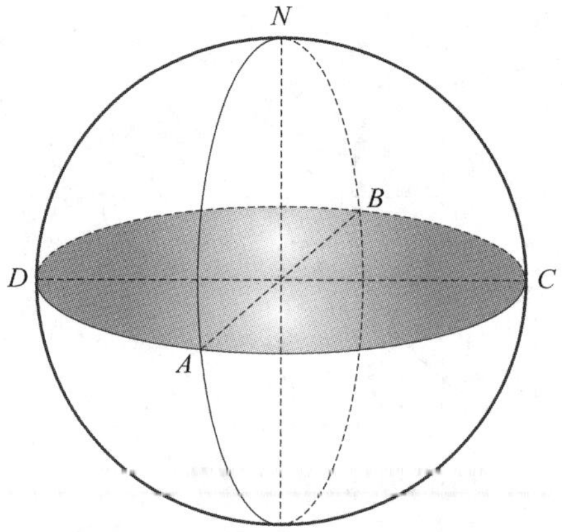

图 5-18　极射赤面投影图中对称元素的放置

5.5.1 旋转

当晶面 F_1 和 F_2 呈 2 次旋转对称时，则其极点 P_1 和 P_2 绕垂直于投影面的轴呈 2 次旋转对称(注意:晶面 F_1、F_2 的极点 P_1、P_2 分别为其法线的极射赤面投影)，其极射赤面投影图见图 5-19。

如果晶面 F_1、F_2、F_3 呈 3 次旋转对称，则其极点 P_1、P_2、P_3 在极射赤面投影图上绕垂直于投影面的轴也呈 3 次旋转对称，如图 5-20 所示。

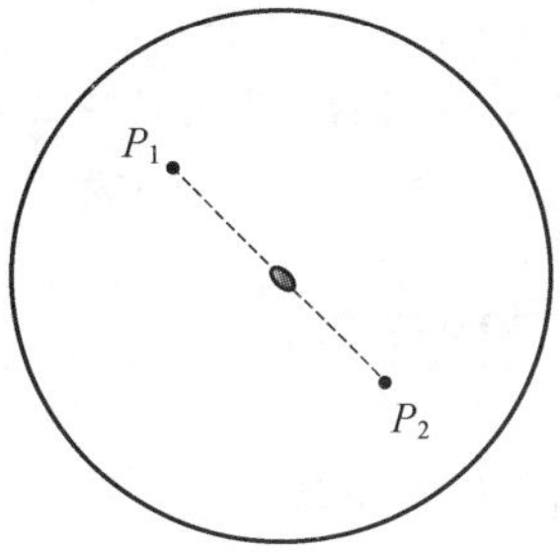

图 5-19　极射赤面投影图上的 2 次旋转对称操作

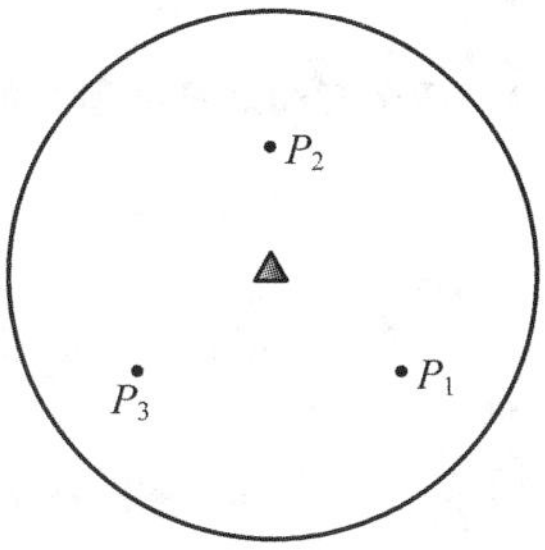

图 5-20　极射赤面投影图上的 3 次旋转对称操作

5.5.2 反映

当晶面 F_1 和 F_2 呈镜面对称时，如果选择赤道平面为镜面，其极射投影如图 5-21(a)(b) 所示，此时，要用粗线画基圆(表示基圆即为镜面)。

当晶面 F_1 和 F_2 呈镜面对称时，且镜面 m 垂直于投影面，其极射赤面投影见图 5-22(用粗线表示镜面)。

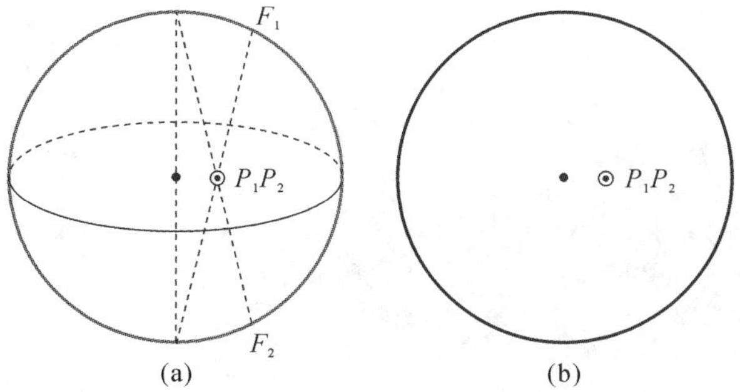

图 5-21　反映对称操作在极射投影图上的示意图

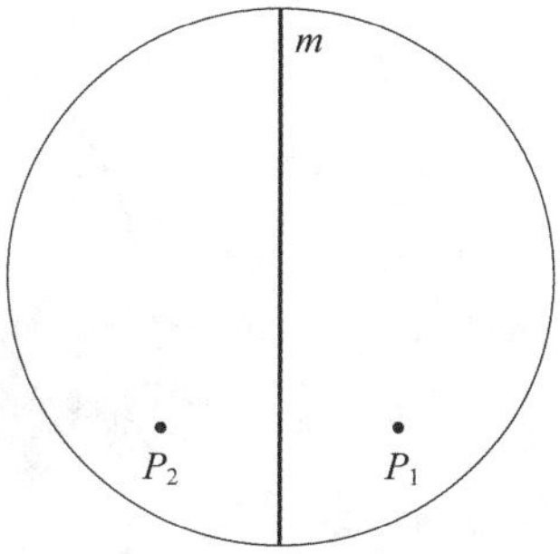

图 5-22　两个镜面对称晶面的极射赤面投影(m 垂直于投影面)

5.5.3 反演

当晶面 F_1 和 F_2 呈反演对称时，其极射赤面投影如图 5-23 所示。

当晶面 F_1 和 F_2 同时具有二次旋转、镜面和反演对称时，若选投影面为镜面，而二次轴躺在投影面上，则其极射赤面投影如图 5-24 所示。

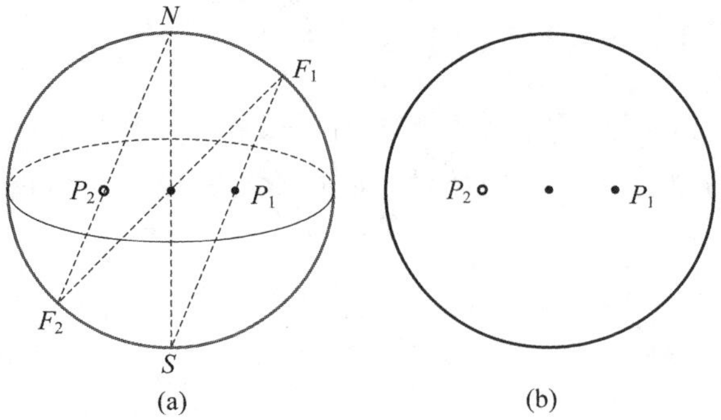

图 5-23　两个反演对称晶面的极射赤面投影

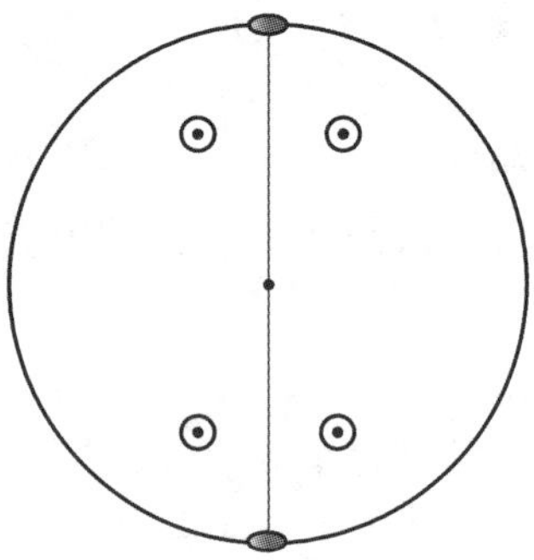

图 5-24　两个晶面同时具有二次旋转、镜面和反演对称的极射赤面投影

5.6　晶带的极射赤面投影

晶带的投影对于用投影方法来解决晶体学上的许多问题都非常重要，下面着重介绍晶带的极射赤面投影。

前已述及，晶带是指晶体中平行于同一晶向的所有晶面的集合。这一晶向即为晶带轴，组成晶带的各晶面称为共带面。在进行晶带投影之前，让我们先了解晶带内各晶面与晶带轴之间的另一个重要的几何位置关系。如图 5-25 所示，如果从坐标原点作某个晶带内各晶面 f_1、f_2、f_3、…、f_n 的法线，那么这些法线都处在垂直于晶带轴 $[u\ v\ w]$ 的一个平面 P 内。因此晶带投影时，晶带内各晶面的球面投影都位于平面 P 与投影球相交的大圆上。这个大圆就是晶带的球面投影，称为晶带大圆。晶带大圆的极点就是晶带轴与投影球面的交点 T_1、T_2，也即晶带轴的球面投影。

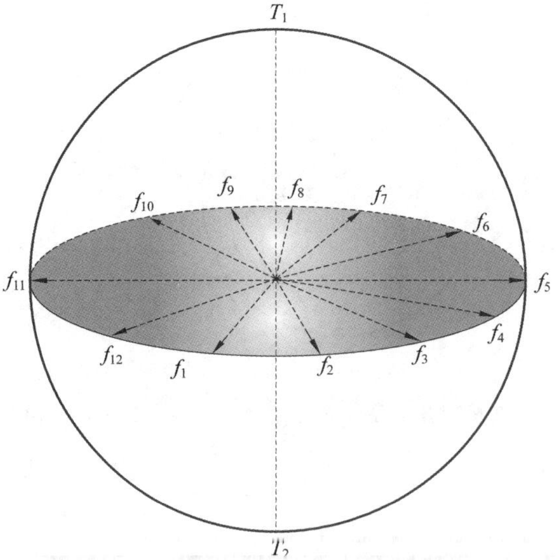

图 5-25　晶带的球面投影

根据晶带轴位置的不同，可以把晶带区分为水平晶带、垂直晶带和倾斜晶带三大类。晶带的极射赤面投影就是晶带大圆的极射赤面投影。

表 5-1 列出了三种晶带的极射赤面投影。

表 5-1　三种位置的晶带投影

投影类型	水平晶带（晶带轴垂直于 NS 轴）	垂直晶带（晶带轴为 NS 轴）	倾斜晶带（晶带轴与 NS 轴斜交）
球面投影	子午线大圆	赤道大圆	倾斜大圆（晶带轴出露点为倾斜大圆的极点）
极射赤面投影	投影基圆直径	投影基圆（晶带轴极点为圆心）	大圆弧（大圆弧的极点为晶带轴投影）

所以晶带的投影实际上是一个大圆的投影，下面结合两个具体例子来深化对晶带投影的认识。

(1) 如果有两不平行晶面($h_1k_1l_1$)和($h_2k_2l_2$)，则此两晶面必属于一特定晶带，晶带轴指数 [uvw]可以通过第四章介绍的交叉法得到。如果知道这两晶面的极点 P_1、P_2，则它们所属晶带和晶带轴的投影可以通过以下步骤确定：(a) 转动吴氏网，使 P_1 和 P_2 恰好落在一经线大圆上，此经线大圆即为晶带的投影。(b) 从经线大圆与水平直径的交点出发，沿水平直径向左和向右各数 90°，得到此经线大圆的两极点 T_1、T_2，T_1、T_2 即为晶带轴 [uvw] 的出露点(极点)，如图 5-26(a)所示。反过来，如果已知两晶带轴的极点 P_1[$u_1v_1w_1$]、P_2[$u_2v_2w_2$]，则过此两晶带轴的平面(hkl)也可通过上述相同的方法求出来，如图 5-26(b)所示。

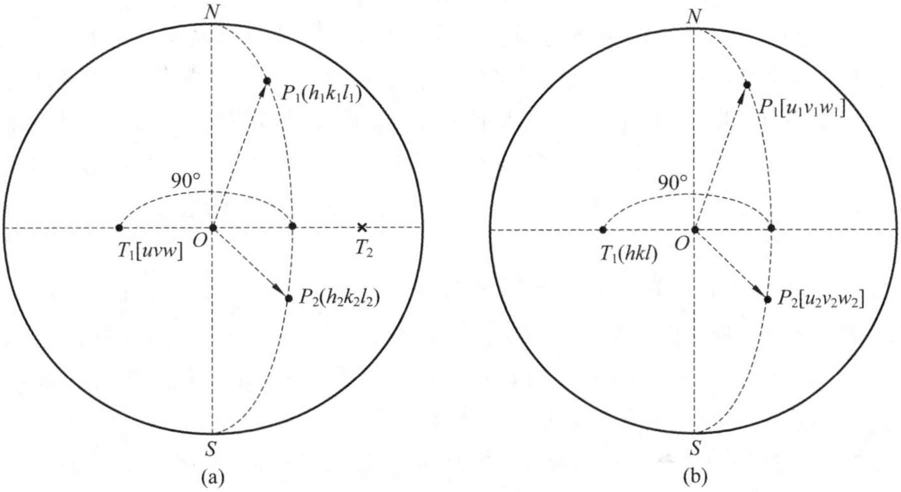

图 5-26　求两晶面所属晶带的作图(a)和求两晶带轴所属平面的作图(b)

(2) 如果已知两晶带 [$u_1v_1w_1$]、[$u_2v_2w_2$]的晶带大圆弧分别为 P_1 和 P_2，则同属此两晶带的相交晶面(hkl)的极点 P 就是此两晶带大圆弧的交点，指数(hkl)可以通过交叉法算出[见图 5-27(a)]。同理，如果晶面($h_1k_1l_1$)和($h_2k_2l_2$)的迹线分别是大圆弧 P_1 和 P_2，则由此两晶面确定的晶带轴指数[uvw]也可以通过交叉法算出，晶带轴的极点(出露点)为两大圆弧的交点[见图 5-27(b)]。

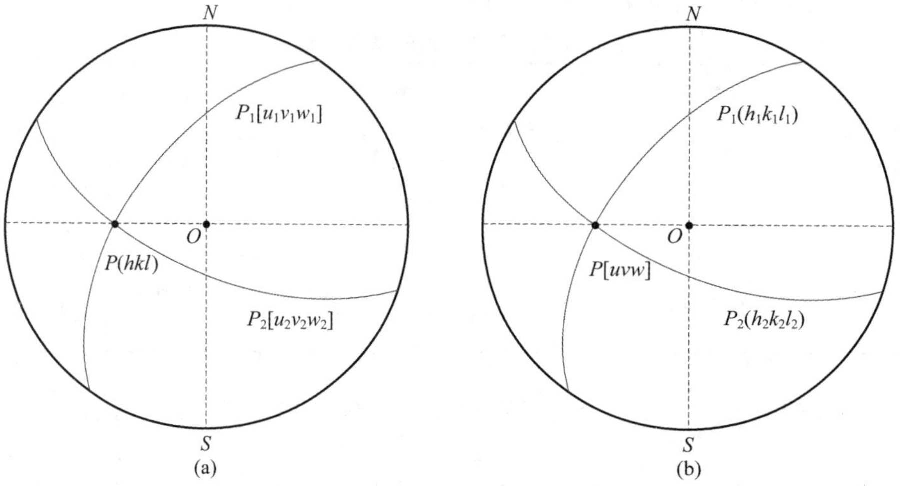

图 5-27　求两晶带相交晶面的作图(a)和求两晶面所属晶带的作图(b)

5.7　晶体的标准投影图

若选晶体中某一重要的低指数晶面如(001)、(011)、(111)或(0001)为投影面，把其余的晶面进行极射赤面投影而得到的图形称为标准投影图。标准投影图能清楚地反映出晶面、晶向之间的夹角关系和晶带关系，在单晶定向和多晶织构测定中是必不可少的工具。

对于立方晶系，由于其晶面指数与晶面法线指数相同，晶面与其法线的标准投影完全相同，因此立方晶系的标准投影图上只给出数字，不带括号。而对于其他晶系，晶面标准投影和晶向标准投影并不相同。在给定了晶体轴比后，就可以利用前文介绍的晶面夹角公式，计算各晶面之间的夹角，然后利用吴氏网绘制出所需要的标准投影图。利用晶体的对称性和晶带定律可以简化标准投影的绘制过程。以下以立方晶系 001 标准投影图为例，介绍其绘制过程。

(1) 首先，001 标准投影图的投影面自然是 001 面，因此 001 极点处在基圆中心。那么，投影基圆就是[001]晶带大圆。根据立方晶系的特点，还可以画出〈100〉([100]、[010])晶带大圆以及{100}各极点(100、010)的投影，由于立方晶系{100}极点为四次对称轴，标准投影图上也一并标出它们的轴次符号，如图 5-28 所示。

(2) 根据晶带定律，$hu+kv+lw=0$。当晶带轴为$[uvw]$时，凡属该晶带的(hkl)晶面都满足此方程。如果晶面$(h_1k_1l_1)$和$(h_2k_2l_2)$都属于$[uvw]$晶带，那么$(h_1+h_2\ k_1+k_2\ l_1+l_2)$晶面也属于该晶带。因此在〈100〉晶带大圆上，任意两个{100}极点之间必存在一个{110}极点，并且可用特定的{100}指数确定相应的{110}指数。例如，(100)和(001)同属 [010] 晶带，(100)和(001)极点间存在一个(101)极点；(010)和(100)极点间存在一个(110)极点。关于{110}极点的位置，先由晶面夹角公式计算出它们之间的夹角，确定夹角后，就可以确定其位置，如图 5-29 所示。

(3) 在〈110〉晶带大圆上，{100}极点和{110}极点间必有一个{111}极点。如(100)和(011)之间，有一个(111)；$(\bar{1}00)$和(011)之间，有一个$(\bar{1}11)$。这就是图 5-30 中的三次轴的位置。

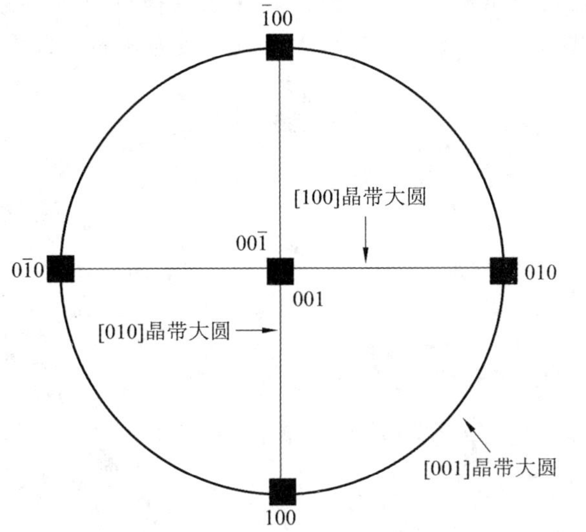

图 5-28　立方晶系 001 标准投影图中的{100}极点以及〈100〉晶带大圆

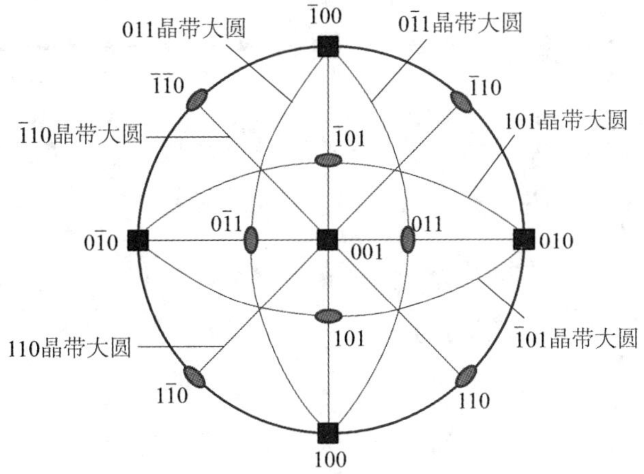

图 5-29　立方晶系 001 标准投影图中的{110}极点以及〈110〉晶带大圆

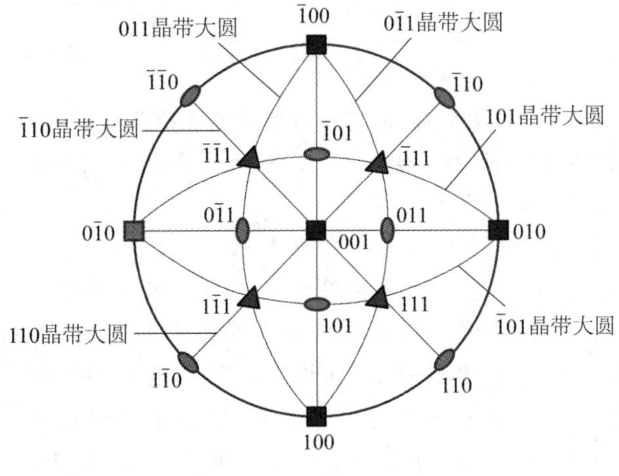

图 5-30　立方晶系 001 标准投影图中的{111}极点

(4) 以类似的方法可以求出{112}、{113}等一系列极点位置。标准投影图上极点指数一般最大到 7 即可。图 5-31 给出了一副最大极点指数为 3 的立方晶系 001 标准投影图。

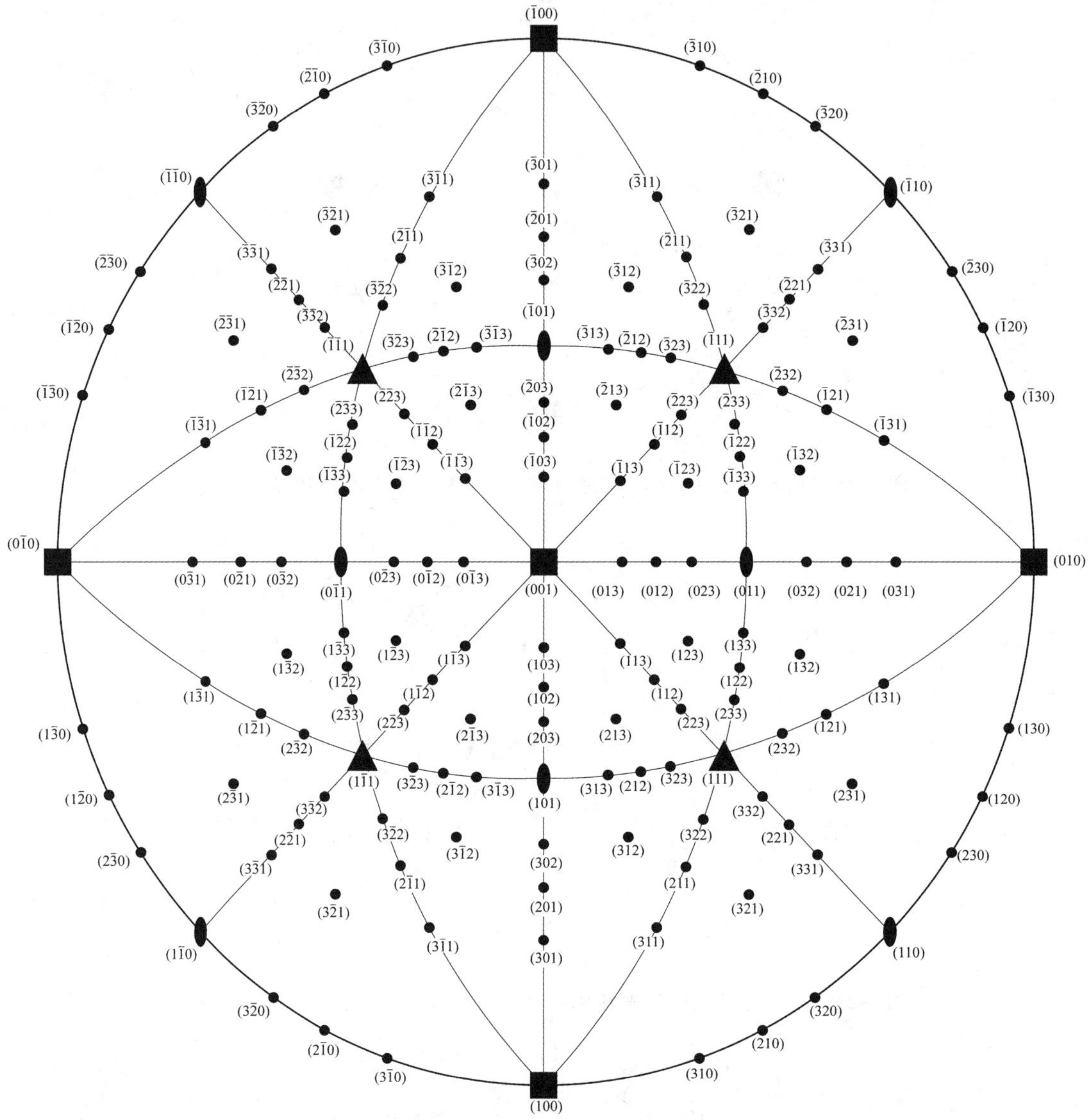

图 5-31　立方晶系 001 标准投影图(极点指数 h、k、$l \leqslant 3$)

(5) 同理可以得出其他标准投影图。如 011 标准投影图可由 001 标准投影图沿[100]轴逆时针旋转 45°得到，如图 5-32 所示。

再以具体的铜单晶为例，介绍其 001 标准投影图。图 5-33(a)所示为一个铜单晶体外形示意图。它是由单形立方体、单形八面体和单形十二面体组成的聚形，见图 5-33(b)～(d)。以(001)面为投影面时，显然，单形立方体的极射赤面投影图为图 5-33(e)，其中由于极点处在下半球，因此它的投影点用小圆圈表示，如果标上四次旋转轴的话，则与图 5-28 完全相同。对于单形{110}的十二面，可以分为三组，它们分别属于[100]、[010]和[001]晶带，根据晶带定律，其中的(110)、(1$\bar{1}$0)、($\bar{1}$10)和($\bar{1}$ $\bar{1}$0)晶面属于[001]晶带，(011)、(01$\bar{1}$)、(0$\bar{1}$1)和(0$\bar{1}$ $\bar{1}$)晶面属于[100]晶带，而(101)、(10$\bar{1}$)、($\bar{1}$01)和($\bar{1}$0$\bar{1}$)属于[010]晶带，它的极射赤面投影如

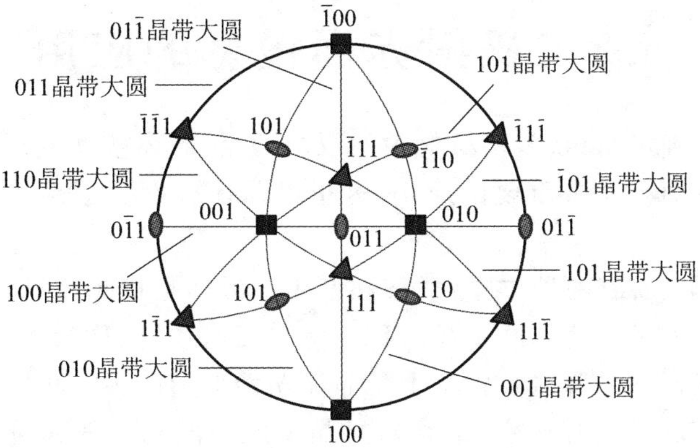

图 5-32　立方晶系 011 标准投影图

图 5-33(g)所示。对于单形{111}的八个面，同样可以找到它们所属的晶带，例如，(111)为晶带所共有，所以，这八个面的极射赤面投影如图 5-33(f)所示。最后把这三个投影图叠起来，加上相应的对称元素符号，就成图 5-33(h)所示的以(001)为投影面的立方晶体的标准投影图。

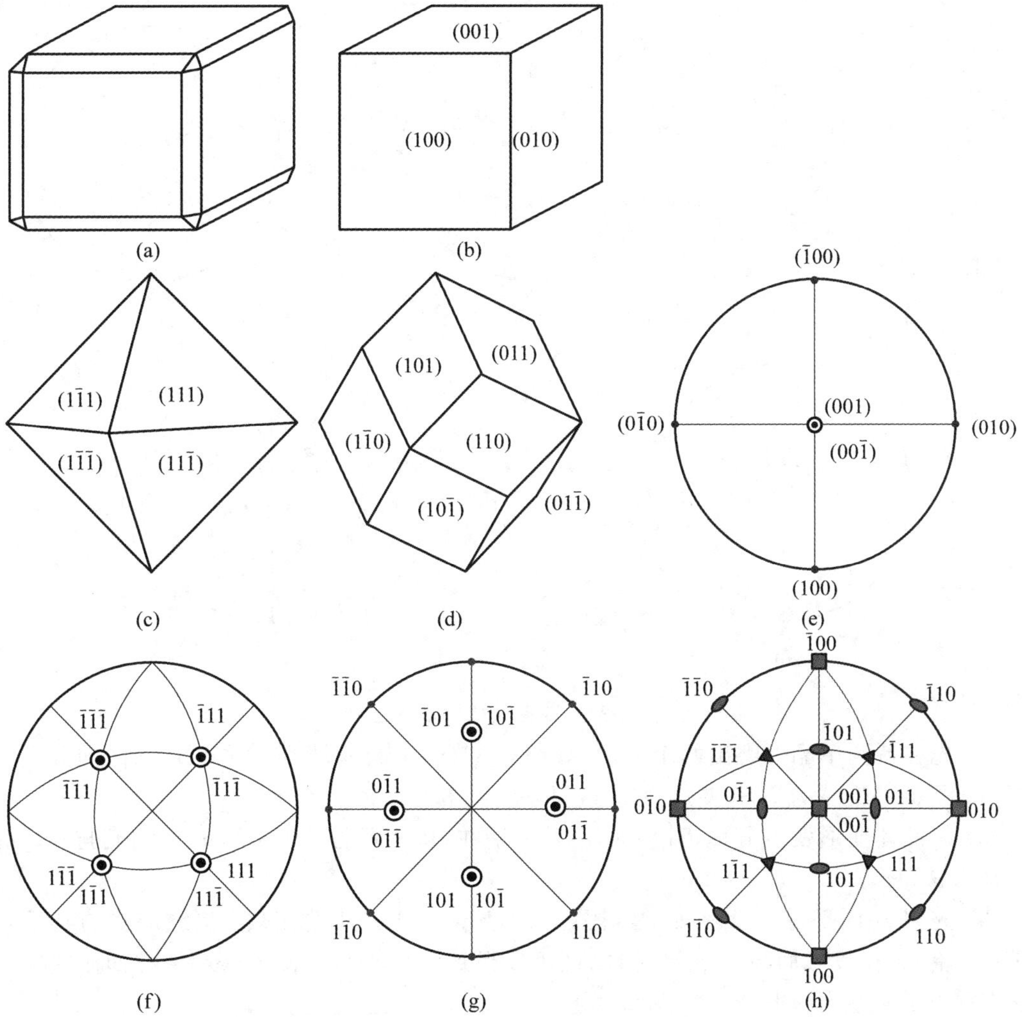

图 5-33　铜单晶体 001 标准投影图

5.8 极射赤面投影的应用

极射赤面投影在确定两相、多相材料中的取向关系、晶体塑性变形系统的测定、变形后晶体取向的变化等方面有非常重要的应用，这里以晶体塑性变形系统的测定为例，介绍其应用。

晶体的塑性变形主要有两种方式：滑移和孪生。滑移是指晶体沿某一晶体学平面上的特定晶体学方向发生相对滑动。这个晶面称为滑移面，该方向称为滑移方向。一个滑移面和相应的滑移方向组合称为滑移系。孪生是晶体塑性变形的另一种方式，指的是晶体中的一部分在特定晶面上发生相对切变（滑移），且晶面之间的相对滑移量小于一个原子间距。孪生变形后发生切变的那部分晶体中的原子排列与未切变部分晶体的原子排列以切变面（孪晶面）为反映面呈镜面对称。

图 5-34(a)所示为一单晶体示意图，利用迹线分析方法，可以测量其滑移面、孪晶面指数。以下以双面法为例进行说明。

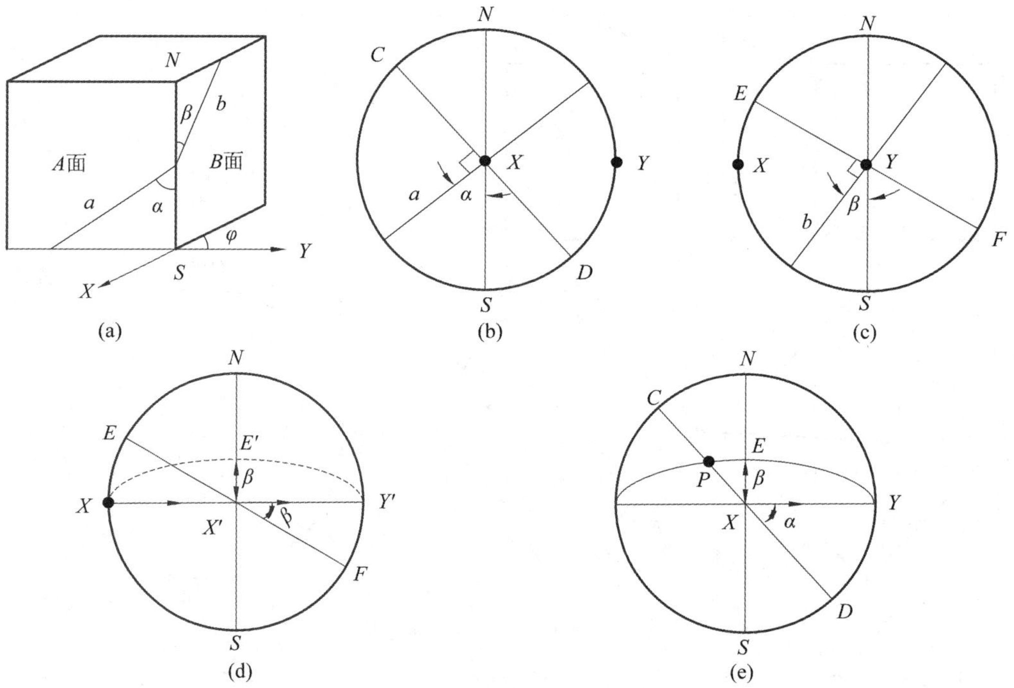

图 5-34 双面法确定滑移面

(1) 先在待测单晶上磨出两个平面，如图 5-34(a)中的 A、B 面，面 A、B 的法向分别为 X 和 Y。两平面的交线为 NS，夹角为 φ（这里 $\varphi=90^\circ$）。

(2) 使晶体变形发生滑移，滑移面(hkl)分别在 A、B 面上形成迹线 a、b，它们与 NS 的夹角分别为 α 和 β。

(3) 先以 A 面平行于投影面，得到图 5-34(b)，迹线 a 表明滑移面法线应在与其垂直的直线 CD 上；再让投影面与 B 面平行，同理可以得到图 5-34(c)，此图表明滑移面法线应在与迹线 b 垂直的直线 EF 上。

(4) 图 5-34(b)、(c)中 A、B 面的极点 X、Y 在不同位置，为使两投影重合，将图 5-34(c)

逆时针旋转 90°，这时 X 移到 X'、Y 移到 Y'，与滑移面垂直的 EF 线所在的平面转动后成为虚线大圆，如图 5-34(d)所示。

(5) 将图 5-34(d)和图 5-34(b)重合在一起，获得 CD 与 EF 所在平面的大圆弧的交点 P，P 点即为滑移面的极点，如图 5-34(e)所示。

习题五

5-1 当两个晶面同时具有：

(a) 二次旋转和反演对称(二次轴垂直于投影面)；

(b) 三次旋转和镜面对称(三次轴垂直于投影面，镜面即为投影面)；

(c) 三次旋转和反演对称(三次轴垂直于投影面，镜面通过四次轴)；

(d) 四次旋转和镜面对称(四次轴垂直于投影面，镜面通过四次轴)；

(e) 四次旋转和反演对称(四次轴垂直于投影面)。

试画出它们的极射赤面投影图。

5-2 用适当的图形定性地说明图中(100)面围绕(010)面顺时针旋转时所进行的一系列步骤。

5-3 已知立方晶系中，(201)晶面与(100)晶面之间夹角为 26.56°，$(2\bar{1}1)$晶面与(100)晶面的夹角为 35.26°，而$(2\bar{1}1)$晶面与$(1\bar{1}0)$晶面夹角为 30°。试在 001 标准投影图上作出和极点的位置，两晶面夹角多少，两晶面的晶带轴指数及其极点位置。

5-4 试把立方晶系 001 标准投影图转换成 011 标准投影图。

5-5 求晶带 T_1[(101)(011)]与晶带 T_2[(110)(111)]的相交晶面指数及其极点的投影，标在(001)标准投影图上。

第6章 倒易点阵

随着晶体学研究的需要，尤其为了更清楚地说明晶体衍射现象的晶体物理学方面的相关问题，常常需要采用傅里叶变换从坐标空间转换到其他空间（如状态空间）来进行分析。爱瓦尔德（P. P. Ewald）在1927年首先引入了倒易点阵的概念。倒易点阵是一种数学抽象的虚点阵，由晶体点阵按照一定的数学规则转化而来。晶体点阵由晶体结构抽象而来，描述的是晶体中物质（点阵基元）的分布规律，所以说它描述的是物质空间或正空间。倒易点阵构成的空间称为倒易空间，其中每个阵点和晶体点阵中各个相应的阵点平面间存在着对应的倒易关系。倒易点阵的概念现已发展成为解释各种X射线和电子衍射问题的有力工具，是现代晶体学中的一个重要组成部分，也是深入理解能带理论等固体物理基本理论的重要基础。

6.1 倒易点阵概念的引入

倒易点阵中的阵点称为倒易点，可以用倒易矢量描述其位置。与正点阵一样，在倒易点阵中，也可以用晶胞的概念来描述倒易点阵。

如图6-1所示，设有一正点阵 $\boldsymbol{S}$，用三个点阵基矢 $\boldsymbol{a}$、$\boldsymbol{b}$、$\boldsymbol{c}$ 来描述该点阵，即 $\boldsymbol{S}=\boldsymbol{S}(\boldsymbol{a},\boldsymbol{b},\boldsymbol{c})$。现引进三个新的基矢 $\boldsymbol{a}^*$、$\boldsymbol{b}^*$、$\boldsymbol{c}^*$，由它们决定另一套点阵：$\boldsymbol{S}^*=\boldsymbol{S}^*(\boldsymbol{a}^*,\boldsymbol{b}^*,\boldsymbol{c}^*)$。

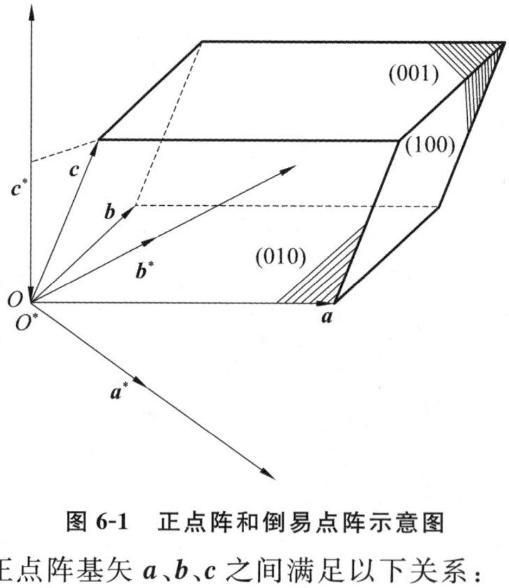

图6-1 正点阵和倒易点阵示意图

新基矢 $\boldsymbol{a}^*$、$\boldsymbol{b}^*$、$\boldsymbol{c}^*$ 与正点阵基矢 $\boldsymbol{a}$、$\boldsymbol{b}$、$\boldsymbol{c}$ 之间满足以下关系：

$$\begin{cases} \boldsymbol{a}^*\cdot\boldsymbol{a}=1 & \boldsymbol{a}^*\cdot\boldsymbol{b}=0 & \boldsymbol{a}^*\cdot\boldsymbol{c}=0 \\ \boldsymbol{b}^*\cdot\boldsymbol{a}=0 & \boldsymbol{b}^*\cdot\boldsymbol{b}=1 & \boldsymbol{b}^*\cdot\boldsymbol{c}=0 \\ \boldsymbol{c}^*\cdot\boldsymbol{a}=0 & \boldsymbol{c}^*\cdot\boldsymbol{b}=0 & \boldsymbol{c}^*\cdot\boldsymbol{c}=1 \end{cases} \tag{6-1}$$

则由这一组新基矢所决定的新点阵 S^* 称为正点阵 S 的倒易点阵。

从式(6-1)可以看出，倒易点阵中，$\boldsymbol{a}^*$ 矢量垂直于 $\boldsymbol{b}$ 和 $\boldsymbol{c}$；$\boldsymbol{a}^*\cdot\boldsymbol{a}=1$ 的几何意义表示矢量 $\boldsymbol{a}$

在矢量 $\boldsymbol{a}^*$ 上的投影 OP 与 $|\boldsymbol{a}^*|$ 的乘积等于 1，即 $|\boldsymbol{a}^*|=\frac{1}{OP}$。所以，式(6-1)也可写成下列形式：

$$\boldsymbol{a}^*=\frac{\boldsymbol{b}\times\boldsymbol{c}}{\nabla};\boldsymbol{b}^*=\frac{\boldsymbol{c}\times\boldsymbol{a}}{\nabla};\boldsymbol{c}^*=\frac{\boldsymbol{a}\times\boldsymbol{b}}{\nabla} \tag{6-2}$$

其中，∇ 为正空间单位晶胞的体积，$\nabla=\boldsymbol{a}\cdot(\boldsymbol{b}\times\boldsymbol{c})=\boldsymbol{b}\cdot(\boldsymbol{c}\times\boldsymbol{a})=\boldsymbol{c}\cdot(\boldsymbol{a}\times\boldsymbol{b})$。

固体物理学中也经常要用到倒易矢量、倒易点阵的概念。为了处理问题的方便，固体物理学科对倒易矢量的定义如下：

$$\boldsymbol{a}^*=\frac{2\pi(\boldsymbol{b}\times\boldsymbol{c})}{\nabla};\boldsymbol{b}^*=\frac{2\pi(\boldsymbol{c}\times\boldsymbol{a})}{\nabla};\boldsymbol{c}^*=\frac{2\pi(\boldsymbol{a}\times\boldsymbol{b})}{\nabla} \tag{6-3}$$

可见，物理学上的倒易矢量和晶体学上的倒易矢量定义之间仅相差一个 2π 因子。这个 2π 因子不会给倒易点阵的类型、对称性带来影响，在晶体学上可有可无，但在固体物理学的一系列研究中却提供了极大便利。因此，在很多晶体学书籍里，对倒易矢量的定义往往也带有 2π 因子。

定义正点阵中单位格子矢量 $\boldsymbol{a}$、$\boldsymbol{b}$、$\boldsymbol{c}$ 之间的夹角分别为 $\gamma=\boldsymbol{a}\wedge\boldsymbol{b}$，$\alpha=\boldsymbol{b}\wedge\boldsymbol{c}$，$\beta=\boldsymbol{c}\wedge\boldsymbol{a}$，则有 $|\boldsymbol{b}\times\boldsymbol{c}|=bc\sin\alpha$；$|\boldsymbol{c}\times\boldsymbol{a}|=ca\sin\beta$；$|\boldsymbol{a}\times\boldsymbol{b}|=ab\sin\gamma$。

事实上，矢量 $\boldsymbol{a}^*$、$\boldsymbol{b}^*$、$\boldsymbol{c}^*$ 与矢量 $\boldsymbol{a}$、$\boldsymbol{b}$、$\boldsymbol{c}$ 之间的这种关系是互为倒易的，上述关系反过来也同样成立，即

$$\boldsymbol{a}=\frac{\boldsymbol{b}^*\times\boldsymbol{c}^*}{\nabla^*};\ \boldsymbol{b}=\frac{\boldsymbol{c}^*\times\boldsymbol{a}^*}{\nabla^*};\boldsymbol{c}=\frac{\boldsymbol{a}^*\times\boldsymbol{b}^*}{\nabla^*} \tag{6-4}$$

其中，$\nabla^*=\boldsymbol{a}^*\cdot(\boldsymbol{b}^*\times\boldsymbol{c}^*)=\boldsymbol{b}^*\cdot(\boldsymbol{c}^*\times\boldsymbol{a}^*)=\boldsymbol{c}^*\cdot(\boldsymbol{a}^*\times\boldsymbol{b}^*)$，$\nabla^*$ 为倒易点阵单位晶胞的体积。

将式(6-2)代入倒易点阵单位晶胞的体积表达式，可得

$$\nabla^*=\boldsymbol{a}^*\cdot(\boldsymbol{b}^*\times\boldsymbol{c}^*)=\frac{1}{\nabla^3}(\boldsymbol{b}\times\boldsymbol{c})\cdot[(\boldsymbol{c}\times\boldsymbol{a})\times(\boldsymbol{a}\times\boldsymbol{b})] \tag{6-5}$$

对于上式右边的方括号部分，根据下列矢量运算法则：

$$\boldsymbol{A}\cdot\boldsymbol{B}=\boldsymbol{B}\cdot\boldsymbol{A}=AB\cos\theta$$

$$\boldsymbol{A}\times\boldsymbol{B}=-(\boldsymbol{B}\times\boldsymbol{A})=\boldsymbol{C}$$

则：$\boldsymbol{C}\perp\boldsymbol{A}$、$\boldsymbol{C}\perp\boldsymbol{B}$，且 $|\boldsymbol{C}|=|\boldsymbol{A}||\boldsymbol{B}|\sin\theta$，$\theta=\boldsymbol{A}\wedge\boldsymbol{B}$。

由于

$$\boldsymbol{A}\cdot(m\boldsymbol{B}+n\boldsymbol{C})=m\boldsymbol{A}\cdot\boldsymbol{B}+n\boldsymbol{A}\cdot\boldsymbol{C}$$

$$\boldsymbol{A}\times(m\boldsymbol{B}+n\boldsymbol{C})=m\boldsymbol{A}\times\boldsymbol{B}+n\boldsymbol{A}\times\boldsymbol{C}$$

$$\boldsymbol{A}\times(\boldsymbol{B}\times\boldsymbol{C})=\boldsymbol{B}(\boldsymbol{A}\cdot\boldsymbol{C})-\boldsymbol{C}(\boldsymbol{A}\cdot\boldsymbol{B})$$

$$(\boldsymbol{A}\times\boldsymbol{B})\cdot\boldsymbol{C}=(\boldsymbol{B}\times\boldsymbol{C})\cdot\boldsymbol{A}=(\boldsymbol{C}\times\boldsymbol{A})\cdot\boldsymbol{B}=-(\boldsymbol{B}\times\boldsymbol{A})\cdot\boldsymbol{C}$$

可得

$$\begin{aligned}\nabla^*&=\frac{1}{\nabla^3}(\boldsymbol{b}\times\boldsymbol{c})\cdot[(\boldsymbol{c}\times\boldsymbol{a})\times(\boldsymbol{a}\times\boldsymbol{b})]\\&=\frac{1}{\nabla^3}(\boldsymbol{b}\times\boldsymbol{c})\cdot\{\boldsymbol{a}[(\boldsymbol{c}\times\boldsymbol{a})\cdot\boldsymbol{b}]\}-\frac{1}{\nabla^3}(\boldsymbol{b}\times\boldsymbol{c})\cdot\{\boldsymbol{b}[(\boldsymbol{c}\times\boldsymbol{a})\cdot\boldsymbol{a}]\}\\&=\frac{1}{\nabla^3}[(\boldsymbol{b}\times\boldsymbol{c})\cdot\boldsymbol{a}][(\boldsymbol{c}\times\boldsymbol{a})\cdot\boldsymbol{b}]-\frac{1}{\nabla^3}(\boldsymbol{b}\times\boldsymbol{c})\cdot\{\boldsymbol{b}[(\boldsymbol{c}\times\boldsymbol{a})\cdot\boldsymbol{a}]\}\\&=\frac{1}{\nabla^3}\nabla^2-0=\frac{1}{\nabla}\end{aligned}$$

同时：$\boldsymbol{b}^*\times\boldsymbol{c}^*=\frac{1}{\nabla^2}(\boldsymbol{c}\times\boldsymbol{a})\times(\boldsymbol{a}\times\boldsymbol{b})=\frac{1}{\nabla^2}\{\boldsymbol{a}(\boldsymbol{c}\times\boldsymbol{a})\cdot\boldsymbol{b}-\boldsymbol{b}[(\boldsymbol{c}\times\boldsymbol{a})\cdot\boldsymbol{a}]\}=\frac{1}{\nabla^2}[\boldsymbol{a}(\boldsymbol{c}\times\boldsymbol{a})\cdot$

$\boldsymbol{b}]=\dfrac{\boldsymbol{a}}{\nabla}$，所以得：$\boldsymbol{a}=(\boldsymbol{b}^*\times\boldsymbol{c}^*)\nabla=\dfrac{(\boldsymbol{b}^*\times\boldsymbol{c}^*)}{\nabla^*}$。同理可证明：$\boldsymbol{b}=\dfrac{(\boldsymbol{c}^*\times\boldsymbol{a}^*)}{\nabla^*}$，$\boldsymbol{c}=\dfrac{(\boldsymbol{a}^*\times\boldsymbol{b}^*)}{\nabla^*}$。

可见，正点阵 S 的倒易点阵为 S^*，而倒易点阵 S^* 的倒易点阵为正点阵 S，正倒点阵之间互为倒易关系。

如图 6-2 所示，如果倒易点阵 S^* 的基矢 $\boldsymbol{a}^*$、$\boldsymbol{b}^*$、$\boldsymbol{c}^*$ 之间的交角分别为 $\boldsymbol{a}\wedge\boldsymbol{b}^*=\gamma^*$、$\boldsymbol{b}^*\wedge\boldsymbol{c}^*=\alpha^*$、$\boldsymbol{c}^*\wedge\boldsymbol{a}^*=\beta^*$，则基矢 $\boldsymbol{a}^*$、$\boldsymbol{b}^*$、$\boldsymbol{c}^*$ 可以表示如下：

$$\begin{cases}|\boldsymbol{a}^*|=\dfrac{|\boldsymbol{b}||\boldsymbol{c}|\sin\alpha}{\nabla}\\[2ex]|\boldsymbol{b}^*|=\dfrac{|\boldsymbol{c}||\boldsymbol{a}|\sin\beta}{\nabla}\\[2ex]|\boldsymbol{c}^*|=\dfrac{|\boldsymbol{a}||\boldsymbol{b}|\sin\gamma}{\nabla}\end{cases}\tag{6-6}$$

同理：

$$\begin{cases}|\boldsymbol{a}|=\dfrac{|\boldsymbol{b}^*||\boldsymbol{c}^*|\sin\alpha^*}{\nabla^*}\\[2ex]|\boldsymbol{b}|=\dfrac{|\boldsymbol{c}^*||\boldsymbol{a}^*|\sin\beta^*}{\nabla^*}\\[2ex]|\boldsymbol{a}|=\dfrac{|\boldsymbol{a}^*||\boldsymbol{b}^*|\sin\gamma^*}{\nabla^*}\end{cases}\tag{6-7}$$

可以证明：

$$\cos\alpha^*=\frac{\cos\beta\cos\gamma-\cos\alpha}{\sin\beta\sin\gamma},\cos\beta^*=\frac{\cos\gamma\cos\alpha-\cos\beta}{\sin\gamma\sin\alpha},\cos\gamma^*=\frac{\cos\alpha\cos\beta-\cos\gamma}{\sin\alpha\sin\beta}\tag{6-8}$$

现将式(6-8)证明如下：

因为 $|\boldsymbol{b}^*||\boldsymbol{c}^*|\cos\alpha^*=\boldsymbol{b}^*\cdot\boldsymbol{c}^*$，所以 $\cos\alpha^*=\dfrac{\boldsymbol{b}^*\cdot\boldsymbol{c}^*}{|\boldsymbol{b}^*||\boldsymbol{c}^*|}=\dfrac{1}{|\boldsymbol{b}^*||\boldsymbol{c}^*|}\left(\dfrac{\boldsymbol{c}\times\boldsymbol{a}}{\nabla}\right)\cdot\left(\dfrac{\boldsymbol{a}\times\boldsymbol{b}}{\nabla}\right)$。利用矢量乘法轮换性：$\boldsymbol{A}\cdot(\boldsymbol{B}\times\boldsymbol{C})=\boldsymbol{B}\cdot(\boldsymbol{C}\times\boldsymbol{A})=\boldsymbol{C}\cdot(\boldsymbol{A}\times\boldsymbol{B})$，可得

$$\begin{aligned}\cos\alpha^*&=\frac{1}{\nabla^2|\boldsymbol{b}^*||\boldsymbol{c}^*|}\boldsymbol{a}\cdot[\boldsymbol{b}\times(\boldsymbol{c}\times\boldsymbol{a})]\\&=\frac{1}{\nabla^2|\boldsymbol{b}^*||\boldsymbol{c}^*|}\boldsymbol{a}\cdot[\boldsymbol{c}(\boldsymbol{b}\cdot\boldsymbol{a})-\boldsymbol{a}(\boldsymbol{b}\cdot\boldsymbol{c})]\\&=\frac{|\boldsymbol{a}||\boldsymbol{c}|\cos\beta\cdot|\boldsymbol{a}||\boldsymbol{b}|\cos\gamma-|\boldsymbol{a}|^2|\boldsymbol{b}||\boldsymbol{c}|\cos\alpha}{\nabla^2\left(\dfrac{|\boldsymbol{a}||\boldsymbol{c}|\sin\beta}{\nabla}\right)\left(\dfrac{|\boldsymbol{a}||\boldsymbol{b}|\sin\gamma}{\nabla}\right)}\\&=\frac{\cos\beta\cos\gamma-\cos\alpha}{\sin\beta\sin\gamma}\end{aligned}$$

同理可证：$\cos\beta^*=\dfrac{\cos\alpha\cos\gamma-\cos\beta}{\sin\alpha\sin\gamma}$，$\cos\gamma^*=\dfrac{\cos\beta\cos\alpha-\cos\gamma}{\sin\beta\sin\alpha}$。

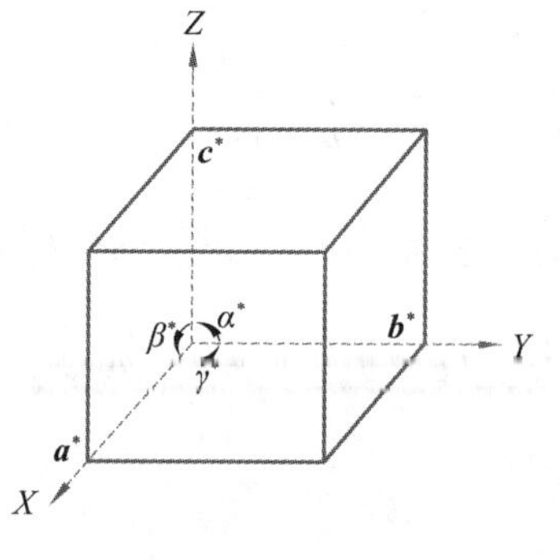

图 6-2　倒易点阵中的单胞及其参量

接下来，我们看看不同布拉维格子倒易点阵的特点：

（1）当晶体为立方晶系时，正点阵基矢量之间的关系为 $a=b=c$，$\alpha=\beta=\gamma=90°$，代入式(6-6)、式(6-8)可得：$|\boldsymbol{a}^*|=|\boldsymbol{b}^*|=|\boldsymbol{c}^*|=1/a$，$\alpha^*=\beta^*=\gamma^*=90°$。

（2）当晶体为正交晶系时，正点阵基矢量之间的关系为 $a\neq b\neq c$，$\alpha=\beta=\gamma=90°$，代入式(6-6)、式(6-8)可得：$|\boldsymbol{a}^*|=1/|\boldsymbol{a}|$，$|\boldsymbol{b}^*|=1/|\boldsymbol{b}|$，$|\boldsymbol{c}^*|=1/|\boldsymbol{c}|$，$\alpha^*=\beta^*=\gamma^*=90°$。

（3）当晶体为三斜晶系时，正点阵基矢量之间的关系为 $a\neq b\neq c$，$\alpha\neq\beta\neq\gamma$，其倒易点阵晶格参量之间的关系为 $a^*\neq b^*\neq c^*$、$\alpha^*\neq\beta^*\neq\gamma^*$。

（4）当晶体为单斜晶系时，正点阵基矢量之间的关系为 $a\neq b\neq c$，$\alpha=\gamma=90°$，$\beta\neq 90°$。则有 $a^*\neq b^*\neq c^*$，$\alpha^*=\gamma^*=90°$，$\beta^*=180°-\beta$。单位晶胞体积为$\nabla=|\boldsymbol{b}||\boldsymbol{c}||\boldsymbol{a}|\sin\beta$。代入式(6-6)可得

$$|\boldsymbol{a}^*|=\frac{1}{|\boldsymbol{a}|\sin\beta};|\boldsymbol{b}^*|=\frac{1}{|\boldsymbol{b}|};|\boldsymbol{c}^*|=\frac{1}{|\boldsymbol{c}|\sin\beta}$$

可见，由正点阵出发可以分别求得倒易点阵三个基矢的长度及交角的数值，正点阵与倒易点阵是一一对应的。而且，正点阵中某一基矢的模越大，则在倒易点阵中与其对应的倒易基矢的模越小。

表 6-1 给出了除三斜晶系之外其他六个晶系的正点阵和倒易点阵晶格参数之间的关系：

表 6-1　不同晶系正点阵与倒易点阵的晶格参数关系

晶系	单斜	正交	六方	三方	四方	立方
正点阵参量关系	$a\neq b\neq c$，$\alpha=\gamma=90°\neq\beta$	$a\neq b\neq c$，$\alpha=\beta=\gamma=90°$	$a=b\neq c$，$\alpha=\beta=90°$，$\gamma=120°$	$a=b=c$，$90°\neq\alpha=\beta=\gamma<120°$	$a=b\neq c$，$\alpha=\beta=\gamma=90°$	$a=b=c$，$\alpha=\beta=\gamma=90°$
晶胞体积	$abc\sin\beta$	abc	$\frac{\sqrt{3}}{2}a^2c$	$a^3\sqrt{1-3\cos^2\alpha+2\cos^3\alpha}$	a^2c	a^3
倒易点阵	单斜	正交	六方	三方	四方	立方
a^*	$\frac{1}{a\sin\beta}$	$\frac{1}{a}$	$\frac{2}{a\sqrt{3}}$	$\frac{\sin\alpha}{a\sqrt{1-3\cos^2\alpha+2\cos^3\alpha}}$	$\frac{1}{a}$	$\frac{1}{a}$
b^*	$\frac{1}{b}$	$\frac{1}{b}$	$\frac{2}{a\sqrt{3}}$	$\frac{\sin\alpha}{a\sqrt{1-3\cos^2\alpha+2\cos^3\alpha}}$	$\frac{1}{b}$	$\frac{1}{a}$
c^*	$\frac{1}{c\sin\beta}$	$\frac{1}{c}$	$\frac{1}{c}$	$\frac{\sin\alpha}{a\sqrt{1-3\cos^2\alpha+2\cos^3\alpha}}$	$\frac{1}{c}$	$\frac{1}{a}$
α^*	90°	90°	90°	$\cos^{-1}\left(-\frac{\cos\alpha}{1+\cos\alpha}\right)$	90°	90°
β^*	$180°-\beta$	90°	90°	$\cos^{-1}\left(-\frac{\cos\alpha}{1+\cos\alpha}\right)$	90°	90°
γ^*	90°	90°	60°	$\cos^{-1}\left(-\frac{\cos\alpha}{1+\cos\alpha}\right)$	90°	90°
倒易点阵参量关系	$a^*\neq b^*\neq c^*$，$\alpha^*=\gamma^*=90°\neq\beta^*$	$a^*\neq b^*\neq c^*$，$\alpha^*=\gamma^*=\beta^*=90°$	$a^*=b^*\neq c^*$，$\alpha^*=\beta^*=90°$，$\gamma^*=60°$	$a^*=b^*=c^*$，$\alpha^*=\beta^*=\gamma^*\neq 90°$	$a^*=b^*\neq c^*$，$\alpha^*=\beta^*=\gamma^*=90°$	$a^*=b^*=c^*$，$\alpha^*=\beta^*=\gamma^*=90°$

6.2 倒易点阵的性质

倒易点阵具有以下两条重要性质：

(1) 若 $\boldsymbol{a}^*$、$\boldsymbol{b}^*$、$\boldsymbol{c}^*$ 为倒易点阵的基矢，$\boldsymbol{H}_{hkl}$ 为倒易点阵中任一矢量，$\boldsymbol{H}_{hkl}=h\boldsymbol{a}^*+k\boldsymbol{b}^*+l\boldsymbol{c}^*$，其中 h、k、l 为任意整数，则倒易矢量 $\boldsymbol{H}_{hkl}$ 必垂直于正点阵的 $\{h\ k\ l\}$ 晶面族。

(2) 倒易矢量 $\boldsymbol{H}_{hkl}$ 的模与正点阵 $\{h\ k\ l\}$ 晶面族的面间距之间满足：$|\boldsymbol{H}_{hkl}|=1/d_{hkl}$。

现证明如下：

设 ABC 平面是正点阵 $\{h\ k\ l\}$ 晶面族中距原点最近的平面，它在三个晶轴上的截距分别为 a/h、b/k、c/l（见图 6-3），则平面中的矢量 $\overrightarrow{AB}$ 可表示为

$$\overrightarrow{AB}=\frac{\boldsymbol{b}}{k}-\frac{\boldsymbol{a}}{h}$$

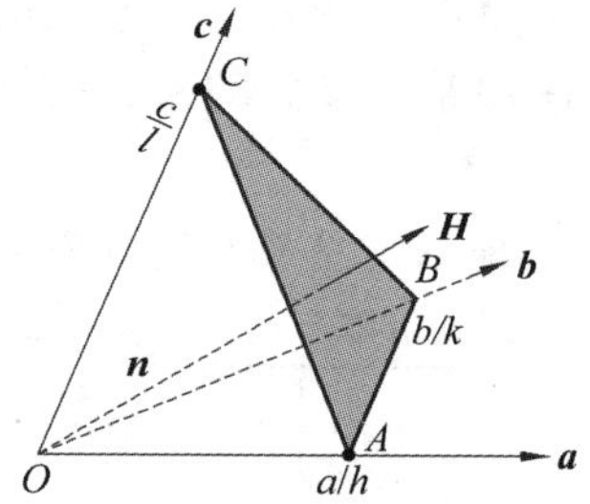

图 6-3 晶面(hkl)与倒易矢量 $\boldsymbol{H}_{hkl}$ 之间的关系

则有

$$\begin{aligned}\boldsymbol{H}_{hkl}\cdot\overrightarrow{AB}&=(h\boldsymbol{a}^*+k\boldsymbol{b}^*+l\boldsymbol{c}^*)\cdot\left(\frac{\boldsymbol{b}}{k}-\frac{\boldsymbol{a}}{h}\right)\\&=(h\boldsymbol{a}^*+k\boldsymbol{b}^*+l\boldsymbol{c}^*)\cdot\frac{\boldsymbol{b}}{k}-(h\boldsymbol{a}^*+k\boldsymbol{b}^*+l\boldsymbol{c}^*)\cdot\frac{\boldsymbol{a}}{h}\\&=\frac{(h\boldsymbol{a}^*\cdot\boldsymbol{b}+k\boldsymbol{b}^*\cdot\boldsymbol{b}+l\boldsymbol{c}^*\cdot\boldsymbol{b})}{k}-\frac{(h\boldsymbol{a}^*\cdot\boldsymbol{a}+k\boldsymbol{b}^*\cdot\boldsymbol{a}+l\boldsymbol{c}^*\cdot\boldsymbol{a})}{h}\\&=\frac{k}{k}-\frac{h}{h}=0\end{aligned}$$

所以，$\boldsymbol{H}_{hkl}\perp\overrightarrow{AB}$，同理可以证明：$\boldsymbol{H}_{hkl}\perp\overrightarrow{BC}$。所以 $\boldsymbol{H}_{hkl}\perp ABC$ 平面，也即 $\boldsymbol{H}_{hkl}\perp(h\ k\ l)$平面。倒易点阵的第一条性质得证。

设 $\boldsymbol{n}$ 为倒空间里沿着 $\boldsymbol{H}_{hkl}$ 方向的单位矢量，则可表示为

$$\boldsymbol{n}=\boldsymbol{H}_{hkl}/|\boldsymbol{H}_{hkl}|$$

同时，d_{hkl} 等于 $\boldsymbol{a}/h$ 在 $\boldsymbol{n}$ 方向的投影，即

$$\boldsymbol{d}_{hkl}=\frac{\boldsymbol{a}}{h}\cdot\boldsymbol{n}=\frac{\boldsymbol{a}}{h}\cdot\frac{(h\boldsymbol{a}^*+k\boldsymbol{b}^*+l\boldsymbol{c}^*)}{|\boldsymbol{H}_{hkl}|}=\frac{(h\boldsymbol{a}\cdot\boldsymbol{a}^*+k\boldsymbol{a}\cdot\boldsymbol{b}^*+l\boldsymbol{a}\cdot\boldsymbol{c}^*)}{|\boldsymbol{H}_{hkl}|h}=\frac{1}{|\boldsymbol{H}_{hkl}|}$$

因此可得 $|\boldsymbol{H}_{hkl}|=\dfrac{1}{d_{hkl}}$，倒易点阵的第二条性质也得到证明

倒易点阵的上述性质非常重要，它十分清楚地表明了倒易点阵的几何意义，也即：

(1) 正点阵中的每一族平行晶面(hkl)相当于倒易点阵中的一个特殊点，这个点必须处在这族平行晶面的公共法线上，即倒易矢量方向上；

(2) 该点到原点的距离为该族晶面间距的倒数 $1/d_{hkl}$。这种点称为倒易点，由无数倒易

点组成的点阵即为倒易点阵。

因此，如果已知某一正点阵，就可以作出其相应的倒易点阵。图 6-4(a)给出了正交、六方和单斜晶系中倒易点阵与正点阵三个基矢之间的夹角关系投影图。图 6-4(b)表示这三个晶系中所选的倒易截面和相应的正点阵截面。

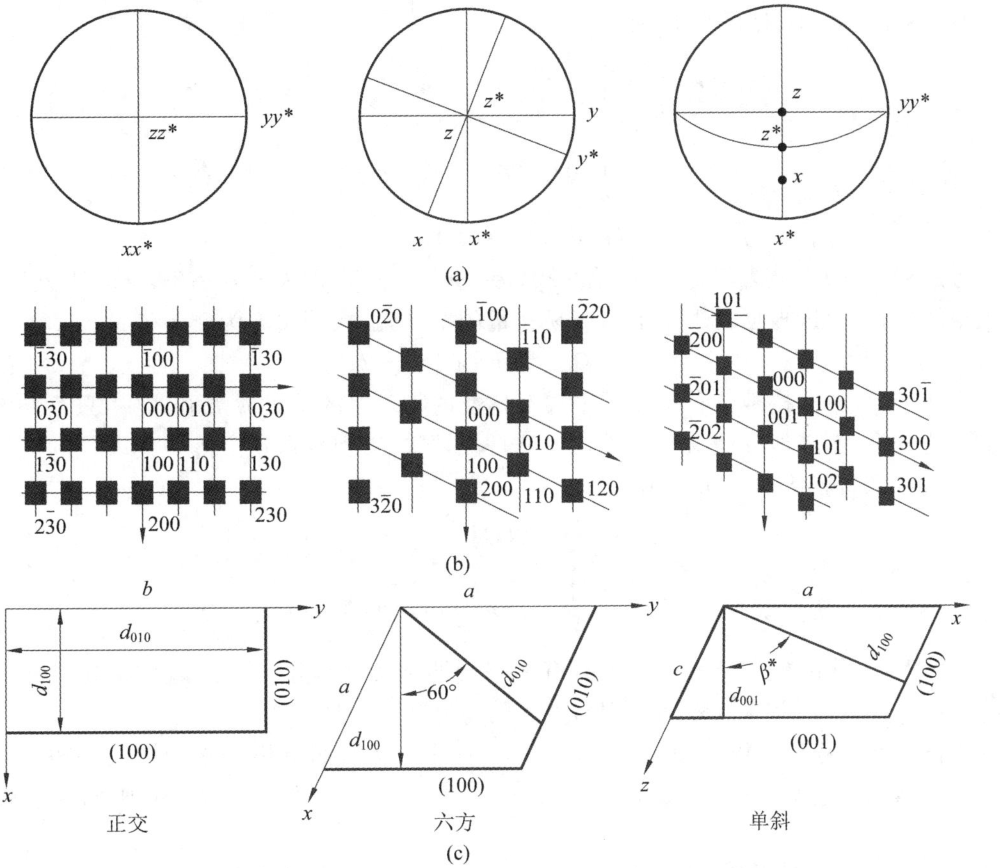

图 6-4　正交、六方和单斜晶系中倒易点阵与正点阵三个基矢之间的夹角关系(投影图)(a)；选定的倒易截面(b)和相应的正点阵截面示意图(c)

可见，与各晶系的初基格子对应的倒易格子仍属于各晶系倒易点阵中的初基格子，只不过正倒格子的基矢长度之间呈反比例关系。

6.3　倒易点阵的物理意义

通过倒易点阵的性质，我们了解了倒易点阵的几何意义。可见倒易点阵不仅仅是个虚点阵，它也是有明确物理意义的。

考虑到空间点阵具有平移对称性，设平移矢量为 $\boldsymbol{R}_n = n_1\boldsymbol{a} + n_2\boldsymbol{b} + n_3\boldsymbol{c}$，则晶体的某个物理量 $f(\boldsymbol{r})$ 在 r 点的数值也应具有周期性，也即 $f(\boldsymbol{r}) = f(\boldsymbol{r} + \boldsymbol{R}_n)$。$f(\boldsymbol{r})$ 可以是格点密度、质量密度、电子云密度、离子实势场等物理量。将 $f(\boldsymbol{r})$ 展开成傅里叶级数，则有

$$f(\boldsymbol{r}) = \sum_{k} A(\boldsymbol{k}) \exp(\mathrm{i}\boldsymbol{k} \cdot \boldsymbol{r})$$

其中：

$$A(\boldsymbol{k})=\frac{1}{\nabla}\int_{\nabla} f(\boldsymbol{r})\exp(-\mathrm{i}\boldsymbol{k}\cdot\boldsymbol{r})\mathrm{d}\boldsymbol{r}$$

显然：

$$A(\boldsymbol{k})=\frac{1}{\nabla}\int_{\nabla} f(\boldsymbol{r}+\boldsymbol{R}_n)\exp(-\mathrm{i}\boldsymbol{k}\cdot\boldsymbol{r})\mathrm{d}\boldsymbol{r}$$

令 $\boldsymbol{r}'=\boldsymbol{r}+\boldsymbol{R}_n$，代入上式，则有

$$\begin{aligned}A(\boldsymbol{k})&=\frac{1}{\nabla}\int_{\nabla} f(\boldsymbol{r}')\exp[-\mathrm{i}\boldsymbol{k}\cdot(\boldsymbol{r}'-\boldsymbol{R}_n)]\mathrm{d}\boldsymbol{r}'\\&=\frac{1}{\nabla}\int_{\nabla} f(\boldsymbol{r}')\exp(-\mathrm{i}\boldsymbol{k}\cdot\boldsymbol{r}')\mathrm{d}\boldsymbol{r}'\exp(\mathrm{i}\boldsymbol{k}\cdot\boldsymbol{R}_n)\\&=A(\boldsymbol{k})\exp(\mathrm{i}\boldsymbol{k}\cdot\boldsymbol{R}_n)\end{aligned}$$

考虑到 $A(\boldsymbol{k})$ 不能为零，所以必有 $\exp(\mathrm{i}\boldsymbol{k}\cdot\boldsymbol{R}_n)=1$，也即 $\boldsymbol{k}\cdot\boldsymbol{R}_n=2\pi m$（$m$ 为整数）。$\boldsymbol{R}_n$ 为正空间平移矢量，根据物理学上对倒易矢量的定义，上式表明 $\boldsymbol{k}$ 为倒易矢量：

$$\boldsymbol{k}=\boldsymbol{G}_{hkl}=h\boldsymbol{a}^*+k\boldsymbol{b}^*+l\boldsymbol{c}^*$$

由此可见，与布拉维格子有相同平移对称性的物理量的傅里叶展开式中，只存在波矢为倒格矢的分量，而其他分量系数为零。也就是说，同一物理量在正点阵中的表述和在倒易点阵中的表述之间服从傅里叶变换关系。

$$f(\boldsymbol{r})=\sum_{\boldsymbol{k}} A(\boldsymbol{G}_{hkl})\exp(\mathrm{i}\boldsymbol{G}_{hkl}\cdot\boldsymbol{r})$$

$$A(\boldsymbol{G}_{hkl})=\frac{1}{\nabla}\int_{\nabla} f(\boldsymbol{r})\exp(-\mathrm{i}\boldsymbol{G}_{hkl}\cdot\boldsymbol{r})\mathrm{d}\boldsymbol{r}$$

实际上，晶体结构本身就是一个具有晶格周期性的物理量，也可以说：倒易点阵是晶体点阵的傅里叶变换，晶体点阵则是倒易点阵的傅里叶逆变换。

正格子空间称作坐标空间或实空间，其量纲是长度 l，而倒格子空间在固体物理学上称作波矢空间或相空间，其量纲是长度 l 的倒数 l^{-1}。如正点阵单位取 cm，则倒易点阵单位为 cm^{-1}。

晶体的显微图像是真实晶体结构在坐标空间的映像。晶体的衍射图像则是晶体倒易点阵的映像。倒易点阵是在晶体点阵（布拉维格子）的基础上定义的，所以每种晶体结构都有两个点阵与其相联系，一个是晶体点阵，反映了构成原子在三维空间做周期排列的图像；另一个是倒易点阵，反映了周期结构物理性质的基本特征。

6.4 晶带与倒易面

6.4.1 晶带轴与倒易面的对应关系

第四章已经介绍，通过同一晶向的一族晶面称为晶带，而这一特殊晶向称为晶带轴。如图 6-5(a)所示，$(h_1k_1l_1)$、$(h_2k_2l_2)$、$(h_3k_3l_3)$、$(h_4k_4l_4)$是晶带$[uvw]$中的四个晶面。根据上节介绍的倒易点阵的性质，则对应于晶带轴$[uvw]$，在倒易点阵中存在一个与该晶带轴垂直的倒易晶面$(uvw)^*$；而正点阵中，该晶带中的(hkl)晶面则垂直于倒易点阵中的倒易矢量$[hkl]^*$，也即

$$(hkl)\perp[hkl]^*,\ [uvw]\perp(uvw)^*$$

因为晶带轴和晶带中的各晶面存在平行关系，即

$$[uvw]//(hkl)$$

所以

$$[hkl]^*//(uvw)^*$$

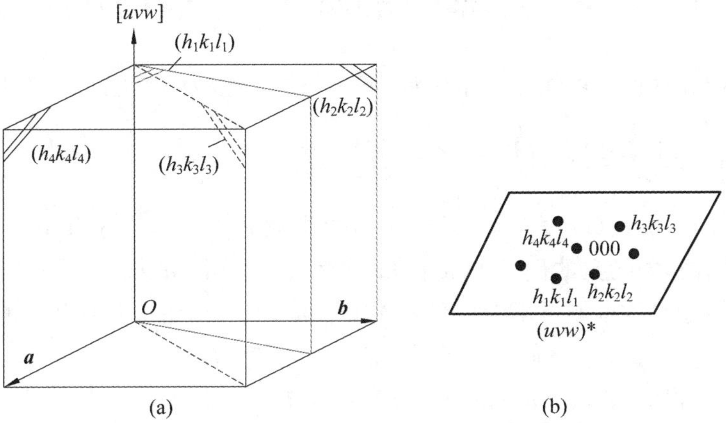

图 6-5　正点阵中的晶带与倒易点阵中的晶面的对应关系

(a)正点阵中的晶带；(b)晶带中各晶面在倒易点阵中的位置示意图

因此，对于属于同一晶带的所有晶面(hkl)，它们在倒易空间中对应的倒易点应分布在一个过原点的平面上，该平面的指数正好为$(uvw)^*$，如图 6-5(b)所示。也就是说，正点阵中的一个晶带对应着倒易点阵中的一个过原点的晶面，或者说，倒易点阵中的一个晶面对应着正点阵中的一个晶带。

6.4.2　晶带定律

第四章中已经介绍了晶带定律，引入倒易矢量后，对晶带概念和晶带定律的理解就更为容易。晶带定律可以表述为，属于晶带轴$[uvw]$中所有晶面(hkl)的法线都应垂直于$[uvw]$，即晶带轴方向和属于这一晶带的所有晶面的倒易矢量相垂直。于是，成立下列关系：

$$(u\boldsymbol{a}+v\boldsymbol{b}+w\boldsymbol{c})(h\boldsymbol{a}^*+k\boldsymbol{b}^*+l\boldsymbol{c}^*)=0$$

又因为正点阵基矢和倒易点阵基矢间满足：

$$\begin{cases}\boldsymbol{a}^*\cdot\boldsymbol{a}=1 & \boldsymbol{a}^*\cdot\boldsymbol{b}=0 & \boldsymbol{a}^*\cdot\boldsymbol{c}=0\\ \boldsymbol{b}^*\cdot\boldsymbol{a}=0 & \boldsymbol{b}^*\cdot\boldsymbol{b}=1 & \boldsymbol{b}^*\cdot\boldsymbol{c}=0\\ \boldsymbol{c}^*\cdot\boldsymbol{a}=0 & \boldsymbol{c}^*\cdot\boldsymbol{b}=0 & \boldsymbol{c}^*\cdot\boldsymbol{c}=1\end{cases}$$

化简可得：

$$hu+kv+lw=0$$

这就是晶带定律的数学表达式，也即晶带方程。需要指出的是，晶带定律是一个普适性定律，它适用于任何晶系中的任何晶带。它可以作为判断晶面(hkl)是否属于$[uvw]$晶带的判据。

正点阵中的晶带$[uvw]$对应倒易点阵中的$(uvw)^*$面，实际上在倒易点阵中$(uvw)^*$是一个面列，过原点的称为0阶面，依次有正(负)一、二、三等多阶面。过原点的0阶面代表正点阵中的一个晶带，有时又把$(uvw)^*$面列都称为$[uvw]$晶带，此时的晶带称为广义晶带。广义晶带虽然在倒易点阵中有明显的几何意义，但在正点阵中并无实际意义。与广义晶带

相对应，晶带定律可以写成

$$hu+kv+lw=N(N\text{ 为面列阶数})$$

上式也称为广义晶带定律。

6.5 倒易点阵在晶体几何学中的应用

倒易点阵概念的引入，可使晶体学中许多问题的计算大为简化，以下举几个具体例子。

6.5.1 晶面法线的计算

虽然在正点阵中晶面(hkl)与其法线$[uvw]$指数并不一定完全相同。然而，它总是与倒易点阵中的具有相同指数的倒易矢量$[hkl]^*$垂直。既然$[uvw]$和$[hkl]^*$是晶面法线在两个不同坐标系中的指数，如果不考虑矢量绝对长度的话，两者应该相等，也即：

$$u\boldsymbol{a}+v\boldsymbol{b}+w\boldsymbol{c}=h\boldsymbol{a}^*+k\boldsymbol{b}^*+l\boldsymbol{c}^* \tag{6-9}$$

将上式两边点积$\boldsymbol{a}^*$，可得：$u=\boldsymbol{a}^*\cdot\boldsymbol{a}^*h+\boldsymbol{a}^*\cdot\boldsymbol{b}^*k+\boldsymbol{a}^*\cdot\boldsymbol{c}^*l$

两边都点积$\boldsymbol{b}^*$，可得：$v=\boldsymbol{b}^*\cdot\boldsymbol{a}^*h+\boldsymbol{b}^*\cdot\boldsymbol{b}^*k+\boldsymbol{b}^*\cdot\boldsymbol{c}^*l$

两边都点积$\boldsymbol{c}^*$，可得：$w=\boldsymbol{c}^*\cdot\boldsymbol{a}^*h+\boldsymbol{c}^*\cdot\boldsymbol{b}^*k+\boldsymbol{c}^*\cdot\boldsymbol{c}^*l$

上述u、v、w的表达式可以写成如下的矩阵形式：

$$\begin{pmatrix}u\\v\\w\end{pmatrix}=\begin{pmatrix}\boldsymbol{a}^*\cdot\boldsymbol{a}^* & \boldsymbol{a}^*\cdot\boldsymbol{b}^* & \boldsymbol{a}^*\cdot\boldsymbol{c}^*\\ \boldsymbol{b}^*\cdot\boldsymbol{a}^* & \boldsymbol{b}^*\cdot\boldsymbol{b}^* & \boldsymbol{b}^*\cdot\boldsymbol{c}^*\\ \boldsymbol{c}^*\cdot\boldsymbol{a}^* & \boldsymbol{c}^*\cdot\boldsymbol{b}^* & \boldsymbol{c}^*\cdot\boldsymbol{c}^*\end{pmatrix}\begin{pmatrix}h\\k\\l\end{pmatrix} \tag{6-10}$$

式(6-10)表明，如果已知某晶面的指数(hkl)和其倒易点阵的基矢，就可以通过式(6-10)求出其晶面法线的晶向指数。同理，如果已知正点阵中某一晶向$[uvw]$，要想求出与其垂直的晶面指数(hkl)，可以将式(6-9)两边同时点积$\boldsymbol{a}$、$\boldsymbol{b}$、$\boldsymbol{c}$，从而有：

$$h=\boldsymbol{a}\cdot\boldsymbol{a}u+\boldsymbol{a}\cdot\boldsymbol{b}v+\boldsymbol{a}\cdot\boldsymbol{c}w$$

$$k=\boldsymbol{b}\cdot\boldsymbol{a}u+\boldsymbol{b}\cdot\boldsymbol{b}v+\boldsymbol{b}\cdot\boldsymbol{c}w$$

$$l=\boldsymbol{c}\cdot\boldsymbol{a}u+\boldsymbol{c}\cdot\boldsymbol{b}v+\boldsymbol{c}\cdot\boldsymbol{c}w$$

写成矩阵形式为

$$\begin{pmatrix}h\\k\\l\end{pmatrix}=\begin{pmatrix}\boldsymbol{a}\cdot\boldsymbol{a} & \boldsymbol{a}\cdot\boldsymbol{b} & \boldsymbol{a}\cdot\boldsymbol{c}\\ \boldsymbol{b}\cdot\boldsymbol{a} & \boldsymbol{b}\cdot\boldsymbol{b} & \boldsymbol{b}\cdot\boldsymbol{c}\\ \boldsymbol{c}\cdot\boldsymbol{a} & \boldsymbol{c}\cdot\boldsymbol{b} & \boldsymbol{c}\cdot\boldsymbol{c}\end{pmatrix}\begin{pmatrix}u\\v\\w\end{pmatrix} \tag{6-11}$$

令：

$$\boldsymbol{G}^*=\begin{pmatrix}\boldsymbol{a}^*\cdot\boldsymbol{a}^* & \boldsymbol{a}^*\cdot\boldsymbol{b}^* & \boldsymbol{a}^*\cdot\boldsymbol{c}^*\\ \boldsymbol{b}^*\cdot\boldsymbol{a}^* & \boldsymbol{b}^*\cdot\boldsymbol{b}^* & \boldsymbol{b}^*\cdot\boldsymbol{c}^*\\ \boldsymbol{c}^*\cdot\boldsymbol{a}^* & \boldsymbol{c}^*\cdot\boldsymbol{b}^* & \boldsymbol{c}^*\cdot\boldsymbol{c}^*\end{pmatrix},\boldsymbol{G}=\begin{pmatrix}\boldsymbol{a}\cdot\boldsymbol{a} & \boldsymbol{a}\cdot\boldsymbol{b} & \boldsymbol{a}\cdot\boldsymbol{c}\\ \boldsymbol{b}\cdot\boldsymbol{a} & \boldsymbol{b}\cdot\boldsymbol{b} & \boldsymbol{b}\cdot\boldsymbol{c}\\ \boldsymbol{c}\cdot\boldsymbol{a} & \boldsymbol{c}\cdot\boldsymbol{b} & \boldsymbol{c}\cdot\boldsymbol{c}\end{pmatrix}$$

式(6-10)和式(6-11)适用于所有晶系，其对应的矩阵$\boldsymbol{G}^*$、$\boldsymbol{G}$分别为晶面指数和法线指数之间的相互转换矩阵。

(1) 立方晶系的晶面指数及其法线指数。

在立方晶系的正点阵中，基矢之间的关系式是$\boldsymbol{a}\cdot\boldsymbol{a}=\boldsymbol{b}\cdot\boldsymbol{b}=\boldsymbol{c}\cdot\boldsymbol{c}=a^2$，$\boldsymbol{a}\cdot\boldsymbol{b}=\boldsymbol{a}\cdot\boldsymbol{c}=\boldsymbol{b}\cdot\boldsymbol{c}=0$，所以：

$$G=\begin{pmatrix} a^2 & 0 & 0 \\ 0 & a^2 & 0 \\ 0 & 0 & a^2 \end{pmatrix}$$

在立方晶系的倒易点阵中，基矢之间的关系式是 $\boldsymbol{a}^* \cdot \boldsymbol{a}^* = \boldsymbol{b}^* \cdot \boldsymbol{b}^* = \boldsymbol{c}^* \cdot \boldsymbol{c}^* = \frac{1}{a^2}$，$\boldsymbol{a}^* \cdot \boldsymbol{b}^* = \boldsymbol{b}^* \cdot \boldsymbol{c}^* = \boldsymbol{c}^* \cdot \boldsymbol{a}^* = 0$，所以：

$$G^* = \begin{pmatrix} \frac{1}{a^2} & 0 & 0 \\ 0 & \frac{1}{a^2} & 0 \\ 0 & 0 & \frac{1}{a^2} \end{pmatrix}$$

所以立方晶系中晶面(hkl)和它的法线 $[uvw]$ 之间有：

$$\begin{pmatrix} u \\ v \\ w \end{pmatrix} = G^* \begin{pmatrix} h \\ k \\ l \end{pmatrix} = \frac{1}{a^2} \begin{pmatrix} h \\ k \\ l \end{pmatrix}$$

也就是说，立方晶系的晶面指数与其法线指数相同（根据晶面指数和晶向指数的定义，要将其化为最简整数比，故矩阵前面的系数 $1/a^2$ 可以不予考虑），也即(101)面的法线为[101]方向，与[212]晶向垂直的晶面指数为(212)。

(2) 六方晶系的晶面指数及其法线指数。

在六方晶系中，正点阵与倒易点阵的三基矢之间的位向关系如图 6-6 所示。对于正点阵，三基矢之间的关系为

$$\boldsymbol{a} \cdot \boldsymbol{a} = \boldsymbol{b} \cdot \boldsymbol{b} = a^2, \boldsymbol{c} \cdot \boldsymbol{c} = c^2, \boldsymbol{a} \cdot \boldsymbol{c} = \boldsymbol{b} \cdot \boldsymbol{c} = 0$$

$$\boldsymbol{a} \cdot \boldsymbol{b} = a^2 \cos 120° = -\frac{1}{2} a^2$$

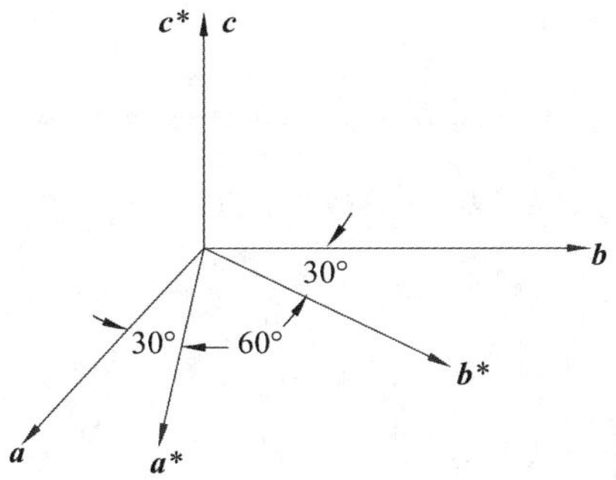

图 6-6　六方晶系中正点阵与倒易点阵的三基矢之间的位向关系

因此有

$$G=\begin{pmatrix} a^2 & \frac{-a^2}{2} & 0 \\ \frac{-a^2}{2} & a^2 & 0 \\ 0 & 0 & c^2 \end{pmatrix}$$

对于倒易点阵，三基矢之间关系有

$$\boldsymbol{a}^* \cdot \boldsymbol{a}^* = \boldsymbol{b}^* \cdot \boldsymbol{b}^* = \left|\frac{\boldsymbol{b}\times\boldsymbol{c}}{\boldsymbol{a}\cdot(\boldsymbol{b}\times\boldsymbol{c})}\right|^2 = \left(\frac{bc\sin 90^\circ}{abc\sin 90^\circ\cos 30^\circ}\right)^2 = \frac{4}{3a^2}$$

$$\boldsymbol{a}^* \cdot \boldsymbol{b}^* = \left[\frac{\boldsymbol{b}\times\boldsymbol{c}}{\boldsymbol{a}\cdot(\boldsymbol{b}\times\boldsymbol{c})}\right]\cdot\left[\frac{\boldsymbol{c}\times\boldsymbol{a}}{\boldsymbol{b}\cdot(\boldsymbol{c}\times\boldsymbol{a})}\right] = \left(\frac{bc\sin 90^\circ}{abc\sin 90^\circ\cos 30^\circ}\right)^2\cos 60^\circ = \frac{2}{3a^2}$$

$$\boldsymbol{a}^* \cdot \boldsymbol{c}^* = \boldsymbol{b}^* \cdot \boldsymbol{c}^* = 0$$

$$\boldsymbol{c}^* \cdot \boldsymbol{c}^* = \left(\frac{ab}{abc}\right)^2 = \frac{1}{c^2}$$

所以有

$$\boldsymbol{G}^* = \begin{pmatrix} \frac{4}{3a^2} & \frac{2}{3a^2} & 0 \\ \frac{2}{3a^2} & \frac{4}{3a^2} & 0 \\ 0 & 0 & \frac{1}{c^2} \end{pmatrix}$$

在六方晶系三轴坐标系中，晶面(hkl)的法线$[UVW]$可以表示为

$$\begin{pmatrix} U \\ V \\ W \end{pmatrix} = \begin{pmatrix} \frac{4}{3a^2} & \frac{2}{3a^2} & 0 \\ \frac{2}{3a^2} & \frac{4}{3a^2} & 0 \\ 0 & 0 & \frac{1}{c^2} \end{pmatrix}\begin{pmatrix} h \\ k \\ l \end{pmatrix}$$

也即

$$\begin{cases} U = \frac{2}{3a^2}(2h+k) \\ V = \frac{2}{3a^2}(2k+h) \\ W = \frac{l}{c^2} \end{cases}$$

因此六方晶系(hkl)面的法线可以表示为$\left[2h+k \quad h+2k \quad \frac{3a^2}{2c^2}l\right]$。

而与晶向 $[UVW]$ 垂直的(hkl)晶面指数可通过下式求得：

$$\begin{pmatrix} h \\ k \\ l \end{pmatrix} = \begin{pmatrix} a^2 & \frac{-a^2}{2} & 0 \\ \frac{-a^2}{2} & a^2 & 0 \\ 0 & 0 & c^2 \end{pmatrix}\begin{pmatrix} U \\ V \\ W \end{pmatrix}$$

因此有 $h=\frac{a^2}{2}(2U-V)$，$k=\frac{a^2}{2}(2V-U)$，$l=c^2W$。

也就是说，与$[UVW]$ 晶向垂直的晶面指数为$\left(2U-V \quad 2V-U \quad \frac{2c^2}{a^2}W\right)$。

注意：从上面讨论中可以看到，对于六方晶系而言，晶面法线指数与轴比(c/a)密切相关。即使是同样的(111)面，六方晶系中，轴比不同的话，其对应的晶面法线指数也不同。这是因为轴比不同，晶面空间位向就不同。如果已知某一六方晶系晶体三轴坐标系中的晶面为(111)，其轴比 $c/a=1$，根据上面的讨论，它的法线指数为[221]；如果已知六方晶系某一晶

向指数为[111]，则与其垂直的晶面指数为(112)。

如果以 a_1、a_2、a_3、c 四轴坐标系来表示六方晶系中的晶面和晶向，则 $(hkil)$ 和 $[uvtw]$ 之间满足以下关系：

$$\begin{cases} u=\dfrac{1}{3}(2U-V)=\dfrac{1}{3}\cdot\dfrac{2h}{a^2}=\dfrac{2}{3a^2}h \\ v=\dfrac{1}{3}(2V-U)=\dfrac{1}{3}\cdot\dfrac{2k}{a^2}=\dfrac{2}{3a^2}k \\ t=-(u+v) \\ w=W=\dfrac{l}{c^2} \end{cases} \tag{6-12}$$

或者

$$\begin{cases} h=\dfrac{a^2}{2}(2U-V)=\dfrac{3a^2}{2}u \\ k=\dfrac{a^2}{2}(2V-U)=\dfrac{3a^2}{2}v \\ i=-(h+k) \\ l=c^2W=c^2w \end{cases} \tag{6-13}$$

也就是说四轴坐标系中，晶面 $(hkil)$ 的法向指数为 $[h\ k\ i\ \dfrac{3a^2}{2c^2}l]$，与晶向 $[uvtw]$ 垂直的晶面指数为 $(u\ v\ t\ \dfrac{2c^2}{3a^2}w)$。可见在六方晶系中，相比于三轴坐标系，四轴坐标系在讨论晶面及其法线等问题时表达更为简单。

6.5.2　各晶系的晶面间距公式的推导

根据 $|\boldsymbol{H}_{hkl}|=\dfrac{1}{d_{hkl}}=|h\boldsymbol{a}^*+k\boldsymbol{b}^*+l\boldsymbol{c}^*|$，将其两边平方可得

$$\frac{1}{d_{hkl}^2}=(h\boldsymbol{a}+k\boldsymbol{b}+l\boldsymbol{c})\cdot(h\boldsymbol{a}^*+k\boldsymbol{b}^*+l\boldsymbol{c}^*)$$

$$=h^2(a^*)^2+k^2(b^*)^2+l^2(c^*)^2+2hka^*b^*\cos\gamma^*+2klc^*b^*\cos\alpha^*+2lha^*c^*\cos\beta^*$$

将式(6-2)、式(6-10)代入上式，用正点阵晶格常数 a、b、c、α、β、γ 表示 a^*、b^*、c^*、α^*、β^*、γ^*，可以求得一般条件下(三斜晶系)的晶面间距公式：

$$\left(\frac{1}{d_{hkl}}\right)^2=\frac{\dfrac{h}{a}\begin{vmatrix}\dfrac{h}{a} & \cos\gamma & \cos\beta \\ \dfrac{k}{b} & 1 & \cos\alpha \\ \dfrac{l}{c} & \cos\alpha & 1\end{vmatrix}+\dfrac{k}{b}\begin{vmatrix}1 & \dfrac{h}{a} & \cos\beta \\ \cos\alpha & \dfrac{k}{b} & \cos\gamma \\ \cos\beta & \dfrac{l}{c} & 1\end{vmatrix}+\dfrac{l}{c}\begin{vmatrix}1 & \cos\gamma & \dfrac{h}{a} \\ \cos\gamma & 1 & \dfrac{k}{b} \\ \cos\beta & \cos\alpha & \dfrac{l}{c}\end{vmatrix}}{\begin{vmatrix}1 & \cos\gamma & \cos\beta \\ \cos\gamma & 1 & \cos\alpha \\ \cos\beta & \cos\alpha & 1\end{vmatrix}} \tag{6-14}$$

例 6-1　求立方晶系、四方晶系、正交晶系、单斜晶系、三方晶系、六方晶系的晶面间距公式。

解　(1) 立方晶系中，$a=b=c$，$\alpha=\beta=\gamma=90°$，代入式(6-14)，可得

$$d_{hkl}=\frac{a}{\sqrt{h^2+k^2+l^2}}$$

（2）对于四方晶系，$a=b\neq c$，$\alpha=\beta=\gamma=90°$，代入式（6-14），可得

$$\frac{1}{d_{hkl}^2}=\frac{h^2+k^2}{a^2}+\frac{l^2}{c^2}$$

（3）对于正交晶系，$a\neq b\neq c$，$\alpha=\beta=\gamma=90°$，代入式（6-14），可得

$$\frac{1}{d_{hkl}^2}=\frac{h^2}{a^2}+\frac{k^2}{b^2}+\frac{l^2}{c^2}$$

（4）对于单斜晶系，$a\neq b\neq c$，$\alpha=\gamma=90°$，$\beta\neq 90°$，代入式（6-14），可得

$$\frac{1}{d_{hkl}^2}=\frac{h^2}{a^2\sin^2\beta}+\frac{k^2}{b^2}+\frac{l^2}{c^2\sin\beta}-\frac{2hl\cos\beta}{ac\sin^2\beta}$$

（5）对于三方晶系，$a=b=c$，$\alpha=\beta=\gamma\neq 90°$，代入式（6-14），可得

$$\frac{1}{d_{hkl}^2}=\frac{(h^2+k^2+l^2)\sin^2\alpha+2(hk+kl+hl)(\cos^2\alpha-\cos\alpha)}{a^2(1-3\cos^2\alpha+2\cos^3\alpha)}$$

（6）对于六方晶系，$a=b\neq c$，$\alpha=\beta=90°$，$\gamma=120°$，代入式（6-14），可得

$$\frac{1}{d_{hkl}^2}=\frac{4(h^2+hk+k^2)}{3a^2}+\frac{l^2}{c^2}$$

6.5.3　平面间夹角的计算

由于正空间的一族平面相当于倒易空间的一个倒易点，并和该点对应的倒易矢量垂直，因此正空间两族平面的夹角等于它们对应的倒易矢量 $\boldsymbol{H}_{h_1k_1l_1}$ 与 $\boldsymbol{H}_{h_2k_2l_2}$ 之间的夹角，设此角为 φ，则有

$$\boldsymbol{H}_{h_1k_1l_1}\cdot\boldsymbol{H}_{h_2k_2l_2}=|\boldsymbol{H}_{h_1k_1l_1}|\cdot|\boldsymbol{H}_{h_2k_2l_2}|\cos\varphi$$

$$\cos\varphi=\frac{\boldsymbol{H}_{h_1k_1l_1}\cdot\boldsymbol{H}_{h_2k_2l_2}}{|\boldsymbol{H}_{h_1k_1l_1}||\boldsymbol{H}_{h_2k_2l_2}|}=(h_1\boldsymbol{a}^*+k_1\boldsymbol{b}^*+l_1\boldsymbol{c}^*)\cdot(h_2\boldsymbol{a}^*+k_2\boldsymbol{b}^*+l_2\boldsymbol{c}^*)d_{h_1k_1l_1}d_{h_2k_2l_2}$$

对于立方晶系，有

$$\cos\varphi=\frac{\boldsymbol{H}_{h_1k_1l_1}\cdot\boldsymbol{H}_{h_2k_2l_2}}{|\boldsymbol{H}_{h_1k_1l_1}||\boldsymbol{H}_{h_2k_2l_2}|}=\frac{(h_1h_2+k_1k_2+l_1l_2)}{a^2}d_{h_1k_1l_1}d_{h_2k_2l_2}$$

$$=\frac{h_1h_2+k_1k_2+l_1l_2}{\sqrt{h_1^2+k_1^2+l_1^2}\sqrt{h_2^2+k_2^2+l_2^2}}\quad(\because\ |\boldsymbol{H}_{hkl}|=1/d_{hkl})$$

6.5.4　两个平移矢量的矢积

若正点阵中有两个平移矢量 $\boldsymbol{N}_1$、$\boldsymbol{N}_2$，$\boldsymbol{N}_1=u_1\boldsymbol{a}+v_1\boldsymbol{b}+w_1\boldsymbol{c}$，$\boldsymbol{N}_2=u_2\boldsymbol{a}+v_2\boldsymbol{b}+w_2\boldsymbol{c}$，根据矢量的矢积公式，$\boldsymbol{A}\times(m\boldsymbol{B}+n\boldsymbol{C})=m\boldsymbol{A}\times\boldsymbol{B}+n\boldsymbol{A}\times\boldsymbol{C}$，它们的矢积是

$$\boldsymbol{N}_1\times\boldsymbol{N}_2=\begin{vmatrix}v_1 & w_1\\ v_2 & w_2\end{vmatrix}\boldsymbol{b}\times\boldsymbol{c}+\begin{vmatrix}w_1 & u_1\\ w_2 & u_2\end{vmatrix}\boldsymbol{c}\times\boldsymbol{a}+\begin{vmatrix}u_1 & v_1\\ u_2 & v_2\end{vmatrix}\boldsymbol{a}\times\boldsymbol{b}$$

又由于：

$$a^*=\frac{\boldsymbol{b}\times\boldsymbol{c}}{\nabla};b^*=\frac{\boldsymbol{c}\times\boldsymbol{a}}{\nabla};c^*=\frac{\boldsymbol{a}\times\boldsymbol{b}}{\nabla}$$

则有

$$\boldsymbol{N}_1\times\boldsymbol{N}_2=\nabla\begin{vmatrix}v_1 & w_1\\ v_2 & w_2\end{vmatrix}\boldsymbol{a}^*+\nabla\begin{vmatrix}w_1 & u_1\\ w_2 & u_2\end{vmatrix}\boldsymbol{b}^*+\nabla\begin{vmatrix}u_1 & v_1\\ u_2 & v_2\end{vmatrix}\boldsymbol{c}^* \tag{6-15}$$

所以，两个正点阵的平移矢量的矢积可以利用倒易基矢来表示。利用上述公式，还可获得下列有用关系：

在正点阵中，任意两个晶向$[u_1v_1w_1]$、$[u_2v_2w_2]$的矢积必垂直于该两个晶向所组成的平面，即矢积方向平行于这个平面的倒易矢量。若h、k、l为这个平面的指数，那么其倒易矢量为$\boldsymbol{H}_{hkl}=h\boldsymbol{a}^*+k\boldsymbol{b}^*+l\boldsymbol{c}^*$，而两个晶向$[u_1v_1w_1]$、$[u_2v_2w_2]$的矢积为

$$\boldsymbol{R}=\boldsymbol{N}_1\times\boldsymbol{N}_2=\nabla\begin{vmatrix}v_1 & w_1\\ v_2 & w_2\end{vmatrix}\boldsymbol{a}^*+\nabla\begin{vmatrix}w_1 & u_1\\ w_2 & u_2\end{vmatrix}\boldsymbol{b}^*+\nabla\begin{vmatrix}u_1 & v_1\\ u_2 & v_2\end{vmatrix}\boldsymbol{c}^*$$

因为$\boldsymbol{H}_{hkl}$平行于$\boldsymbol{R}$，则两个晶向指数与其所在的平面指数必存在如下关系：

$$\frac{h}{v_1w_2-v_2w_1}=\frac{k}{w_1u_2-w_2u_1}=\frac{l}{u_1v_2-u_2v_1}$$

6.5.5　晶带轴计算

设h_1、k_1、l_1和h_2、k_2、l_2是正点阵中两组平行晶面的密勒指数，与它们对应的两个倒易矢量的矢积必平行于它们的晶带轴，因此晶带轴的指数可以根据式(6-15)求得：

$$\frac{u}{k_1l_2-k_2l_1}=\frac{v}{l_1h_2-l_2h_1}=\frac{w}{h_1k_2-h_2k_1}$$

6.6　注 意 事 项

倒易点阵是一个十分重要的工具，在材料科学以及固体物理学中占有重要地位，对理解晶格格波、布里渊区、能带理论等固体物理相关知识十分重要，在材料的 X 射线衍射分析、透射电子显微分析等结构分析中具有十分重要的应用。在应用倒易点阵这一工具时，要注意以下几点：

(1) 晶体学定义的倒易矢量与固体物理学中定义的倒易矢量只差一个常数 2π，本质上来说二者是相同的，因此有些晶体学书籍也采用固体物理学中的倒易矢量定义方法。

(2) 倒易点阵和正点阵互为倒易点阵，正点阵的长度单位为 Å，倒易点阵的长度单位则为 1/Å。

(3) 如果晶体点阵单胞为初基格子，则倒易点阵也是初基格子。如果单胞为非初基格子，则倒易点阵单胞也为非初基格子，但两种单胞的带心形式不一定相同。例如，底心或侧心点阵单胞的倒易点阵单胞仍为底心或侧心格子；体心点阵的倒易点阵则为面心点阵；而面心点阵的倒易点阵则为体心点阵。

习题六

6-1　初基四方点阵$a=2.4$ Å，$c=7.2$ Å，作它的$h0l$倒易点阵截面，并指数化，且限制$-4\leqslant h\leqslant 4$，$-4\leqslant l\leqslant 4$，作图时注明比例尺。

6-2　已知 γ-Fe 属面心立方晶体，$a=3.6$ Å，作$(100)^*$、$(110)^*$、$(111)^*$倒易截面上倒易点，标定指数($-4\leqslant H,K,L\leqslant 4$)。

6-3　已知 FeC 属正交晶系，$a=4.52$ Å，$b=5.089$ Å，$c=6.743$ Å，作$(100)^*$、$(110)^*$、

$(111)^*$倒易截面上倒易点，并标定各点($-4 \leqslant H,K,L \leqslant 4$)。

6-4 任取立方晶系[111]晶带中两个晶面的倒易点，若它们的倒易矢量不在一个方向上，求这两个倒易矢量的长度和其夹角。

6-5 画出二维六方格子和二维正交格子的第一、第二布里渊区。

6-6 证明非初基的面心立方格子的倒易格子为体心立方格子；底心格子的倒易格子仍为底心格子；三方点阵中取出的非初基六方格子的倒易格子为三方初基格子。并作出相应的倒易格子图形，作图时应注意正倒空间之间的比例。

6-7 指出 A、B、C 三种倒易点阵中哪一个与正点阵(以“+”标记的阵点)是互为倒易的，如图 6-7 所示。

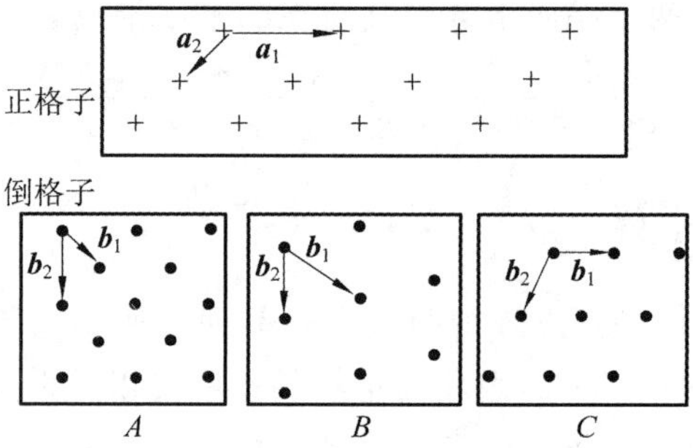

图 6-7　题 6-7 图

第 7 章　晶体的坐标变换

由前述内容可知，原胞有多种选定方法，每一种对应一种特定的坐标定向。实际上，在处理晶体学的一些问题中，常常需要将一种定向平行六面体转换为另一种定向平行六面体。由于晶体点阵是固定的，因此原子排列也是不变的。所谓转换，实际上是从一种坐标系转换到另一个坐标系，这种转换称为晶体坐标转换。坐标系转换后，晶体中的点、晶向以及晶面指数、倒易点阵坐标及其指数等也将随之发生变化。

7.1　晶体定向转换的基本公式

如果原来坐标系中平行六面体的三个单位矢量分别为$\{\boldsymbol{a},\boldsymbol{b},\boldsymbol{c}\}$，坐标转换后的平行六面体三个矢量为$\{\boldsymbol{A},\boldsymbol{B},\boldsymbol{C}\}$，则可以参照$\{\boldsymbol{a},\boldsymbol{b},\boldsymbol{c}\}$坐标系写出$\{\boldsymbol{A},\boldsymbol{B},\boldsymbol{C}\}$表达式：

$$\begin{cases}\boldsymbol{A}=\alpha_{11}\boldsymbol{a}+\alpha_{12}\boldsymbol{b}+\alpha_{13}\boldsymbol{c}\\ \boldsymbol{B}=\alpha_{21}\boldsymbol{a}+\alpha_{22}\boldsymbol{b}+\alpha_{23}\boldsymbol{c}\\ \boldsymbol{C}=\alpha_{31}\boldsymbol{a}+\alpha_{32}\boldsymbol{b}+\alpha_{33}\boldsymbol{c}\end{cases}\tag{7-1}$$

由式(7-1)解出 $\boldsymbol{a},\boldsymbol{b},\boldsymbol{c}$ 得

$$\begin{cases}\boldsymbol{a}=\beta_{11}\boldsymbol{A}+\beta_{12}\boldsymbol{B}+\beta_{13}\boldsymbol{C}\\ \boldsymbol{b}=\beta_{21}\boldsymbol{A}+\beta_{22}\boldsymbol{B}+\beta_{23}\boldsymbol{C}\\ \boldsymbol{c}=\beta_{31}\boldsymbol{A}+\beta_{32}\boldsymbol{B}+\beta_{33}\boldsymbol{C}\end{cases}\tag{7-2}$$

这样，根据式(7-1)、式(7-2)即可实现新旧坐标系中阵点、晶向及晶面指数之间的相互转换。

7.2　点坐标和晶向指数转换公式

式(7-1)和式(7-2)是晶体定向转换的基本公式，从它们可以导出阵点坐标、晶向指数和晶面指数的转换公式。设空间点阵中任意阵点 R 在$\{\boldsymbol{a},\boldsymbol{b},\boldsymbol{c}\}$坐标系中的坐标为$(x,y,z)$，在$\{\boldsymbol{A},\boldsymbol{B},\boldsymbol{C}\}$坐标系中的坐标为$(X,Y,Z)$，于是可以得到：

$$\overrightarrow{OR}=x\boldsymbol{a}+y\boldsymbol{b}+z\boldsymbol{c}=X\boldsymbol{A}+Y\boldsymbol{B}+Z\boldsymbol{C}\tag{7-3}$$

将式(7-2)代入上式，移项并合并 $\boldsymbol{A}$、$\boldsymbol{B}$、$\boldsymbol{C}$ 同类项，再比较它们的系数，即得

$$\begin{cases}X=\beta_{11}x+\beta_{21}y+\beta_{31}z\\ Y=\beta_{12}x+\beta_{22}y+\beta_{32}z\\ Z=\beta_{13}x+\beta_{23}y+\beta_{33}z\end{cases}\tag{7-4}$$

由此式再可解得(x,y,z)的表达式：

$$\begin{cases} x = \alpha_{11}X + \alpha_{21}Y + \alpha_{31}Z \\ y = \alpha_{12}X + \alpha_{23}Y + \alpha_{32}Z \\ z = \alpha_{13}X + \alpha_{23}Y + \alpha_{33}Z \end{cases} \tag{7-5}$$

式(7-4)为由{$\boldsymbol{a},\boldsymbol{b},\boldsymbol{c}$}坐标系变换到{$\boldsymbol{A},\boldsymbol{B},\boldsymbol{C}$}坐标系中的点坐标变换公式，式(7-5)为由{$\boldsymbol{A},\boldsymbol{B},\boldsymbol{C}$}坐标系变换到{$\boldsymbol{a},\boldsymbol{b},\boldsymbol{c}$}坐标系的阵点坐标的转换公式。

假设[$u\ v\ w$]和[$U\ V\ W$]分别为同一晶向在{$\boldsymbol{a},\boldsymbol{b},\boldsymbol{c}$}坐标系和{$\boldsymbol{A},\boldsymbol{B},\boldsymbol{C}$}坐标系中的晶向指数，根据第四章介绍的由阵点坐标求晶向指数的方法，利用式(7-4)和式(7-5)也可以得出它们之间的转换公式：

$$\begin{cases} U = \beta_{11}u + \beta_{21}v + \beta_{31}w \\ V = \beta_{12}u + \beta_{22}v + \beta_{32}w \\ W = \beta_{13}u + \beta_{23}v + \beta_{33}w \end{cases} \tag{7-6}$$

$$\begin{cases} u = \alpha_{11}U + \alpha_{21}V + \alpha_{31}W \\ v = \alpha_{12}U + \alpha_{22}V + \alpha_{32}W \\ w = \alpha_{13}U + \alpha_{23}V + \alpha_{33}W \end{cases} \tag{7-7}$$

7.3 晶面指数的转换公式

设一点阵平面族在{$\boldsymbol{a},\boldsymbol{b},\boldsymbol{c}$}坐标系中的指数为($hkl$)，在($\boldsymbol{A},\boldsymbol{B},\boldsymbol{C}$)坐标系中指数为($HKL$)。根据晶面指数的定义，该平面族中过原点的平面，无论参照的是{$\boldsymbol{a},\boldsymbol{b},\boldsymbol{c}$}坐标系还是($\boldsymbol{A},\boldsymbol{B},\boldsymbol{C}$)坐标系，其方程式中的常数项均为零，故得

$$hx + ky + zl = HX + KY + LZ = 0 \tag{7-8}$$

将式(7-5)代入上式，移项并合并 X、Y、Z 同类项，再比较它们的系数，即得

$$\begin{cases} H = \alpha_{11}h + \alpha_{12}k + \alpha_{13}l \\ K = \alpha_{21}h + \alpha_{22}k + \alpha_{23}l \\ L = \alpha_{31}h + \alpha_{32}k + \alpha_{33}l \end{cases} \tag{7-9}$$

由上式再可解得 h、k、l 的表达式：

$$\begin{cases} h = \beta_{11}H + \beta_{12}K + \beta_{13}L \\ k = \beta_{21}H + \beta_{22}K + \beta_{23}L \\ l = \beta_{31}H + \beta_{32}K + \beta_{33}L \end{cases} \tag{7-10}$$

式(7-9)和式(7-10)是平面指数转换公式。

设{$\boldsymbol{a},\boldsymbol{b},\boldsymbol{c}$}坐标系中格子的体积为 v。($\boldsymbol{A},\boldsymbol{B},\boldsymbol{C}$)坐标系中格子的体积为 V，则有

$$\begin{cases} v = (\boldsymbol{a}\times\boldsymbol{b})\cdot\boldsymbol{c} = (\boldsymbol{b}\times\boldsymbol{c})\cdot\boldsymbol{a} = (\boldsymbol{c}\times\boldsymbol{a})\cdot\boldsymbol{b} \\ V = (\boldsymbol{A}\times\boldsymbol{B})\cdot\boldsymbol{C} = (\boldsymbol{B}\times\boldsymbol{C})\cdot\boldsymbol{A} = (\boldsymbol{C}\times\boldsymbol{A})\cdot\boldsymbol{B} \end{cases} \tag{7-11}$$

以式(7-1)代入式(7-11)：

$$\begin{aligned} V &= [(\alpha_{11}\boldsymbol{a} + \alpha_{12}\boldsymbol{b} + \alpha_{13}\boldsymbol{c}) \times (\alpha_{21}\boldsymbol{a} + \alpha_{22}\boldsymbol{b} + \alpha_{23}\boldsymbol{c})] \cdot (\alpha_{31}\boldsymbol{a} + \alpha_{32}\boldsymbol{b} + \alpha_{33}\boldsymbol{c}) \\ &= (\alpha_{12}\alpha_{21}\boldsymbol{b}\times\boldsymbol{a} + \alpha_{13}\alpha_{21}\boldsymbol{c}\times\boldsymbol{a} + \alpha_{11}\alpha_{22}\boldsymbol{a}\times\boldsymbol{b} + \alpha_{13}\alpha_{22}\boldsymbol{c}\times\boldsymbol{b} + \alpha_{11}\alpha_{23}\boldsymbol{a}\times\boldsymbol{c} + \alpha_{12}\alpha_{23}\boldsymbol{b}\times\boldsymbol{c}) \\ &\quad \cdot (\alpha_{31}\boldsymbol{a} + \alpha_{32}\boldsymbol{b} + \alpha_{33}\boldsymbol{c}) \\ &= (\alpha_{11}\alpha_{22}\alpha_{33} + \alpha_{12}\alpha_{23}\alpha_{31} + \alpha_{13}\alpha_{21}\alpha_{32} - \alpha_{11}\alpha_{23}\alpha_{32} - \alpha_{12}\alpha_{21}\alpha_{33} - \alpha_{13}\alpha_{22}\alpha_{31})[(\boldsymbol{a}\times\boldsymbol{b})\cdot\boldsymbol{c})] \end{aligned} \tag{7-12}$$

所以有

$$V = \begin{vmatrix} \alpha_{11} & \alpha_{12} & \alpha_{13} \\ \alpha_{21} & \alpha_{22} & \alpha_{23} \\ \alpha_{31} & \alpha_{32} & \alpha_{33} \end{vmatrix} v \tag{7-13}$$

同样有

$$v = \begin{vmatrix} \beta_{11} & \beta_{12} & \beta_{13} \\ \beta_{21} & \beta_{22} & \beta_{23} \\ \beta_{31} & \beta_{32} & \beta_{33} \end{vmatrix} V \tag{7-14}$$

7.4　十四种布拉维格子对应的倒易格子

第三章已经介绍，尽管晶体种类成千上万，但所有晶体结构中，只有 14 种布拉维点阵(格子)，其中 7 种是初基格子，另 7 种为非初基格子。对于其中 7 种初基格子，根据倒易点阵的定义，可以得到相应的倒易格子，其倒易格子也是相应的初基格子。而另 7 种非初基格子是由 7 种初基格子通过在格子的中心、侧面以及上下底面加心得到。这些非初基格子中的有些格子，转换成倒易点阵时，有些晶面在倒易点阵中将不会有相应的倒易点与之对应，它们的倒易点将消失。虽然非初基格子在倒易点阵中也能得到相应的倒易格子，但格子的端点处不一定有倒易点，很显然，这样的格子不是倒易点阵的单胞。也就是说，相应倒易点阵的布拉维格子的类型和对称性会发生变化。

那么，怎样才能得到与有心正点阵单胞对应的倒易点阵单胞呢？首先要将 7 种非初基格子变换为初基格子，再将初基格子转换成对应的倒易格子。由于非初基格子中可以画出多种初基格子，为便于得到相应的倒易点阵，将有心非初基格子变换为初基格子时应遵循以下规则：

(1) 必须先固定非初基格子位置，这样才能确定它与初基格子之间的相互位置关系。

(2) 转换过程尽可能最简，使转换矩阵中的元素不是 0 就是 1/2。

7.4.1　非初基布拉维格子转换成初基格子

下面分别以底心、体心以及面心格子为例，说明其初基格子的选取及其转换矩阵。

1. 底心格子转换成初基格子

底心格子(C)中初基格子(P)的选取如图 7-1 所示。

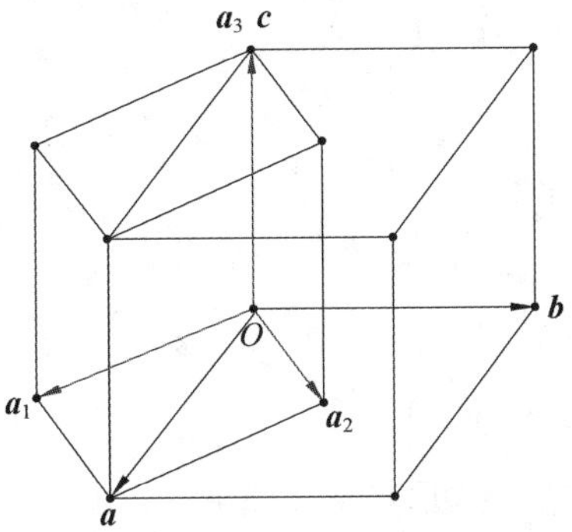

图 7-1　底心非初基格子到初基格子的转换

底心非初基格子转换成初级格子的转换过程可写为

$$\begin{pmatrix} \boldsymbol{a}_1 \\ \boldsymbol{a}_2 \\ \boldsymbol{a}_3 \end{pmatrix} = \begin{pmatrix} \frac{1}{2} & -\frac{1}{2} & 0 \\ \frac{1}{2} & \frac{1}{2} & 0 \\ 0 & 0 & 1 \end{pmatrix} \begin{pmatrix} \boldsymbol{a} \\ \boldsymbol{b} \\ \boldsymbol{c} \end{pmatrix} \tag{7-15}$$

转换矩阵 $\boldsymbol{M}$ 为

$$\boldsymbol{M}_{C\to P} = \begin{pmatrix} \frac{1}{2} & -\frac{1}{2} & 0 \\ \frac{1}{2} & \frac{1}{2} & 0 \\ 0 & 0 & 1 \end{pmatrix} \tag{7-16}$$

2. 体心格子转换成初基格子

体心非初基格子(I)中的初基格子选取如图 7-2 所示。

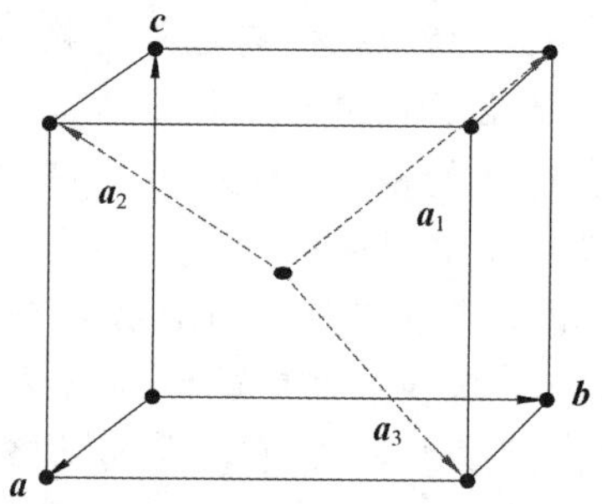

图 7-2　体心非初基格子到初基格子的转换

转换过程可写为

$$\begin{pmatrix} \boldsymbol{a}_1 \\ \boldsymbol{a}_2 \\ \boldsymbol{a}_3 \end{pmatrix} = \begin{pmatrix} -\frac{1}{2} & \frac{1}{2} & \frac{1}{2} \\ \frac{1}{2} & -\frac{1}{2} & \frac{1}{2} \\ \frac{1}{2} & \frac{1}{2} & -\frac{1}{2} \end{pmatrix} \begin{pmatrix} \boldsymbol{a} \\ \boldsymbol{b} \\ \boldsymbol{c} \end{pmatrix} \tag{7-17}$$

转换矩阵为

$$\boldsymbol{M}_{I\to P} = \begin{pmatrix} -\frac{1}{2} & \frac{1}{2} & \frac{1}{2} \\ \frac{1}{2} & -\frac{1}{2} & \frac{1}{2} \\ \frac{1}{2} & \frac{1}{2} & -\frac{1}{2} \end{pmatrix} \tag{7-18}$$

3. 面心格子转换成初基格子

面心非初基格子中的初基格子选取如图 7-3 所示。

转换过程可写为

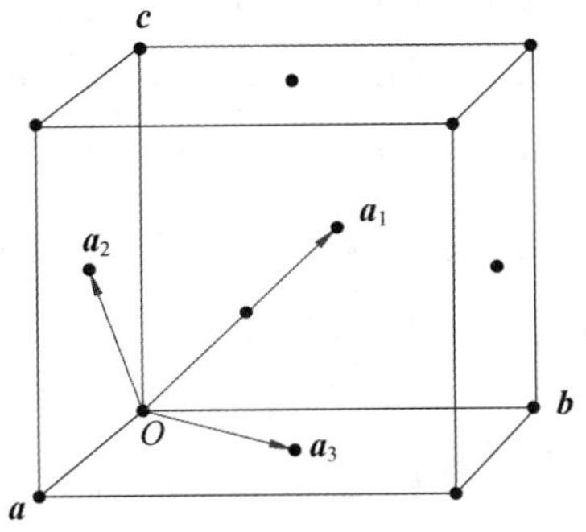

图 7-3　面心非初基格子到初基格子的转换

$$\begin{pmatrix} \boldsymbol{a}_1 \\ \boldsymbol{a}_2 \\ \boldsymbol{a}_3 \end{pmatrix} = \begin{pmatrix} 0 & \frac{1}{2} & \frac{1}{2} \\ \frac{1}{2} & 0 & \frac{1}{2} \\ \frac{1}{2} & \frac{1}{2} & 0 \end{pmatrix} \begin{pmatrix} \boldsymbol{a} \\ \boldsymbol{b} \\ \boldsymbol{c} \end{pmatrix} \tag{7-19}$$

转换矩阵为

$$\boldsymbol{M}_{F\to P} = \begin{pmatrix} 0 & \frac{1}{2} & \frac{1}{2} \\ \frac{1}{2} & 0 & \frac{1}{2} \\ \frac{1}{2} & \frac{1}{2} & 0 \end{pmatrix} \tag{7-20}$$

7.4.2　非初基布拉维格子的倒易格子

确定上述初基格子及其基矢后，再根据倒易点阵的定义，确定相应倒易点阵的基矢，再由其确定相应倒易点阵中的单胞。以下再以底心、体心以及面心格子为例进行说明。

1. 底心格子的倒易格子

根据上面的讨论，底心格子转换成初基格子后的基矢可以表示为

$$\begin{cases} \boldsymbol{a}_1 = \frac{1}{2}\boldsymbol{a} - \frac{1}{2}\boldsymbol{b} \\ \boldsymbol{a}_2 = \frac{1}{2}\boldsymbol{a} + \frac{1}{2}\boldsymbol{b} \\ \boldsymbol{a}_3 = \boldsymbol{c} \end{cases} \tag{7-21}$$

设 $\boldsymbol{a}^*$、$\boldsymbol{b}^*$、$\boldsymbol{c}^*$ 为与 $\boldsymbol{a}$、$\boldsymbol{b}$、$\boldsymbol{c}$ 对应的倒易空间的坐标基矢。$\boldsymbol{a}_1^*$、$\boldsymbol{a}_2^*$、$\boldsymbol{a}_3^*$ 为倒易空间的初基格子的基矢。那么，$\boldsymbol{a}_1^*$、$\boldsymbol{a}_2^*$、$\boldsymbol{a}_3^*$ 可以表示为 $\boldsymbol{a}^*$、$\boldsymbol{b}^*$、$\boldsymbol{c}^*$ 的线性组合：

$$\begin{cases} \boldsymbol{a}_1^* = h_1\boldsymbol{a}^* + k_1\boldsymbol{b}^* + l_1\boldsymbol{c}^* \\ \boldsymbol{a}_2^* = h_2\boldsymbol{a}^* + k_2\boldsymbol{b}^* + l_2\boldsymbol{c}^* \\ \boldsymbol{a}_3^* = h_3\boldsymbol{a}^* + k_3\boldsymbol{b}^* + l_3\boldsymbol{c}^* \end{cases} \tag{7-22}$$

根据式(6-1)将上述方程组中的第一个方程两边分别乘以 $\boldsymbol{a}_1$、$\boldsymbol{a}_2$、$\boldsymbol{a}_3$。

可得：

$$\begin{cases} \boldsymbol{a}_1^* \cdot \boldsymbol{a}_1 = h_1\boldsymbol{a}^* \cdot \boldsymbol{a}_1 + k_1\boldsymbol{b}^* \cdot \boldsymbol{a}_1 + l_1\boldsymbol{c}^* \cdot \boldsymbol{a}_1 = 1 \\ \boldsymbol{a}_1^* \cdot \boldsymbol{a}_2 = h_1\boldsymbol{a}^* \cdot \boldsymbol{a}_2 + k_1\boldsymbol{b}^* \cdot \boldsymbol{a}_2 + l_1\boldsymbol{c}^* \cdot \boldsymbol{a}_2 = 0 \\ \boldsymbol{a}_1^* \cdot \boldsymbol{a}_3 = h_1\boldsymbol{a}^* \cdot \boldsymbol{a}_3 + k_1\boldsymbol{b}^* \cdot \boldsymbol{a}_3 + l_1\boldsymbol{c}^* \cdot \boldsymbol{a}_3 = 0 \end{cases} \tag{7-23}$$

将 $\boldsymbol{a}_1=\frac{1}{2}\boldsymbol{a}-\frac{1}{2}\boldsymbol{b}$、$\boldsymbol{a}_2=\frac{1}{2}\boldsymbol{a}+\frac{1}{2}\boldsymbol{b}$、$\boldsymbol{a}_3=\boldsymbol{c}$ 代入上式，考虑到 $\boldsymbol{a}^*$、$\boldsymbol{b}^*$、$\boldsymbol{c}^*$ 与 $\boldsymbol{a}$、$\boldsymbol{b}$、$\boldsymbol{c}$ 互为倒易矢量，可得 $h_1=1,k_1=-1,l_1=0$。同理可以得到 $h_2=k_2=1,l_2=0;h_3=k_3=0,l_3=1$。

所以：

$$\begin{cases} \boldsymbol{a}_1^* = \boldsymbol{a}^* - \boldsymbol{b}^* \\ \boldsymbol{a}_2^* = \boldsymbol{a}^* + \boldsymbol{b}^* \\ \boldsymbol{a}_3^* = \boldsymbol{c}^* \end{cases} \tag{7-24}$$

也即

$$\begin{pmatrix} \boldsymbol{a}_1^* \\ \boldsymbol{a}_2^* \\ \boldsymbol{a}_3^* \end{pmatrix} = \begin{pmatrix} 1 & -1 & 0 \\ 1 & 1 & 0 \\ 0 & 0 & 1 \end{pmatrix} \begin{pmatrix} \boldsymbol{a}^* \\ \boldsymbol{b}^* \\ \boldsymbol{c}^* \end{pmatrix} = \begin{pmatrix} \frac{1}{2} & -\frac{1}{2} & 0 \\ \frac{1}{2} & \frac{1}{2} & 0 \\ 0 & 0 & 1 \end{pmatrix} \begin{pmatrix} 2\boldsymbol{a}^* \\ 2\boldsymbol{b}^* \\ \boldsymbol{c}^* \end{pmatrix} = \begin{pmatrix} \frac{1}{2} & -\frac{1}{2} & 0 \\ \frac{1}{2} & \frac{1}{2} & 0 \\ 0 & 0 & 1 \end{pmatrix} \begin{pmatrix} \boldsymbol{A}^* \\ \boldsymbol{B}^* \\ \boldsymbol{C}^* \end{pmatrix} \tag{7-25}$$

而上式最右边的系数矩阵正好是底心晶格转变为初级格子的转换矩阵 $\boldsymbol{M}_{C\to P}$。因此 $\boldsymbol{A}^*=2\boldsymbol{a}^*$、$\boldsymbol{B}^*=2\boldsymbol{b}^*$、$\boldsymbol{C}^*=\boldsymbol{c}^*$ 为底心倒易单胞的基矢。与底心正点阵对应的是单胞基矢为 $\boldsymbol{A}^*$、$\boldsymbol{B}^*$、$\boldsymbol{C}^*$ 的底心倒易点阵，如图 7-4 所示。

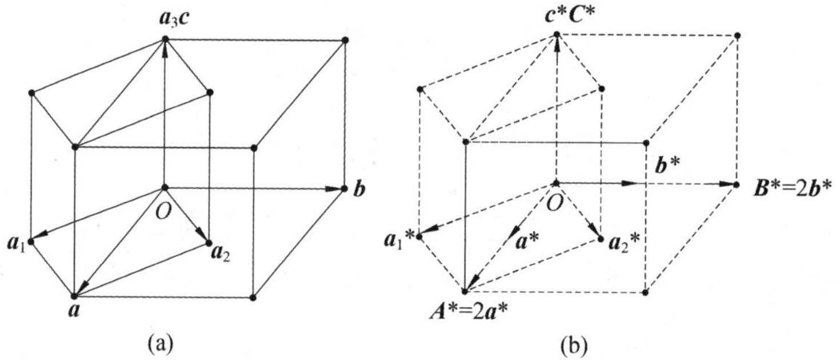

图 7-4　底心晶格的初基和非初基格子(单胞)

(a) 正点阵；(b) 倒易点阵

2. 体心格子的倒易格子

根据体心格子和其初基格子的转换矩阵，可得

$$\begin{cases} \boldsymbol{a}_1 = -\frac{1}{2}\boldsymbol{a} + \frac{1}{2}\boldsymbol{b} + \frac{1}{2}\boldsymbol{c} \\ \boldsymbol{a}_2 = \frac{1}{2}\boldsymbol{a} - \frac{1}{2}\boldsymbol{b} + \frac{1}{2}\boldsymbol{c} \\ \boldsymbol{a}_3 = \frac{1}{2}\boldsymbol{a} + \frac{1}{2}\boldsymbol{b} - \frac{1}{2}\boldsymbol{c} \end{cases} \tag{7-26}$$

与底心正格子的情况相似，$\boldsymbol{a}^*$、$\boldsymbol{b}^*$、$\boldsymbol{c}^*$ 为与 $\boldsymbol{a}$、$\boldsymbol{b}$、$\boldsymbol{c}$ 对应的倒易空间的坐标基矢。$\boldsymbol{a}_1^*$、$\boldsymbol{a}_2^*$、$\boldsymbol{a}_3^*$ 为倒易空间的初基格子的基矢。那么，$\boldsymbol{a}_1^*$、$\boldsymbol{a}_2^*$、$\boldsymbol{a}_3^*$ 可以表示为 $\boldsymbol{a}^*$、$\boldsymbol{b}^*$、$\boldsymbol{c}^*$ 的线性组合：

$$\begin{cases} \boldsymbol{a}_1^* = h_1\boldsymbol{a}^* + k_1\boldsymbol{b}^* + l_1\boldsymbol{c}^* \\ \boldsymbol{a}_2^* = h_2\boldsymbol{a}^* + k_2\boldsymbol{b}^* + l_2\boldsymbol{c}^* \\ \boldsymbol{a}_3^* = h_3\boldsymbol{a}^* + k_3\boldsymbol{b}^* + l_3\boldsymbol{c}^* \end{cases} \tag{7-27}$$

根据式(6-1)将上述方程组中的第一个方程两边分别乘以 $\boldsymbol{a}_1$、$\boldsymbol{a}_2$、$\boldsymbol{a}_3$ 后可得：

$$\begin{cases} \boldsymbol{a}_1^* \cdot \boldsymbol{a}_1 = h_1\boldsymbol{a}^* \cdot \boldsymbol{a}_1 + k_1\boldsymbol{b}^* \cdot \boldsymbol{a}_1 + l_1\boldsymbol{c}^* \cdot \boldsymbol{a}_1 = 1 \\ \boldsymbol{a}_1^* \cdot \boldsymbol{a}_2 = h_1\boldsymbol{a}^* \cdot \boldsymbol{a}_2 + k_1\boldsymbol{b}^* \cdot \boldsymbol{a}_2 + l_1\boldsymbol{c}^* \cdot \boldsymbol{a}_2 = 0 \\ \boldsymbol{a}_1^* \cdot \boldsymbol{a}_3 = h_1\boldsymbol{a}^* \cdot \boldsymbol{a}_3 + k_1\boldsymbol{b}^* \cdot \boldsymbol{a}_3 + l_1\boldsymbol{c}^* \cdot \boldsymbol{a}_3 = 0 \end{cases} \tag{7-28}$$

再将式(7-26)代入后，考虑到 $\boldsymbol{a}^*$、$\boldsymbol{b}^*$、$\boldsymbol{c}^*$ 与 $\boldsymbol{a}$、$\boldsymbol{b}$、$\boldsymbol{c}$ 互为倒易矢量，可得 $h_1=0, k_1=1, l_1=1$。同理可以得到 $h_2=1, k_2=0, l_2=1$；$h_3=1, k_3=1, l_3=0$。所以有

$$\begin{cases} \boldsymbol{a}_1^* = \boldsymbol{b}^* + \boldsymbol{c}^* \\ \boldsymbol{a}_2^* = \boldsymbol{a}^* + \boldsymbol{c}^* \\ \boldsymbol{a}_3^* = \boldsymbol{a}^* + \boldsymbol{b}^* \end{cases} \tag{7-29}$$

也即

$$\begin{pmatrix} \boldsymbol{a}_1^* \\ \boldsymbol{a}_2^* \\ \boldsymbol{a}_3^* \end{pmatrix} = \begin{pmatrix} 0 & 1 & 1 \\ 1 & 0 & 1 \\ 1 & 1 & 0 \end{pmatrix} \begin{pmatrix} \boldsymbol{a}^* \\ \boldsymbol{b}^* \\ \boldsymbol{c}^* \end{pmatrix} = \begin{pmatrix} 0 & \frac{1}{2} & \frac{1}{2} \\ \frac{1}{2} & 0 & \frac{1}{2} \\ \frac{1}{2} & \frac{1}{2} & 0 \end{pmatrix} \begin{pmatrix} 2\boldsymbol{a}^* \\ 2\boldsymbol{b}^* \\ 2\boldsymbol{c}^* \end{pmatrix} = \begin{pmatrix} 0 & \frac{1}{2} & \frac{1}{2} \\ \frac{1}{2} & 0 & \frac{1}{2} \\ \frac{1}{2} & \frac{1}{2} & 0 \end{pmatrix} \begin{pmatrix} \boldsymbol{A}^* \\ \boldsymbol{B}^* \\ \boldsymbol{C}^* \end{pmatrix} \tag{7-30}$$

上式最右边的系数矩阵正好是面心晶格转变为初级格子的转换矩阵 $\boldsymbol{M}_{F\to P}$，因此，$\boldsymbol{A}^*=2\boldsymbol{a}^*$、$\boldsymbol{B}^*=2\boldsymbol{b}^*$、$\boldsymbol{C}^*=2\boldsymbol{c}^*$ 为一面心倒易格子的基矢。这个面心倒易格子就是与体心正格子相应的倒易格子。因此，与体心正点阵对应的是单胞基矢为 $\boldsymbol{A}^*$、$\boldsymbol{B}^*$、$\boldsymbol{C}^*$ 的面心倒易点阵，如图 7-5 所示。

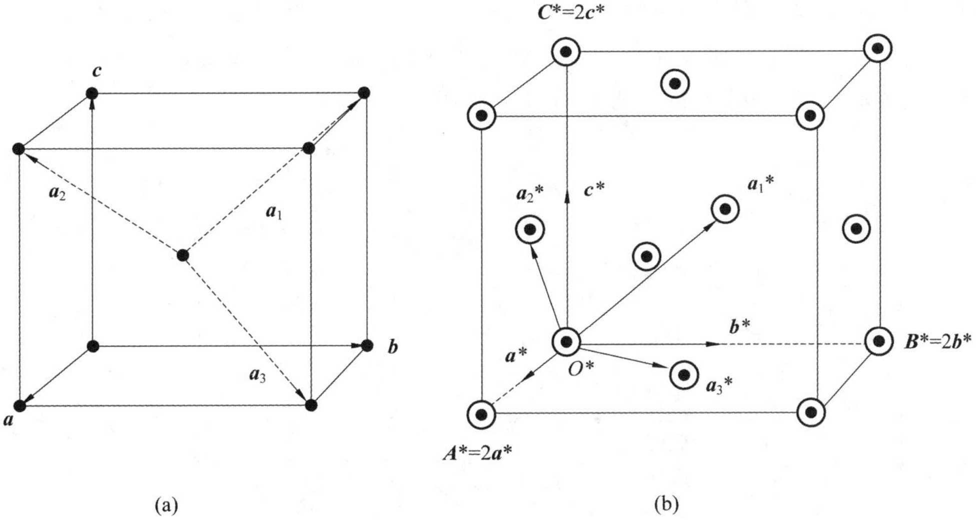

图 7-5　体心正点阵单胞、基矢以及初基格子的单位矢量(a)；
体心正点阵的倒易点阵(面心点阵)单胞及相应的倒易矢量(b)

3. 面心格子的倒易格子

根据面心立方初基点阵和非初基点阵的转换矩阵，可得

$$\begin{cases} \boldsymbol{a}_1 = \dfrac{1}{2}\boldsymbol{b} + \dfrac{1}{2}\boldsymbol{c} \\ \boldsymbol{a}_2 = \dfrac{1}{2}\boldsymbol{a} + \dfrac{1}{2}\boldsymbol{c} \\ \boldsymbol{a}_3 = \dfrac{1}{2}\boldsymbol{a} + \dfrac{1}{2}\boldsymbol{b} \end{cases} \tag{7-31}$$

采用与底心点阵、体心点阵相同的步骤，可得

$$\begin{cases} \boldsymbol{a}_1^* = -\boldsymbol{a}^* + \boldsymbol{b}^* + \boldsymbol{c}^* \\ \boldsymbol{a}_2^* = \boldsymbol{a}^* - \boldsymbol{b}^* + \boldsymbol{c}^* \\ \boldsymbol{a}_3^* = \boldsymbol{a}^* + \boldsymbol{b}^* - \boldsymbol{c}^* \end{cases} \tag{7-32}$$

也即

$$\begin{pmatrix} \boldsymbol{a}_1^* \\ \boldsymbol{a}_2^* \\ \boldsymbol{a}_3^* \end{pmatrix} = \begin{pmatrix} -1 & 1 & 1 \\ 1 & -1 & 1 \\ 1 & 1 & -1 \end{pmatrix} \begin{pmatrix} \boldsymbol{a}^* \\ \boldsymbol{b}^* \\ \boldsymbol{c}^* \end{pmatrix} = \begin{pmatrix} -\frac{1}{2} & \frac{1}{2} & \frac{1}{2} \\ \frac{1}{2} & -\frac{1}{2} & \frac{1}{2} \\ \frac{1}{2} & \frac{1}{2} & -\frac{1}{2} \end{pmatrix} \begin{pmatrix} 2\boldsymbol{a}^* \\ 2\boldsymbol{b}^* \\ 2\boldsymbol{c}^* \end{pmatrix} = \begin{pmatrix} -\frac{1}{2} & \frac{1}{2} & \frac{1}{2} \\ \frac{1}{2} & -\frac{1}{2} & \frac{1}{2} \\ \frac{1}{2} & \frac{1}{2} & -\frac{1}{2} \end{pmatrix} \begin{pmatrix} \boldsymbol{A}^* \\ \boldsymbol{B}^* \\ \boldsymbol{C}^* \end{pmatrix} \tag{7-33}$$

上式最右边的系数矩阵正好是体心晶格转变为初级格子的转换矩阵 $\boldsymbol{M}_{I\to P}$，因此 $\boldsymbol{A}^* = 2\boldsymbol{a}^*$、$\boldsymbol{B}^* = 2\boldsymbol{b}^*$、$\boldsymbol{C}^* = 2\boldsymbol{c}^*$ 为一体心倒易格子的基矢。这个体心倒易格子就是与面心正格子相应的倒易格子。因此与面心正点阵对应的是单胞基矢为 $\boldsymbol{A}^*$、$\boldsymbol{B}^*$、$\boldsymbol{C}^*$ 的体心倒易点阵，如图 7-6 所示。

总之，与 14 种布拉维格子对应的倒易格子仍然是 14 种，除 7 种初基格子之外，7 种非初基格子的倒易格子与正点阵不完全相同。底心格子的倒易格子仍是底心格子，面心格子的倒易格子是体心格子，而体心格子的倒易格子则是面心格子。

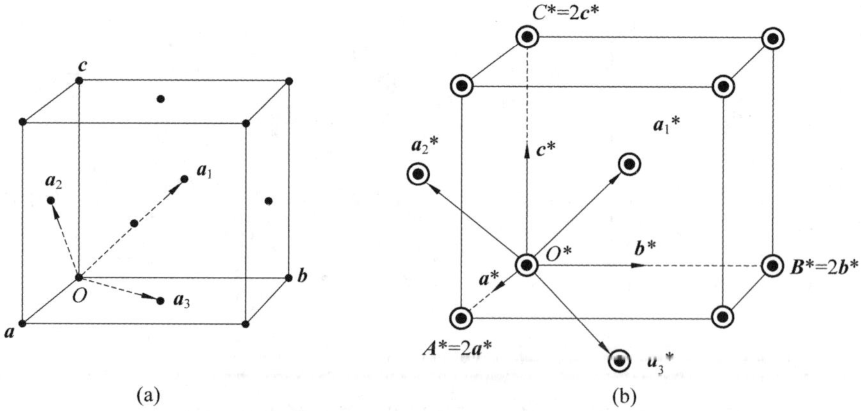

图 7-6　面心正点阵单胞、基矢以及初基格子的单位矢量(a)；面心正点阵的倒易点阵(体心点阵)单胞及相应的倒易矢量(b)

7.5　非初基布拉维格子的(*hkl*)晶面在倒易点阵中出现的条件

通过上面的推导可知，非初基布拉维格子的倒易点阵单胞的三基矢并不是与正点阵单胞 $\boldsymbol{a}$、$\boldsymbol{b}$、$\boldsymbol{c}$ 三基矢对应的 $\boldsymbol{a}^*$、$\boldsymbol{b}^*$、$\boldsymbol{c}^*$，而是 $2\boldsymbol{a}^*$、$2\boldsymbol{b}^*$ 和 $2\boldsymbol{c}^*$。$\boldsymbol{a}^*$、$\boldsymbol{b}^*$、$\boldsymbol{c}^*$ 并不是倒易点阵的倒格矢，这意味着如 100、010、001 等一些初基倒易格子中的倒易点，在非初基倒易点阵中将消失不见，也就是说正点阵中存在相应的晶面，但在倒易点阵中没有对应的倒易点。现将非初基布拉维格子中的晶面在倒易点阵中出现和消失的条件总结如下，见表 7-1。

表 7-1　非初基格子中晶面 *hkl* 消失和出现的条件

正点阵类型	倒易点阵类型	出现条件	消失条件
初基格子	初基倒易格子	所有晶面都出现	不消失
底心格子	底心倒易格子	$h+k=2n$(偶数)，l 不限	$h+k=2n+1$(奇数)
体心格子	面心倒易格子	$h+k+l=2n$(偶数)	$h+k+l=2n+1$(奇数)
面心格子	体心倒易格子	h、k、l 全奇或全偶	h、k、l 奇偶混杂

7.6　倒易点阵中的坐标

设与正点阵$\{\boldsymbol{a},\boldsymbol{b},\boldsymbol{c}\}$相应的倒易点阵的三个基矢为$\{\boldsymbol{a}^*,\boldsymbol{b}^*,\boldsymbol{c}^*\}$，和$\{\boldsymbol{A},\boldsymbol{B},\boldsymbol{C}\}$相应的倒易点阵的三个基矢为$\{\boldsymbol{A}^*,\boldsymbol{B}^*,\boldsymbol{C}^*\}$。根据正倒点阵三个基矢之间的关系，可得

$$\boldsymbol{a}\cdot\boldsymbol{a}^*+\boldsymbol{b}\cdot\boldsymbol{b}^*+\boldsymbol{c}\cdot\boldsymbol{c}^*=3=\boldsymbol{A}\cdot\boldsymbol{A}^*+\boldsymbol{B}\cdot\boldsymbol{B}^*+\boldsymbol{C}\cdot\boldsymbol{C}^* \tag{7-34}$$

将式(7-2)代入式(7-34)，移项并合并 $\boldsymbol{A}$、$\boldsymbol{B}$、$\boldsymbol{C}$ 同类项，比较两边 $\boldsymbol{A}$、$\boldsymbol{B}$、$\boldsymbol{C}$ 的系数，即可求得

$$\begin{cases}\boldsymbol{A}^*=\beta_{11}\boldsymbol{a}^*+\beta_{21}\boldsymbol{b}^*+\beta_{31}\boldsymbol{c}^*\\\boldsymbol{B}^*=\beta_{12}\boldsymbol{a}^*+\beta_{22}\boldsymbol{b}^*+\beta_{32}\boldsymbol{c}^*\\\boldsymbol{C}^*=\beta_{13}\boldsymbol{a}^*+\beta_{23}\boldsymbol{b}^*+\beta_{33}\boldsymbol{c}^*\end{cases} \tag{7-35}$$

将式(7-1)代入式(7-34)，移项并合并 $\boldsymbol{a}$、$\boldsymbol{b}$、$\boldsymbol{c}$ 同类项，比较两边 $\boldsymbol{a}$、$\boldsymbol{b}$、$\boldsymbol{c}$ 的系数，即可求得

$$\begin{cases}\boldsymbol{a}^*=\alpha_{11}\boldsymbol{A}^*+\alpha_{21}\boldsymbol{B}^*+\alpha_{31}\boldsymbol{C}^*\\\boldsymbol{b}^*=\alpha_{12}\boldsymbol{A}^*+\alpha_{22}\boldsymbol{B}^*+\alpha_{32}\boldsymbol{C}^*\\\boldsymbol{c}^*=\alpha_{13}\boldsymbol{A}^*+\alpha_{23}\boldsymbol{B}^*+\alpha_{33}\boldsymbol{C}^*\end{cases} \tag{7-36}$$

倒易空间中倒易点的坐标与正空间的点阵平面相对应。因此，倒易点坐标的转换可以利用平面指数转换公式(7-9)和公式(7-10)来计算。对倒易点阵中的一个倒易平面而言，它的指数就是与倒易平面上各倒易点相对应的正点阵中各共带面的晶带轴指数(晶向指数)。因此，倒易平面的指数转换公式按晶向指数转换公式(7-6)和公式(7-7)进行计算。为了便于记忆，综合上面那些转换公式中的系数所列出的矩阵，概括为下面两个旋转公式(7-37)和公式(7-38)。其中，中间部分是由旋转公式中的系数列成的矩阵，四周写的是互相转换的坐标或指数。

1. 正点阵与倒易点阵间的转换公式

$$
\begin{array}{rccccl}
 & h & k & l & & \\
 & \boldsymbol{a} & \boldsymbol{b} & \boldsymbol{c} & & \\
H\cdot\boldsymbol{A}= & \alpha_{11} & \alpha_{12} & \alpha_{13} & \boldsymbol{A}^{*} & \cdot X\cdot U \\
K\cdot\boldsymbol{B}= & \alpha_{21} & \alpha_{22} & \alpha_{23} & \boldsymbol{B}^{*} & \cdot Y\cdot V \\
L\cdot\boldsymbol{C}= & \alpha_{31} & \alpha_{32} & \alpha_{33} & \boldsymbol{C}^{*} & \cdot Z\cdot W \\
 & \| & \| & \| & & \\
 & \boldsymbol{a}^{*} & \boldsymbol{b}^{*} & \boldsymbol{c}^{*} & & \\
 & x & y & z & & \\
 & u & v & w & &
\end{array}
\tag{7-37}
$$

2. 倒易点阵与正点阵间的转换公式

$$
\begin{array}{rccccl}
 & H & K & L & & \\
 & \boldsymbol{A} & \boldsymbol{B} & \boldsymbol{C} & & \\
h\cdot\boldsymbol{a}= & \beta_{11} & \beta_{12} & \beta_{13} & \boldsymbol{a}^{*} & \cdot x\cdot u \\
k\cdot\boldsymbol{b}= & \beta_{21} & \beta_{22} & \beta_{23} & \boldsymbol{b}^{*} & \cdot y\cdot v \\
l\cdot\boldsymbol{c}= & \beta_{31} & \beta_{32} & \beta_{33} & \boldsymbol{c}^{*} & \cdot z\cdot w \\
 & \| & \| & \| & & \\
 & \boldsymbol{A}^{*} & \boldsymbol{B}^{*} & \boldsymbol{C}^{*} & & \\
 & X & Y & Z & & \\
 & U & V & W & &
\end{array}
\tag{7-38}
$$

在使用式(7-37)和式(7-38)时，必须注意以下两点：

(1) 矩阵左边和矩阵上边参数之间的转换矩阵就是公式中的矩阵；

(2) 矩阵下边和矩阵右边参数之间的转换矩阵应是所列矩阵的转置矩阵。

例 7-1 求由面心立方中的 P 格子(初基格子)转换为 F 格子(面心格子)的转换公式。

解 设面心立方中的 F 格子的三个基矢分别为$\{\boldsymbol{a},\boldsymbol{b},\boldsymbol{c}\}$，$P$ 格子的三个基矢分别为 $\boldsymbol{A}$，$\boldsymbol{B}$，$\boldsymbol{C}$，如图 7-7 所示。

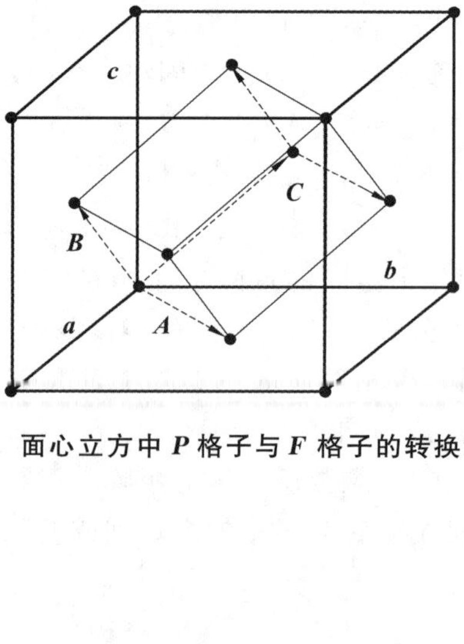

图 7-7 面心立方中 P 格子与 F 格子的转换示意图

则有：

$$\begin{cases} \boldsymbol{A} = \dfrac{1}{2}\boldsymbol{a} + \dfrac{1}{2}\boldsymbol{b} \\ \boldsymbol{B} = \dfrac{1}{2}\boldsymbol{a} + \dfrac{1}{2}\boldsymbol{c} \\ \boldsymbol{C} = \dfrac{1}{2}\boldsymbol{b} + \dfrac{1}{2}\boldsymbol{c} \end{cases}$$

和

$$\begin{cases} \boldsymbol{a} = \boldsymbol{A} + \boldsymbol{B} - \boldsymbol{C} \\ \boldsymbol{b} = \boldsymbol{A} - \boldsymbol{B} + \boldsymbol{C} \\ \boldsymbol{c} = -\boldsymbol{A} + \boldsymbol{B} + \boldsymbol{C} \end{cases}$$

所以有：

$$\begin{array}{rcccl} & h & k & l & \\ & \boldsymbol{a} & \boldsymbol{b} & \boldsymbol{c} & \\ H\cdot\boldsymbol{A} = & \frac{1}{2} & \frac{1}{2} & 0 & \boldsymbol{A}^*\cdot X\cdot U \\ K\cdot\boldsymbol{B} = & \frac{1}{2} & 0 & \frac{1}{2} & \boldsymbol{B}^*\cdot Y\cdot V \\ L\cdot\boldsymbol{C} = & 0 & \frac{1}{2} & \frac{1}{2} & \boldsymbol{C}^*\cdot Z\cdot W \\ & \| & \| & \| & \\ & \boldsymbol{a}^* & \boldsymbol{b}^* & \boldsymbol{c}^* & \\ & x & y & z & \\ & u & v & w & \end{array}$$

和

$$\begin{array}{rcccl} & H & K & L & \\ & \boldsymbol{A} & \boldsymbol{B} & \boldsymbol{C} & \\ h\cdot\boldsymbol{a} = & 1 & 1 & -1 & \boldsymbol{a}^*\cdot x\cdot u \\ k\cdot\boldsymbol{b} = & 1 & -1 & 1 & \boldsymbol{b}^*\cdot y\cdot v \\ l\cdot\boldsymbol{c} = & -1 & 1 & 1 & \boldsymbol{c}^*\cdot z\cdot w \\ & \| & \| & \| & \\ & \boldsymbol{A}^* & \boldsymbol{B}^* & \boldsymbol{C}^* & \\ & X & Y & Z & \\ & U & V & W & \end{array}$$

例 7-2　分别指出面心立方中点$\left(\dfrac{1}{2},\dfrac{1}{2},0\right)$、(1,1,1)，晶向$[1\,\bar{1}\,2]$、$[\bar{1}\,3\,2]$以及晶面(1 1 1)、$(\bar{2}\,\bar{2}\,1)$在转换成初基格子定向时的点、晶向及晶面指数。

解　根据旋转公式，在计算点坐标和晶向指数转换时，应使用转置矩阵，根据上题中求得的面心格子定向转换成初基 P 格子定向的转换公式，可以方便地列出 X、Y、Z 和 U、V、W 的计算公式：

(1)
$$\begin{cases}X=1\cdot x+1\cdot y-1\cdot z=\dfrac{1}{2}+\dfrac{1}{2}=1\\Y=1\cdot x-1\cdot y+1\cdot z=\dfrac{1}{2}-\dfrac{1}{2}=0\\Z=-1\cdot x+1\cdot y+1\cdot z=-\dfrac{1}{2}+\dfrac{1}{2}=0\end{cases}$$

故点$\left(\frac{1}{2},\frac{1}{2},0\right)$的坐标变为(1,0,0)。

(2)
$$\begin{cases}X=1\cdot 1+1\cdot 1-1\cdot 1=1\\Y=1\cdot 1-1\cdot 1+1\cdot 1=1\\Z=-1\cdot 1+1\cdot 1+1\cdot 1=1\end{cases}$$

故点(1,1,1)的坐标不变。

(3)
$$\begin{cases}U=1\cdot u+1\cdot v-1\cdot w=1-1-2=-2\\V=1\cdot u-1\cdot v+1\cdot w=1+1+2=4\\W=-1\cdot u+1\cdot v+1\cdot w=-1-1+2=0\end{cases}$$

故晶向$[1\ \bar{1}\ 2]$指数变换为$[U\ V\ W]=[\bar{2}\ 4\ 0]=[\bar{1}\ 2\ 0]$。

(4)
$$\begin{cases}U=1\cdot\bar{1}+1\cdot 3-1\cdot 2=-1+3-2=0\\V=1\cdot\bar{1}-1\cdot 3+1\cdot 2=-1-3+2=-2\\W=-1\cdot\bar{1}+1\cdot 3+1\cdot 2=1+3+2=6\end{cases}$$

故晶向$[\bar{1}\ 3\ 2]$指数变换为$[U\ V\ W]=[0\ \bar{2}\ 6]=[0\ \bar{1}\ 3]$。

对于晶面指数，根据题7-1中求得的立方面心格子定向转换成初基格子定向的转换公式，可以列出(HKL)计算公式：

(1)
$$\begin{cases}H=\dfrac{1}{2}h+\dfrac{1}{2}k+0\cdot l=\dfrac{1}{2}\cdot 1+\dfrac{1}{2}\cdot 1+0\cdot 0=1\\K=\dfrac{1}{2}\cdot h+0\cdot k+\dfrac{1}{2}\cdot l=\dfrac{1}{2}+0+\dfrac{1}{2}=1\\L=0\cdot h+\dfrac{1}{2}k+\dfrac{1}{2}\cdot l=0+\dfrac{1}{2}\cdot 1+\dfrac{1}{2}\cdot 1=1\end{cases}$$

故晶面(1 1 1)经指数转换后变为(1 1 1)。

(2)
$$\begin{cases}H=\dfrac{1}{2}\cdot\bar{2}+\dfrac{1}{2}\cdot\bar{2}+0\cdot 1=-2\\K=\dfrac{1}{2}\cdot\bar{2}+0\cdot\bar{2}+\dfrac{1}{2}\cdot 1=-\dfrac{1}{2}\\L=0\cdot\bar{2}+\dfrac{1}{2}\cdot\bar{2}+\dfrac{1}{2}\cdot 1=-\dfrac{1}{2}\end{cases}$$

同理，晶面$(\bar{2}\ \bar{2}\ 1)$经指数转换后变为(4 1 1)。

7.7 非初基格子的倒易格子

根据倒易点阵的几何性质，正点阵中的一族平行平面(hkl)相当于倒易点阵中的一个点，凡属各晶系初基格子中的所有各族平行平面均有相应的倒易点与之对应，由这些倒易点构成的倒易格子仍为各晶系的初基格子形式，不过其基矢长度互成反比。然而，当从正点阵中所取的单位格子形式为非初基格子时，它的各族平行晶面并非都有倒易点对应。此时，可按倒易点阵中的定向转换公式来确定各种非初基格子的倒易格子形式。

以体心立方格子为例，如图 7-8 所示，设体心立方格子的三个基矢分别为 $\boldsymbol{a}$、$\boldsymbol{b}$、$\boldsymbol{c}$；其初基格子的三个基矢为 $\boldsymbol{A}$、$\boldsymbol{B}$、$\boldsymbol{C}$。

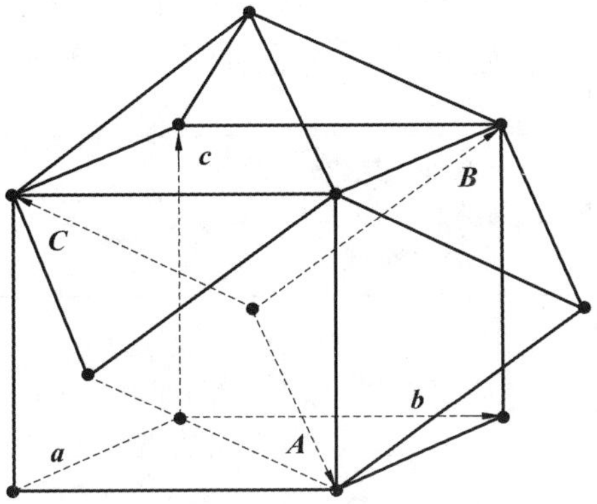

图 7-8　体心立方格子中的基矢示意图

则有：

$$\begin{cases}\boldsymbol{a}=\boldsymbol{A}+\boldsymbol{C}\\ \boldsymbol{b}=\boldsymbol{A}+\boldsymbol{B}\\ \boldsymbol{c}=\boldsymbol{B}+\boldsymbol{C}\end{cases}\tag{7-39}$$

即

$$\begin{pmatrix}\boldsymbol{a}\\ \boldsymbol{b}\\ \boldsymbol{c}\end{pmatrix}=\begin{pmatrix}1&0&1\\1&1&0\\0&1&1\end{pmatrix}\begin{pmatrix}\boldsymbol{A}\\ \boldsymbol{B}\\ \boldsymbol{C}\end{pmatrix}\tag{7-40}$$

根据旋转公式(7-37)，式(7-41)也一定成立：

$$\begin{pmatrix}h\\ k\\ l\end{pmatrix}=\begin{pmatrix}1&0&1\\1&1&0\\0&1&1\end{pmatrix}\begin{pmatrix}H\\ K\\ L\end{pmatrix}\tag{7-41}$$

其中 H、K、L 代表初基格子中倒易点的坐标，它们必须为任意整数。h、k、l 代表非初基格子中倒易点的坐标。

将上述三个指数相加，则得 $h+k+l=2(H+K+L)=2n$，n 为任一整数。所以，当 $h+k+l=2n$(偶数)时，这些倒易点是允许出现的，例如，110、211、220、222 等。

当 $h+k+l=2n+1$(奇数)时，这些倒易点是不允许出现的。由允许出现的倒易点所组成的倒易格子为一面心立方格子，如图 7-9 所示。

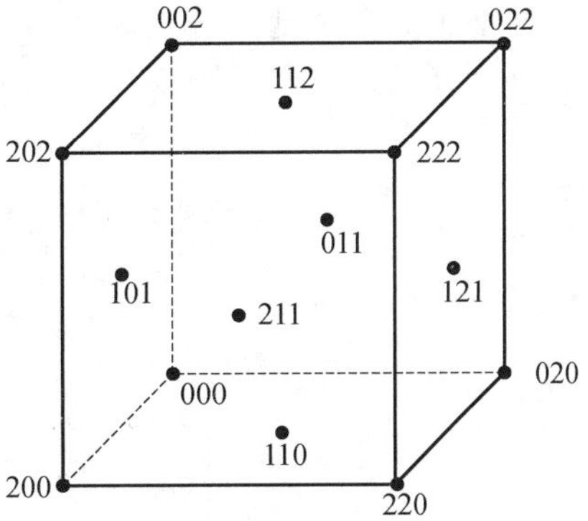

图 7-9　体心立方格子的倒易格子为面心立方格子

所以，非初基的体心立方格子的倒易格子为面心立方格子。同理可以证明，非初基的面心立方格子的倒易格子为体心立方格子，底心格子的倒易格子仍为底心格子。当三方初基格子(R)按六方坐标划成六方格子时，它的倒易格子为三方初基格子(R)，表 7-2 列出了各种非初基格子的倒易格子。

表 7-2　各种非初基格子的倒易格子

非初基点阵	定向转换矩阵	允许的 hkl 阵点	不允许存在的 hkl 阵点	倒易格子	备注
底心(C)	$\begin{pmatrix}1&1&0\\\bar{1}&1&0\\0&0&1\end{pmatrix}$	$h+k=2n$	$h+k=2n+1$	底心(C)	图 7-10
面心(F)	$\begin{pmatrix}1&1&\bar{1}\\1&\bar{1}&1\\\bar{1}&1&1\end{pmatrix}$	$h+k=2n, k+l=2n, l+h=2n; h,k,l$ 为全奇或全偶	h,k,l 奇偶混合	体心(I)	图 7-11
体心(I)	$\begin{pmatrix}1&0&1\\1&1&0\\0&1&1\end{pmatrix}$	$h+k+l=2n$	$h+k+l=2n+1$	面心(F)	图 7-9
三方初基格子按六方坐标划分成六方格子	$\begin{pmatrix}1&\bar{1}&0\\0&1&\bar{1}\\1&1&1\end{pmatrix}$	$-h+k+l=3n$	$-h+k+l=3n\pm1$	三方格子(R)	图 7-12

表 7-2 中所列图 7-10 和图 7-11 如下。

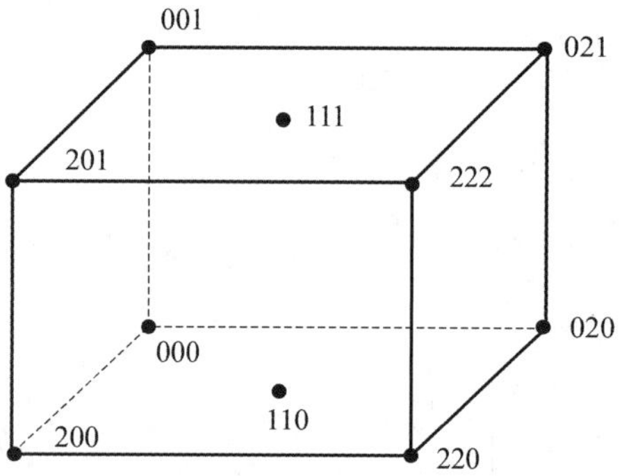

图 7-10　底心格子的倒易格子仍是底心格子

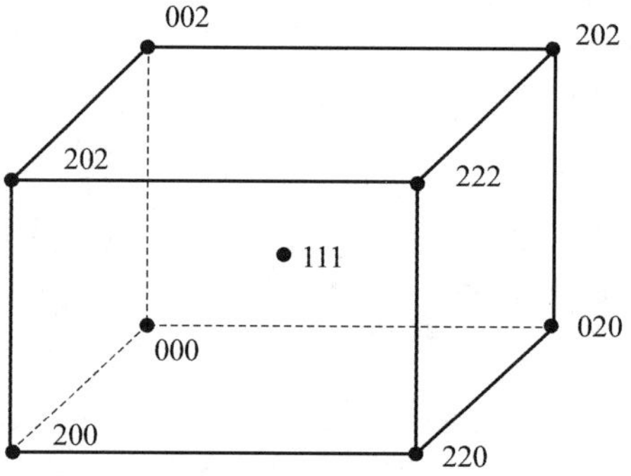

图 7-11　面心格子的倒易格子是体心格子

表 7-2 中所列的三方和六方定向转换比较复杂。图 7-12 表示三方点阵中取出的初基三方格子和非初基六方格子。

设三方格子的三个基矢分别为 $\boldsymbol{a}_1(k)$、$\boldsymbol{a}_2(k)$和 $\boldsymbol{a}_3(k)$；非初基六方格子的三个基矢分别为 $\boldsymbol{a}_1(H)$、$\boldsymbol{a}_2(H)$和 $\boldsymbol{a}_3(H)$，则成立下列关系式：

$$\begin{pmatrix}\boldsymbol{a}_1(H)\\\boldsymbol{a}_2(H)\\\boldsymbol{a}_3(H)\end{pmatrix}=\begin{pmatrix}1&\bar{1}&0\\0&1&\bar{1}\\1&1&1\end{pmatrix}\begin{pmatrix}\boldsymbol{a}_1(k)\\\boldsymbol{a}_2(k)\\\boldsymbol{a}_3(k)\end{pmatrix}\tag{7-42}$$

$$\begin{pmatrix}\boldsymbol{a}_1(k)\\\boldsymbol{a}_2(k)\\\boldsymbol{a}_3(k)\end{pmatrix}=\begin{pmatrix}\frac{2}{3}&\frac{1}{3}&\frac{1}{3}\\\frac{\bar{1}}{3}&\frac{1}{3}&\frac{1}{3}\\\frac{\bar{1}}{3}&\frac{\bar{2}}{3}&\frac{1}{3}\end{pmatrix}\begin{pmatrix}\boldsymbol{a}_1(H)\\\boldsymbol{a}_2(H)\\\boldsymbol{a}_3(H)\end{pmatrix}\tag{7-43}$$

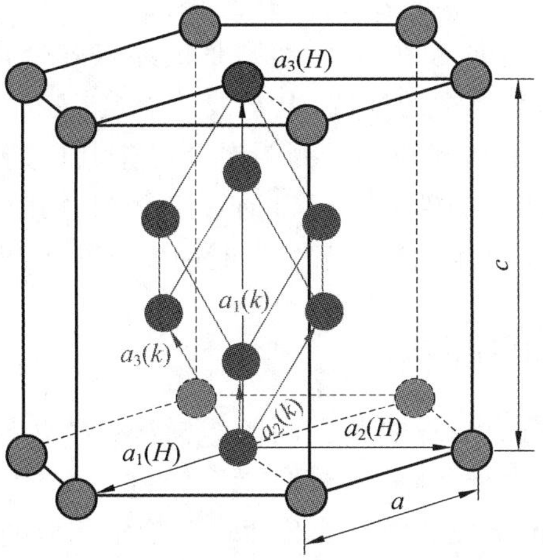

图 7-12　在三方点阵中取出的初基三方格子和非初基六方格子

根据旋转公式(7-38),则有：

$$\begin{pmatrix} h \\ k \\ l \end{pmatrix} = \begin{pmatrix} 1 & \bar{1} & 0 \\ 0 & 1 & \bar{1} \\ 1 & 1 & 1 \end{pmatrix} \begin{pmatrix} H \\ K \\ L \end{pmatrix} \tag{7-44}$$

所以,当 $-h+k+l=3k=3n$(n 为任一整数),这样的 h、k、l 为允许的倒易点。当 $-h+k+l=3k=3n+1$ 时,这样的 h、k、l 为不允许存在的倒易点。由允许倒易点组成的倒易格子必为三方格子(R)。

式(7-42)和式(7-43)同时也是六方和三方定向转换的基本公式,按旋转公式(7-37)和旋转公式(7-38),可以导出上述两类格子中的阵点坐标、直线指数、平面指数以及倒易点阵中的坐标转换公式。

7.8　布里渊区

7.8.1　布里渊区的定义

和正点阵一样,倒易点阵也同样能够反映晶体结构几何特征的平移对称性和宏观对称性,这些对称性源于构成倒易点阵的倒格点的周期性分布。在倒易空间里,以某一倒易点作为坐标原点,从原点出发作所有倒易矢量的中垂面,这些平面就会把倒格子空间划分成许多包围倒易原点的多面体。离原点最近的多面体围成的区域称为第一布里渊区(Brillouin zone)。离原点次近的多面体与第一布里渊区之间的区域称为第二布里渊区,以此类推,还有第三、第四……布里渊区。或者定义从原点出发不跨过任何垂直平分面的点的集合,称其为第一布里渊区;从原点出发只跨过一个垂直平分面的所有点的集合,称为第二布里渊区……从原点出发跨过($n-1$)个垂直平分面的所有点的集合称为第 n 布里渊区。

布里渊区,是固体物理学中的一个十分重要的概念,在晶格动力学、固体能带理论,以及晶体中其他类型的元激发的描述中被广泛使用,是近代固体理论重要的研究内容,因纪念法国著名物理学家布里渊(L. Brillouin)而得名。

前已述及,晶体结构具有周期性和对称性,正空间中晶体的晶格振动(格波或声子)、最外层电子的运动(电子波)、磁振子等元激发的性质(能量、状态)也具有周期性,值得注意的是这些性质是倒易点阵中的周期函数,其周期则是倒易点阵分别在三个坐标轴方向的基矢(最小平移矢量)长度。也即晶体中的格波、电子波的能量-波矢之间的关系(也称色散关系)实际上就是倒易空间中的能量和倒易矢量的关系。由于其周期性的特点,因此可以把波矢限制在第一布里渊区,其他区域的性质都可以通过平移而合并到第一布里渊区。如考虑能带结构时,只需要讨论第一布里渊区就够了。这时的第一布里渊区也称简约布里渊区。

7.8.2 布里渊区的确定

根据布里渊区的定义,特定晶系的布里渊区的画法具体步骤如下:(a)通过正点阵基矢确定倒格矢;(b)利用倒格矢画出倒格子空间中倒格点的分布图;(c)找出最近邻的倒格点、次近邻倒格点……,作所有倒格矢的垂直平分面;(d)确定相应的布里渊区。

1. 二维正方格子的布里渊区

二维正方格子的基矢分别为 $\boldsymbol{a}_1=a\boldsymbol{i}$、$\boldsymbol{a}_2=a\boldsymbol{j}$。根据倒易点阵的定义,对应的倒格子基矢分别为 $\boldsymbol{a}_1^*=\frac{2\pi}{a}\boldsymbol{i}$、$\boldsymbol{a}_2^*=\frac{2\pi}{a}\boldsymbol{j}$(注意:在讨论布里渊区时,倒易矢量采用固体物理学中的定义,都引入了 2π 因子)。这样根据上面介绍的步骤,画出了二维正方格子的第一、第二、第三布里渊区,如图 7-13 所示。

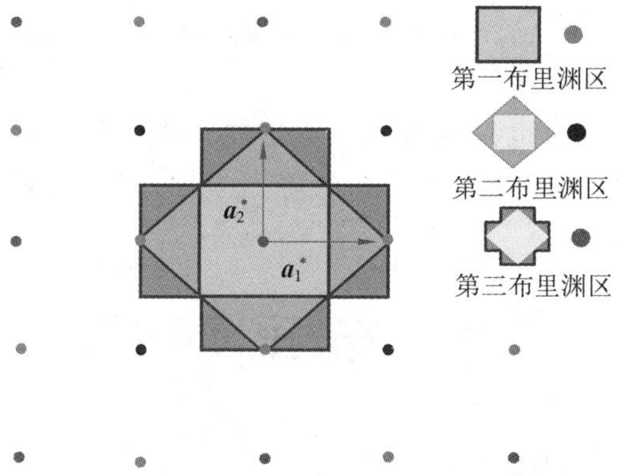

图 7-13　二维正方格子的第一、第二、第三布里渊区

可见第一布里渊区是一个封闭的正方形,其面积为 $\left(\frac{2\pi}{a}\right)^2$,第二、第三布里渊区是由围绕在第一布里渊区周围的一些小区块组成,这些小区块的总面积也刚好是 $\left(\frac{2\pi}{a}\right)^2$。第四甚至更高的布里渊区将更加分散和复杂,但经过适当平移后,它们都能与第一布里渊区重合,总面积依然不变,如图 7-14 所示。

2. 普通二维格子(斜格子)的布里渊区

对于一般的二维格子,其布里渊区的画法如正方格子,图 7-15 给出了二维斜格子的第一布里渊区,其他布里渊区形状将更为复杂。

3. 简单立方格子的布里渊区

如果将立方格子正点阵三基矢分别表示为 $\boldsymbol{a}_1=a\boldsymbol{i}$、$\boldsymbol{a}_2=a\boldsymbol{j}$、$\boldsymbol{a}_3=a\boldsymbol{k}$,那么其倒格子的三

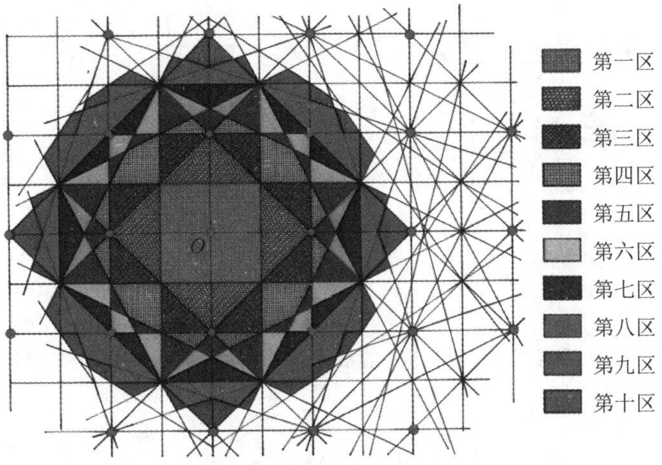

图 7-14　二维正方格子的其他布里渊区

基矢分别为 $\boldsymbol{a}_1^* = \frac{2\pi}{a}\boldsymbol{i}$、$\boldsymbol{a}_2^* = \frac{2\pi}{a}\boldsymbol{j}$、$\boldsymbol{a}_3^* = \frac{2\pi}{a}\boldsymbol{k}$。简单立方格子的倒格子也是简单立方，其第一布里渊区是边长为 $2\pi/a$ 的立方体。第一布里渊区为原点和 6 个近邻格点的垂直平分面围成的立方体，如图 7-16 所示。

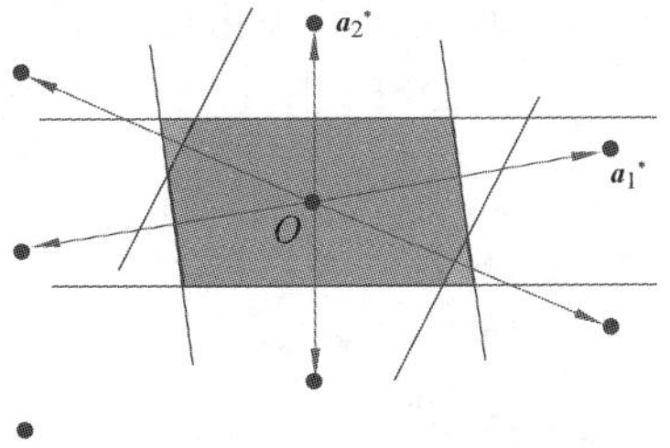

图 7-15　二维斜格子的第一布里渊区

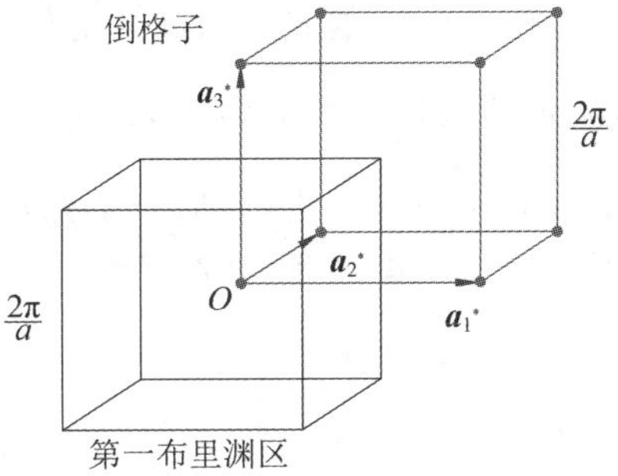

图 7-16　简单立方晶格的第一布里渊区

4. 体心立方格子的布里渊区

前已述及，体心格子的倒格子为面心格子，如图 7-5 所示。如果令 $\boldsymbol{a}=\boldsymbol{i}$、$\boldsymbol{b}=\boldsymbol{j}$、$\boldsymbol{c}=\boldsymbol{k}$，则体心立方格子的三基矢为

$$\boldsymbol{a}_1 = \frac{a}{2}(-\boldsymbol{i}+\boldsymbol{j}+\boldsymbol{k})、\boldsymbol{a}_2 = \frac{a}{2}(\boldsymbol{i}-\boldsymbol{j}+\boldsymbol{k})、\boldsymbol{a}_3 = \frac{a}{2}(\boldsymbol{i}+\boldsymbol{j}-\boldsymbol{k}) \tag{7-45}$$

那么其面心倒格子的三基矢为

$$\boldsymbol{a}_1^* = \frac{2\pi}{a}(\boldsymbol{j}+\boldsymbol{k}),\boldsymbol{a}_2^* = \frac{2\pi}{a}(\boldsymbol{k}+\boldsymbol{i}),\boldsymbol{a}_3^* = \frac{2\pi}{a}(\boldsymbol{i}+\boldsymbol{j}) \tag{7-46}$$

面心立方晶格的配位数为 12，也就是说离原点最近的倒格点有 12 个，如图 7-17(a)所示，倒格子基矢长度为 $\frac{2\pi\sqrt{2}}{a}$。离原点最近的十二个倒格点的中垂面围成一个菱形十二面体，其体积等于倒格子原胞的体积，如图 7-17(b)所示。

5. 面心立方格子的布里渊区

面心立方格子的倒易格子为体心立方，如图 7-18 所示。如果令 $\boldsymbol{a}=\boldsymbol{i}$、$\boldsymbol{b}=\boldsymbol{j}$、$\boldsymbol{c}=\boldsymbol{k}$，则面

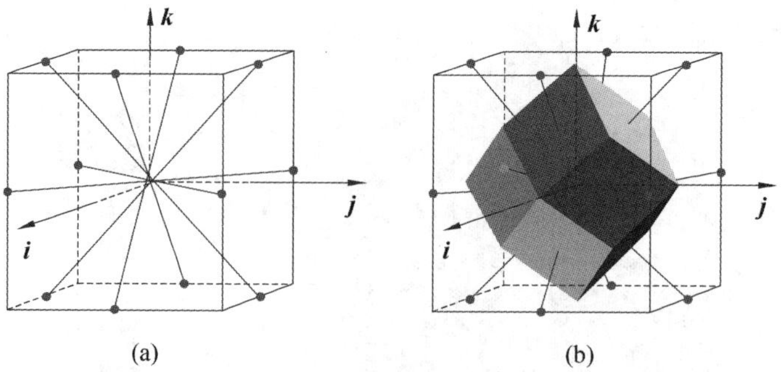

图 7-17 体心晶格的面心倒格子的最近邻倒格点(a) 及其第一布里渊区(b)

心立方格子的三基矢为

$$a_1=\frac{a}{2}(j+k);\ a_2=\frac{a}{2}(i+k);\ a_3=\frac{a}{2}(i+j) \tag{7-47}$$

那么,其体心倒格子的三基矢为

$$a_1^*=\frac{2\pi}{a}(j+k-i),a_2^*=\frac{2\pi}{a}(k+i-j),a_3^*=\frac{2\pi}{a}(i+j-k) \tag{7-48}$$

其体心倒格子的配位数为 8,倒格子基矢长度为$\frac{2\sqrt{3}\pi}{a}$,如图 7-18(a)所示。离原点最近的 8 个倒格点中垂面所围成的八面体的体积大于倒格子原胞的体积。必须考虑次近邻的六个倒格点,次近邻倒格矢长度为$\frac{4\pi}{a}$,次近邻六个倒格矢的中垂面将截去由最近邻倒格矢中垂面围成的正八面体的六个角,形成一个截角八面体(实际是十四面体),这个十四面体就是面心立方格子的第一布里渊区,如图 7-18(b)所示。

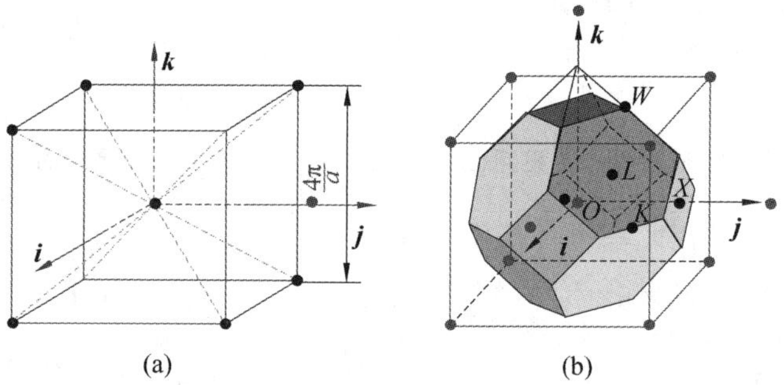

图 7-18 面心晶格的体心倒格子的最近邻倒格点(a) 及其第一布里渊区(b)

7.8.3 布里渊区的特点

通过上面对几种二维、三维点阵的布里渊区的分析,可以得出布里渊区具有以下特点:

(1) 尽管布里渊区在图中看起来好像被分割为不相连的若干小区,但是实际上能量是连续的。属于一个布里渊区的能级构成一个能带。不同布里渊区对应不同的能带。

(2) 每个布里渊区的形状尽管各异,但是面积(体积)都相等,均等于倒格子原胞的面积(体积)。

(3) 每个布里渊区经过适当的平移之后可以和第一布里渊区重合。

习题七

7-1　求将体心立方中 P 格子转换为 I 格子的转换公式，并指出 I 立方格子中下列点、晶向及晶面在转换成初基格子定向时的点、晶向及晶面指数。

(1) 点：$\left(\frac{1}{3},\frac{1}{2},1\right)$；$(3,2,\bar{1})$；$(4,\bar{3},2)$；$(4,\bar{3},2)$。

(2) 晶向：$[3\ \bar{1}\ \bar{1}]$；$[2\ 1\ \bar{1}]$；$[4\ \bar{3}\ 1]$。

(3) 晶面：$(1\ 2\ 0)$；$(2\ \bar{2}\ 2)$；$(5\ \bar{2}\ 1)$。

7-2　证明非初基的面心立方格子的倒易格子为体心立方格子，并作出相应的倒易格子图形，作图时应注意正倒空间之间的比例。

7-3　证明底心格子的倒易格子仍为底心格子，并作出相应的倒易格子图形，作图时应注意正倒空间之间的比例。

7-4　证明三方点阵中取出的非初基六方格子的倒易格子为三方初基格子，并作出相应的倒易格子图形，作图时应注意正倒空间之间的比例。

7-5　推导由面心立方中 P 格子（初基格子）转换为 F 格子（面心格子）的转换公式。

第8章 点　　群

群是数学中应用较广泛的一个重要概念,群论是重要的数学分支。对称性反映的是一种数学规律性,与对称性相应的数学理论就是群论。由于近代自然科学各学科之间相互渗透和交叉发展,群论不仅是研究晶体学的强有力的工具,而且也已成为研究固体物理、结构化学等多学科的一个重要手段。本章首先介绍群论的基础知识,在此基础上导出32种晶体学点群,最后总结了各点群所包含的对称元素和对称操作用图标的形式。

8.1 群论初步

数学中群的概念是指具有相互联系、满足一定条件的一些“元素”的集合。群的元素既可以是数字,也可以是字母、表达式、对称操作、点阵等。群的数学符号一般用字母 G 表示(英文 group 的首字母),如 $G=\{A_1, A_2, A_3, \cdots, A_n\}$ 这个群中,$A_1, A_2, A_3, \cdots, A_n$ 为群中的元素,n 为群的阶数。如果 n 为有限数目,则该群为有限群;如果 n 是无限数目,则该群为无限群。

8.1.1 群的基本性质

任何一个群必须满足以下四个基本性质:

1. 封闭性

在群 G 中的 n 个元素中,任何两个元素 A_i、A_j 的组合(乘积)或任何一个元素的平方也是群中的一个元素,即 $A_i \cdot A_j = A_k$,A_k 为群中的一个元素,“·”表示组合或相乘。现以具有一根四次旋转轴(C_4)的晶体的全部旋转对称操作构成的群 G_4 为例,说明其封闭性。即

$$G_4=\{C_4^1(90°), C_4^2(180°), C_4^3(270°), C_4^4(360°)=E\}$$

群中,组合 $C_4^1(90°) \cdot C_4^2(180°)$ 相当于晶体先绕轴旋转90°后,再旋转180°,两次旋转结果显然和一次绕轴旋转270°的操作完全一样,都能使晶体恢复到等同状态。也即 $C_4^1(90°) \cdot C_4^2(180°)=C_4^3(270°)$,而 $C_4^3(270°)$ 仍是群中的一个元素,因此 G_4 是一个闭集合,满足封闭性。

2. 恒等元素

任何一个群中必存在一个元素,群中其他任一元素与它组合或相乘的结果等于其自身,这个元素称为群的恒等元素或单位元素,记为 E,即 $A_i \cdot E = E \cdot A_i = A_i$。对于对称群而言,$E$ 是一个等于不动的对称操作,很显然,任何晶体围绕任何一旋转轴旋转360°的操作都是一个恒等元素。

3. 逆元素

对于群中的任一元素 A_i，必能在群中找到它的逆元素 A_i^{-1}，使 $A \cdot A_i^{-1}=E$。还是以群 $G_4=\{C_4^1(90°),C_4^2(180°),C_4^3(270°),C_4^4(360°)=E\}$ 为例，顺时针旋转 90°的逆操作是逆时针旋转 90°，而逆时针旋转 90°的操作和顺时针旋转 270°是同一个操作。因此 $C_4^1(90°) \cdot C_4^{-1}(90°)=C_4^1(90°) \cdot C_4^3(270°)=E$，也即 $C_4^3(270°)=C_4^{-1}(90°)$。同理，很容易理解：$C_4^{-3}(270°)=C_4^1(90°)$，$C_4^2(180°)=C_4^{-2}(180°)$，$C_4^4(360°)=C_4^{-4}(360°)=E$。

4. 结合律

群中所有元素的组合或积都满足结合律，即 $A_i \cdot A_j \cdot A_k=(A_i \cdot A_j) \cdot A_k=A_i \cdot (A_j \cdot A_k)$。注意：群中所有元素虽然都满足结合律，但并不一定都满足交换律，也即 $A_i \cdot A_j \neq A_j \cdot A_i$。前面章节已提到，晶体的所有对称操作都可以用矩阵来表示，而矩阵的乘法满足结合律，一般都不满足交换律。理想晶体的对称操作都满足上述群的四个性质。

8.1.2 群的乘法表

每一个有限群 G 都可给出一个乘法表，而群 G 的四个基本性质都能在乘法表中充分体现出来。如果群 G 的阶数为 N，则该乘法表由 N 行和 N 列组成。表中每一行均采用群 G 中的元素标明，每一列也同样是群 G 的各元素。如果表中第一行第 m 列元素为 R，第一列第 n 行元素为 S，在表中第 n 行第 m 列的元素一定是 R、S 的组合元素。很显然，根据群的封闭性原理，乘法表中的任何元素必为群 G 的组成元素。群的乘法表必须遵循一个重要定理，即元素重排定理。

定理 8-1(元素重排定理)：群 G 的每一个元素在群的乘法表中的每一行和每一列中仅能出现一次，表中的每一行和每一列都是群中各元素顺序不同的重排，乘法表中不可能有完全相同的两行或两列。

对于一个简单的三阶群 $G_3=\{E,A_1,A_2\}$，可将其乘法表中的部分元素先写出来，即

G_3	E	A_1	A_2
E	E	A_1	A_2
A_1	A_1		
A_2	A_2		

如果令 $A_1 \cdot A_1=E$，$A_2 \cdot A_2=E$，则乘法表就变为如下形式。

G_3	E	A_1	A_2
E	E	A_1	A_2
A_1	A_1	E	
A_2	A_2		E

为了填满该表中第三行第二列以及第二行第三列中的两个元素，并遵循群的四条基本性质，则必须要满足：$A_1 \cdot A_2=A_1$，$A_2 \cdot A_1=A_1$，否则群的每一个元素在表中的每一行和每一列中就不止出现一次。这时乘法表变为下表形式：

G_3	E	A_1	A_2
E	E	A_1	A_2
A_1	A_1	E	A_1
A_2	A_2	A_1	E

可见表中第二行和第二列均出现了重复元素 A_1，违背了元素重排定理。

如果令 $A_1 \cdot A_1 = A_2$，则 $A_2 \cdot A_2 = A_1$，$A_1 \cdot A_2 = E$，$A_2 \cdot A_1 = E$，则可得下列乘法表，不仅满足重排定理，也遵循群的四条基本性质。

G_3	E	A_1	A_2
E	E	A_1	A_2
A_1	A_1	A_2	E
A_2	A_2	E	A_1

为了进一步阐明群的乘法表的来历及应用，下面再以正方形的全部对称元素（如图 8-1）的对称操作所构成的群 C_{4V} 为例，来构建它的乘法表。

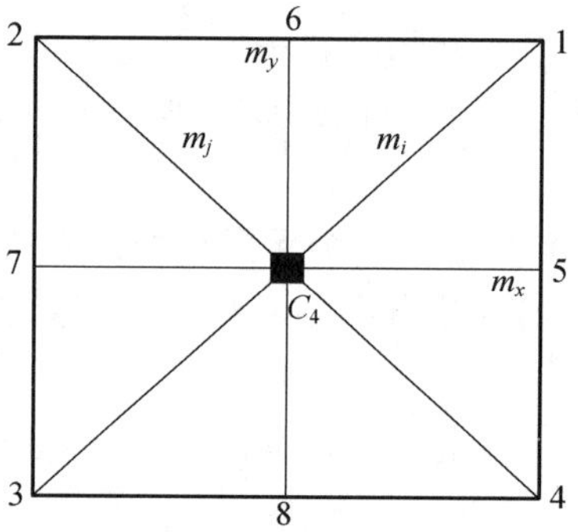

图 8-1　正方形的全部对称元素

现在来验证群 $C_{4V} = \{C_4^1(90°), C_4^2(180°), C_4^3(270°), C_4^4(360°) = E, m_x, m_y, m_i, m_j\}$ 中任意两个不等效对称操作的组合操作仍等于该群中的一个对称操作。

$$C_4^1 \cdot m_x \boxed{\begin{matrix} a & b \\ d & c \end{matrix}} = C_4^1 \cdot \boxed{\begin{matrix} d & c \\ a & b \end{matrix}} = \boxed{\begin{matrix} a & d \\ b & c \end{matrix}} = m_j \boxed{\begin{matrix} a & b \\ d & c \end{matrix}}$$

$$C_4^2 \cdot m_x \boxed{\begin{matrix} a & b \\ d & c \end{matrix}} = C_4^2 \cdot \boxed{\begin{matrix} d & c \\ a & b \end{matrix}} = \boxed{\begin{matrix} b & a \\ c & d \end{matrix}} = m_y \boxed{\begin{matrix} a & b \\ d & c \end{matrix}}$$

$$C_4^3 \cdot m_x \boxed{\begin{matrix} a & b \\ d & c \end{matrix}} = C_4^3 \cdot \boxed{\begin{matrix} d & c \\ a & b \end{matrix}} = \boxed{\begin{matrix} c & b \\ d & a \end{matrix}} = m_i \boxed{\begin{matrix} a & b \\ d & c \end{matrix}}$$

$$E \cdot m_x \boxed{\begin{matrix} a & b \\ d & c \end{matrix}} = E \cdot \boxed{\begin{matrix} d & c \\ a & b \end{matrix}} = \boxed{\begin{matrix} d & c \\ a & b \end{matrix}} = m_x \boxed{\begin{matrix} a & b \\ d & c \end{matrix}}$$

同理，可得

$m_x \cdot m_y = C_4^2$；$m_y \cdot m_x = C_4^2$；$m_x \cdot m_j = C_4^3$；$m_y \cdot m_j = C_4^1$；$m_x \cdot m_i = C_4^1$；$m_y \cdot m_i = C_4^3$

………

$C_4^1 \cdot m_x$ 组合操作规定 m_x 为第一个操作，而 C_4^1(90°)为第二个操作，即组合操作的顺序是从右到左。这样两个不等效对称操作的组合操作仍为群 C_{4V} 中原来不等效的对称操作。若将群 C_{4V} 中所有对称元素的对称操作的组合排列成表，即可得群 C_{4V} 的乘法表，如表 8-1 所示。

表 8-1　群 C_{4V} 的乘法表

C_{4V}	E	C_4^1	C_4^2	C_4^3	m_x	m_y	m_j	m_i
E	E	C_4^1	C_4^2	C_4^3	m_x	m_y	m_j	m_i
C_4^3	C_4^3	E	C_4^1	C_4^2	m_i	m_j	m_x	m_y
C_4^2	C_4^2	C_4^3	E	C_4^1	m_y	m_x	m_i	m_j
C_4^1	C_4^1	C_4^2	C_4^3	E	m_j	m_i	m_y	m_x
m_x	m_x	m_i	m_y	m_j	E	C_4^2	C_4^3	C_4^1
m_y	m_y	m_j	m_x	m_i	C_4^2	E	C_4^1	C_4^3
m_j	m_j	m_x	m_i	m_y	C_4^1	C_4^3	E	C_4^2
m_i	m_i	m_y	m_j	m_x	C_4^3	C_4^1	C_4^2	E

注：C_{nV} 为点群符号，表示具有 n 次旋转轴以及通过此轴的垂直对称面的点群。

上述乘法表中，第一行与第一列的排列顺序不同，这样排列的优点是表中主对角线上的元素全为恒等元素。可以看到，乘法表的主体包括群中所有元素相互组合的结果。从表 8-1 可见，利用群的乘法表可以把群的所有元素相互组合的结果简化成简单形式的元素。多阶群的乘法表可以表示为表 8-2 所示的一般形式。

表 8-2　多阶群的乘法表

G_n	A	B	C	…
A	AA	AB	AC	…
B	BA	BB	BC	…
C	CA	CB	CC	…
…	…	…	…	…

8.1.3　子群

如果群 H 中的所有元素都是群 G 中的元素，而且两者的结合律相同，则称 H 为 G 的子群，G 为 H 的母群。每个群都有两个平庸子群，一个是由恒等元素 E 所构成的一阶群，另一个是群 G 本身。

子群的阶数 m 是有限制的，这一限制是由群 G 的基本性质决定的。n 阶群 G_n 与其子群 H 的阶数 m 应满足以下关系：$\frac{n}{m}=i$（i 为正整数）。所以，6 阶群 G_6 的子群 H 的阶数 m 只能是 1、2、3、6 四种。

8.1.4 循环群

如果 A 是群 G 的一个元素，且 A 的所有整数幂 $A^2, A^3, \cdots, A^n = E$ 也为群 G 的元素，则称具有这种性质的群 G 为循环群，n 为群 G 的阶数。循环群有一个重要性质，即它的所有元素组合都是可以交换的。不同元素都具有 $A^x \cdot A^y$ 的形式，x、y 为正整数，且 $A^x \cdot A^y = A^y \cdot A^x$。显然，所有旋转对称轴 C_n 的群 G 都属于循环群，如 4 次旋转轴 C_4 的群 G_4 即为循环群：

$$G_4 = \{C_4^1(90°), C_4^2(180°), C_4^3(270°), C_4^4(360°) = E\}$$

8.1.5 同构群

如果两个同阶的群具有相同形式的乘法表，则它们互为同构群。两同构群 G 和 G' 中的所有元素存在着一一对应的关系。如 4 次对称轴的群 $G_4 = \{C_4^4(360°) = E, C_4^1(90°), C_4^2(180°), C_4^3(270°)\}$ 和数群 $G_4' = \{1, \mathrm{i} = \sqrt{-1}, -1, -\mathrm{i}\}$ 均为 4 阶群，而且两者具有相同形式的乘法表（见表 8-3）因此两者互为同构群。

表 8-3　4 阶循环群的乘法表

G	E	A^1	A^2	A^3
E	E	A^1	A^2	A^3
A^1	A^1	A^2	A^3	E
A^2	A^2	A^3	E	A^1
A^3	A^3	E	A^1	A^2

群 G_4 和 G_4' 中的元素一样，对应关系如下：$E \to 1, C_4^1 \to \mathrm{i}, C_4^2 \to -1, C_4^3 \to -\mathrm{i}$。而且元素间的组合也存在对应关系。不难证明，任何同阶的循环群一定是同构群。例如，4 次旋转轴和 4 次反演轴的对称群都是 4 阶循环群，因此表 8-3 乘法表也适用于 4 次反演轴的群。

8.1.6 交换群

如果群 G 的两个元素 A_i 和 A_j 按照不同顺序进行操作，得到不同效果，也即 $A_i \cdot A_j \neq A_j \cdot A_i$，则称这样的两个元素为非交换元素。如群 C_{4V} 中的两个元素 C_4 和 m_x：

$$C_4^1 \cdot m_x \boxed{\begin{matrix} a & b \\ d & c \end{matrix}} = C_4^1 \cdot \boxed{\begin{matrix} d & c \\ a & b \end{matrix}} = \boxed{\begin{matrix} a & d \\ b & c \end{matrix}}$$

$$m_x \cdot C_4^1 \boxed{\begin{matrix} a & b \\ d & c \end{matrix}} = m_x \cdot \boxed{\begin{matrix} d & a \\ c & b \end{matrix}} = \boxed{\begin{matrix} c & b \\ d & a \end{matrix}}$$

所以 $m_x \cdot C_4^1 \neq C_4^1 \cdot m_x$。有些对称群，其中每两个群元素按照先后不同顺序进行操作时得到相同的效果，也即 $A_i \cdot A_j = A_j \cdot A_i$，则将这样的两个群元素称为交换元素，将具有这种性质元素的群称为交换群。如三次对称轴 C_3 的群满足上述条件，是交换群。不难证明，所有循环群都是交换群。交换群在量子力学中也有比较广泛的应用。

8.1.7　有限群的生殖元素

如果群 G 中的一组最小集合元素，它们的幂或相互间乘积可以构成群 G 的元素，那么这一组最小集合元素称为群 G 的生殖元素。

从受 $A^n=E$ 关系制约的 A 元素出发，而产生一个 G，n 为群 G 的阶。A^n 称为 A 的 n 次幂。由于 A 是群 G 中的一个元素，因此 A 的所有整数幂也必在群 G 内。这样便可以产生一系列新的元素 A^2、A^3、…、$A^n=E$。但当整数幂比 n 高时，就不再产生群 G 的新元素，因为 $A^{n+k}=A^nA^k=EA^k=A^k$。可以得到群 G：$G=\{A,A^2,A^3,\cdots,A^n=E\}$。

下面再看群 C_{3V} 的生殖元素的数目：

$$C_{3V}=\{C_3^3(360°)=E,C_3^1(120°),C_3^2(240°),m_u,m_v,m_w\}$$

群 C_{3V} 除上述括号中元素之外，不再包含新的元素。一个群的生殖元素，均排列在群 G 的乘法表中的第一行和第一列中，而其元素的组合，均排列在表的主体内，但不会有新的元素产生。

8.1.8　群的直积

如果有两个独立的群 H 和 K，$H=\{E,H_2,\cdots,H_h\}$，$K=\{E,K_2,\cdots,K_k\}$。h、k 分别为群 H、K 的阶数，除恒等元素外，它们没有其他共有元素，那么它们的直积群 G 可以表示为

$$G=H\otimes K=\{E,EK_2,EK_3,\cdots,EK_k;H_2,H_2K_2,\cdots,H_2K_k;\cdots;H_h,H_hK_2,\cdots,H_hK_k\}$$

显然，群 H、K 都是群 G 的子群。如群 $C_{2V}=\{C_2^2(360°)=E,C_2^1(180°),m_x,m_y\}$ 为群 $\{E,m_x\}$ 和群 $\{E,m_y\}$ 的直积群，可以写为

$$C_{2V}=\{E,m_x\}\otimes\{E,m_y\}=\{E,C_2^1,m_x,m_y\}$$

群的直积是扩大群的一种最简单方法，不仅可用于晶体学，还可以直接应用于物理体系的研究，如研究原子、分子、原子核和基本粒子体系的对称性。

8.2　宏观对称元素的组合

对称性是晶体极其重要的特性，晶体外形是一个宏观有限对称图像。对有限对称图像进行对称操作时，可以只有一种对称元素独立存在，也可以有若干对称元素同时存在，由 8 种宏观对称元素(5 个旋转轴、反映、反演、4 次旋转反演)的不同组合可以组成形形色色晶体的各种宏观对称性。但是，晶体除了对称性外，还必须具有周期性这样一个特点，因此，这些对称元素的组合不能是任意的，必须遵循对称元素的组合规律，使对称元素之间能够自洽，既互相制约又互相协调。实际上，晶体的所有宏观对称元素必须交于一点，这就是晶体学中的相交定理。在讨论晶体能具有什么样的对称操作之前，先证明下述定理。

定理 8-2(相交定理)：有限理想晶体的任何两个宏观对称元素必须相交于一点。

可以用图 8-2 所示的特例来说明如何证明相交定理。设 XY 平面内，有一个与 Y 轴重合的 2 次旋转轴 2_y，另外还有一个垂直于 XY 平面(平行于 Z 轴)并通过 A_1 点的 2 次旋转轴 2_z，两条旋转轴不相交。那么 A_1 点在 2_y 的作用下变到 B_1 点，B_1 点在 2_z 的作用下变到 A_2 点，A_2 点又在 2_y 的作用下变到 B_2 点，如此等等。这些 A_1、A_2…和 B_1、B_2…都是晶体中的

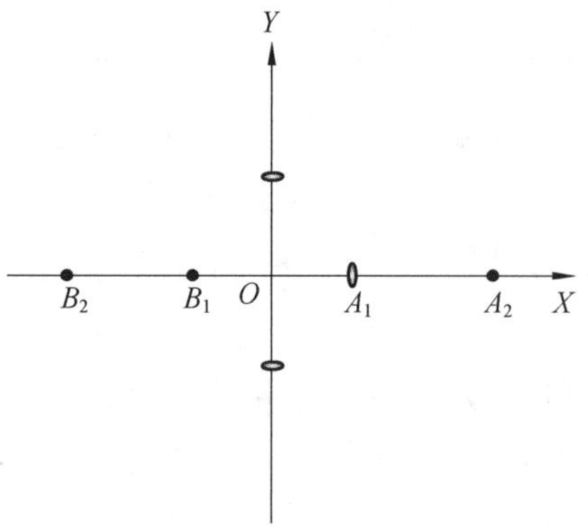

图 8-2　相交定理的证明(Z 轴垂直纸面向外)

点,所以晶体是无限延伸的。但我们的前提是有限外形的理想晶体。因此,理想晶体的所有宏观对称元素必须相交于一点,这个点在任何对称操作的作用下都保持不变,一般情况下都以这个点作为坐标原点。显然,在任何操作的矩阵作用下,坐标原点仍然保持不变。

利用组合规律可以导出 8 种宏观对称元素可能有的组合数只有 32 种,构成了晶体 32 种宏观对称类型,这些宏观对称性对应的“对称操作”均具备群的四个基本性质,均能满足成群的条件。由于它们都交于一点,因此这些组合构成了一个由 32 种宏观对称类型组成的点对称操作群,也即 32 种点群。为了理解晶体的宏观对称性和 32 种点群的由来,下面首先对对称操作进行分类,然后介绍宏观对称元素组合所必须遵循的一些基本定理。

8.2.1　对称操作的分类

对称操作是使晶体作一种特定的运动,完成操作后,晶体的等同部分可以相互重合。但这种等同部分的重合,可用两类不同的对称操作来实现。旋转后使晶体的等同部分重合,这种操作为第一类对称操作。它们对应的对称元素(如 1、2、3、4、6)称为第一类对称元素,记为(+)。由第一类对称操作所构成的点群,称为第一类点群。反映(m)、反演(i)、旋转反演也可使晶体的两个对称部分重合,统称为第二类对称操作,记为(−)。由第二类对称操作所构成的点群称为第二类点群。

两个第一类对称元素组合,必然产生第一类对称元素,即(+)(+)=(+);两个第二类对称元素相组合的结果,必然产生第一类对称元素,即(−)(−)=(+);而第一类对称元素和第二类对称元素组合,会产生第二类对称元素,即(−)(+)=(−)。可见同类对称元素组合后的点群中,没有第二类对称操作,只有异类对称元素组合才会产生第二类对称操作。

8.2.2　对称操作组合定理

在对称元素组合时,必须遵循两条基本守则:其一是对称元素必交于一点。这是由于有限图形晶体的外形的要求,若各个对称元素没有公共点,其结果就会产生有限图形所不能容纳的无限个对称元素。其二是组合的结果不能产生晶体的点阵结构所不相容的对称元素:5 次或 6 次以上的旋转轴系。对称元素组合时遵循以下规律:

1. 旋转轴与旋转轴的组合(欧拉(Euler)定理)

定理 8-3(欧拉定理):在任何两个旋转轴的交点处必可找到第三个新旋转轴,且任意两个相邻旋转轴之间交角服从欧拉定理。它的数学表达式为

$$\cos(\boldsymbol{A} \wedge \boldsymbol{B}) = \frac{\cos\frac{\gamma}{2} + \cos\frac{\alpha}{2}\cos\frac{\beta}{2}}{\sin\frac{\alpha}{2}\sin\frac{\beta}{2}} \tag{8-1}$$

其中，α、β、γ 分别为 $\boldsymbol{A}$、$\boldsymbol{B}$、$\boldsymbol{C}$ 三个轴的旋转角，$\boldsymbol{A}\wedge\boldsymbol{B}$ 为 $\boldsymbol{A}$、$\boldsymbol{B}$ 轴的夹角。这条定理也可以表示成“通过两条旋转轴的交点，必有第三条旋转轴，它的对称操作等于前两者之和”。这个表示可以更好地体现群的封闭性的特点。

由欧拉定理可知，通过两个相交的 2 次轴的交点并与它们垂直的直线必为一旋转轴，见图 8-3(a)。2 根 2 次轴的交角等于该 n 次轴基转角的一半，见图 8-3(b)。反演轴与反演轴的组合也服从欧拉定理，由于两次反演的结果等于没有进行反演，因此它们组合的结果等于旋转轴的组合，见图 8-3(c)。

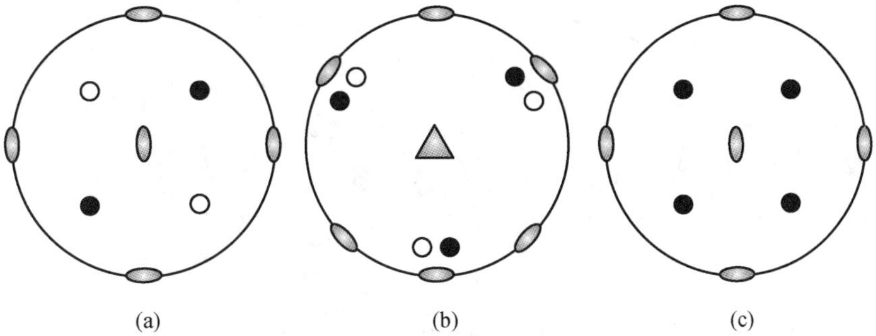

图 8-3　旋转轴组合示意图

2. 双面群定理

定理 8-4(双面群定理)：如果一根 2 次旋转轴和一根 n 次旋转轴垂直相交，则总共有 n 根 2 次轴与该 n 次旋转轴垂直相交，且相邻 2 次轴的夹角为 π/n。

双面群定理实际上是欧拉定理的一个推论。按照双面群定理，如果一个 2 次轴与一个 3 次轴垂直，则共有 3 条 2 次轴与此 3 次轴垂直，彼此间的夹角应为 $\frac{\pi}{3}$，图 8-3(b)正是这种情况。

3. 对称面与对称面的组合(万花筒定理)

定理 8-5(万花筒定理)：如果两个对称面相交，交角为 θ，则其交线必为一旋转轴，且该旋转轴的基转角为两个对称面交角 θ 的 2 倍，如图 8-4 所示。

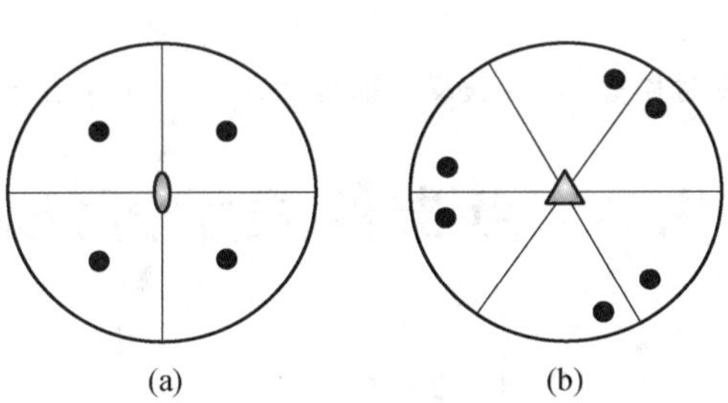

图 8-4　对称面旋转示意图

推论：如果一个对称面通过 n 次旋转轴，则有 n 个对称面同时通过这 n 次轴，而且相邻两个对称面之间交角应等于该旋转轴基转角的一半，见图 8-4。

所以，旋转轴 C_n 和对称面 m 组合后可以表示为

$$C_n \cdot m = C_n, m_1, m_2, \cdots, m_n \tag{8-2}$$

形成的点群 G 可以表示为

$$C_{nv} = \{E, C_n^1, C_n^2, C_n^3, \cdots, C_n^{n-1}, m_1, m_2, \cdots, m_n\} \tag{8-3}$$

4. 偶次轴(偶次反演轴)、对称面、对称中心两两组合

偶次轴或偶次反演轴和垂直于它的对称面以及对称中心的组合,必定产生第三者,如图8-5(a)所示。但对称面与对称中心组合能产生2次轴,不能产生2次反演轴。

例如,2次轴与对称中心组合必产生一个通过对称中心并垂直于2次轴的镜面,反之亦然,见图8-5(b)。

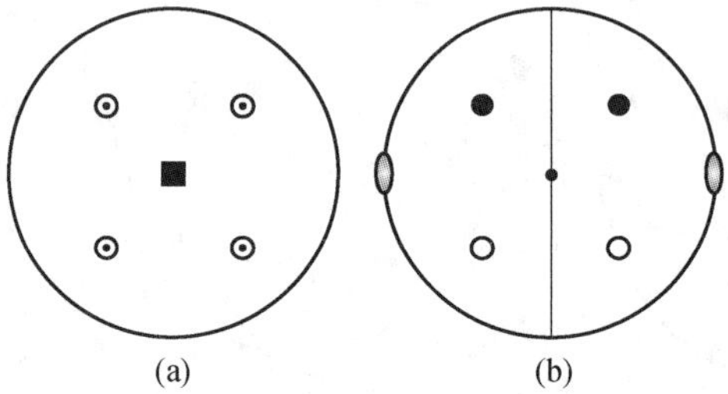

图 8-5 (a)4次轴和 i 组合产生垂直于4次轴的镜面(粗线的圆);(b)2次轴和 i 组合产生垂直于它的镜面(直径)

此外,奇次反演轴必存在对称中心,见图8-6(a)(b)。n 次反演轴(n 为偶数)与垂直于它的2次旋转轴组合,必产生 $n/2$ 个垂直反演轴的2次轴和 $n/2$ 个包含 n 次反演轴的对称面,见图8-6(c)。

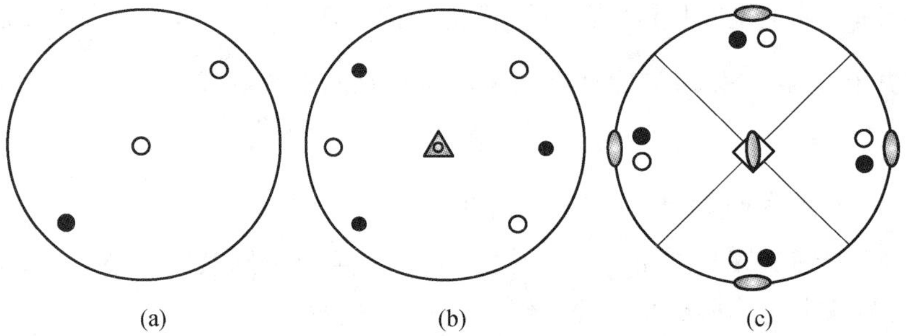

图 8-6 (a)1次反演轴的对称中心;(b)3次反演轴的对称中心;(c)4次反演轴与2次旋转轴的组合

8.3 点群的表示方法

8.3.1 点群的极射赤面投影图

利用极射赤面投影图来表示点群的对称元素分布是一种非常有效的方法。这种方法也最能表达点群对称操作作用在一个点上得到的结果。以点群 $3m$ 为例,让3次轴与参考球的 NS 轴重合,3个等角相交的镜面共同通过3次轴,因此,它们的投影为3条等角相交的直线,交点即为3次轴的投影,如图8-7(a)所示。图8-7(b)、(c)分别为点群对称元素作用在一般位置上和特殊位置上的极点所得到的结果。

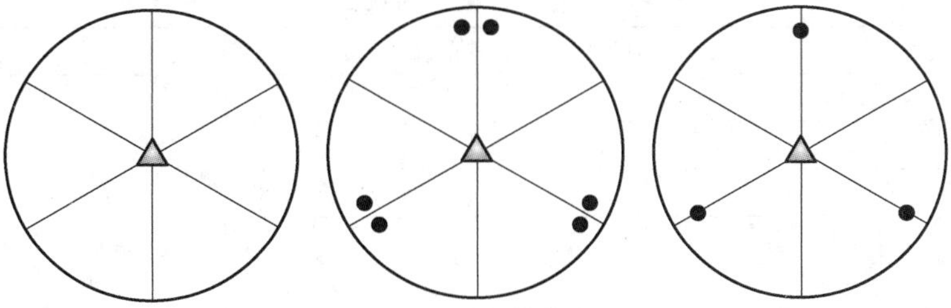
(a)　(b)　(c)

图 8-7　点群 3*m* 的极射赤面投影图

点群$\frac{2}{m}$表示有一个垂直于 2 次旋转轴的镜面。如果以镜面作为投影平面，那么镜面的投影就是极射赤面投影大圆的本身。所以，基圆应画得粗一点，如图 8-8 所示，由镜面反映得到的 2 个极点上下重叠。

立方晶系中点群 $m3m$ 的各对称元素的极射赤面投影图如图 8-9 所示。点群 $m3m$ 的符号表示的意义将在下一小节中讨论，m 表示垂直于或与轴成一定角度的镜面，m 后面的数字表示轴次。事实上，$m3m$ 是一个简写的点群符号，完整的符号应是$\frac{4}{m}3\,\frac{2}{m}$。

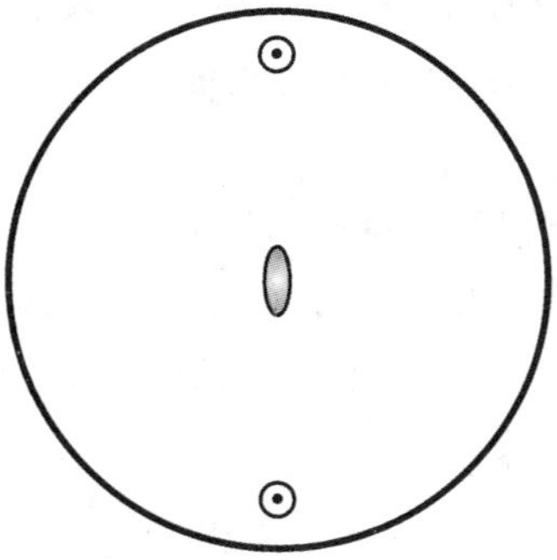

图 8-8　点群的极射赤面投影图
（*m* 处于分母位置表示镜面垂直于 2 次轴）

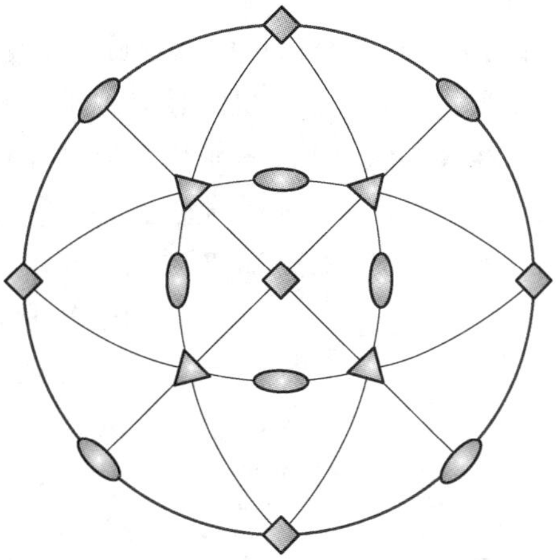

图 8-9　点群 *m3m* 的极射赤面投影图

8.3.2　点群的国际符号

一般情况下，点群的国际符号包括 3 位表示对称元素的字母或数字。每个位置分别代表与 ***a***、***b***、***c*** 三晶轴形成确定关系的方向。在某一方向上出现的旋转轴或反演轴是指与这一方向相平行的旋转轴或反演轴，在某一方向出现的镜面是指与这一方向垂直的镜面。当某一方向同时出现旋转轴或反演轴和镜面时，一般将旋转轴或反演轴写在分数的分子位置，而镜面 m 则写在分母位置。如$\frac{2}{m}$是指该方向上有一个 2 次旋转轴和一个镜面。现将各晶系中与国际符号三个相应的方向列于表 8-4 中。

表 8-4　点群国际符号中各晶系对应的三个位置的方向

晶系	国际符号中的一、二、三位置			备注
立方晶系	***c***/[0 0 1]	***a***+***b***+***c***/[1 1 1]	***a***+***b***/[1 1 0]	
六方晶系	***c***	***a***	2***a***+***b***	
四方晶系	***c***	***a***	***a***+***b***	
三方晶系	***c***	***a***		三方晶系也可按六方晶系表示
正交晶系	***a***	***b***	***c***	
单斜晶系	***b***			
三斜晶系	***a***			

一般情况下，国际符号中 1 与 $\bar{1}$ 往往省略。但在三斜晶系中，1 或 $\bar{1}$ 放在第一位置上。有时，当第三位置上有对称元素，而在第二位置上并无对称元素可以填入时，则可用 1 填补空白。国际符号的优点是点群中的对称元素一目了然。例如，立方晶系中，$\frac{4}{m}3\ \frac{2}{m}$ 表示[0 0 1]与[1 1 0]方向上存在垂直的对称面，[0 0 1]与[1 1 0]方向分别存在一根 4 次旋转轴和一根 2 次旋转轴，平行于[1 1 1]方向存在一根 3 次旋转轴。

除国际符号之外，还经常采用德国晶体学家熊夫利斯（Schoenflies）所规定的符号体系来表示点群，其具体含义如下。

C_n：表示具有一个简单的 n 次旋转对称轴。

C_{nh}：表示具有一个 n 次旋转对称轴以及一个垂直于此对称轴的水平对称面。

C_{nv}：表示具有 n 次旋转轴以及通过此对称轴的垂直对称面。

D_n：表示具有一个 n 次对称主轴，以及 n 个垂直于此主轴的 2 次对称轴。

d：表示通过角平分线的对称面，如 D。

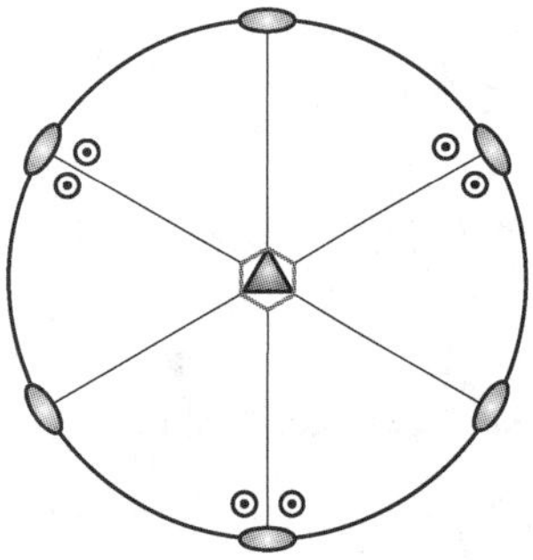

图 8-10　极射赤面投影

S_n：表示具有一个 n 次旋转-反映对称轴 $\tilde{n}$。

T：表示具有 4 个 3 次旋转轴及 3 个 2 次轴的正四面体群。

O：表示具有 3 个 4 次旋转轴，6 个 2 次轴的八面体群。

i：表示对称中心。

m：表示对称面。

例如，点群 $D_{3h}-\bar{6}2m$，D_{3h} 是它的熊夫利斯符号，$\bar{6}2m$ 为国际符号。在 ***c*** 轴方向上有一个 $\bar{6}$，从国际符号可以很直观地判断它属于六方晶系，垂直 $\bar{6}$ 轴有一水平镜面，在三个 ***a*** 方向（$\boldsymbol{a}_1$、$\boldsymbol{a}_2$、$\boldsymbol{a}_3$）上分别有一个 2 次轴，而在 2***a***+***b*** 方向上有一个垂直的镜面。极射赤面投影如图 8-10 所示。

8.4　32 种点群推演

8.4.1　第一类点群——纯旋转点群

这一类点群是由第一类对称元素（5 个旋转轴）推导出来的。这类点群只包含旋转轴，以下分三种情况介绍第一类点群的推演。

1. 只包含一根旋转对称轴 C_n($n=1,2,3,4,6$)的点群——5种

一共有 C_1、C_2、C_3、C_4、C_6 五种，五种点群都是循环群，一般用 C_n 表示，这里 n 不仅表示对称轴的轴次，而且表示循环群的阶次。它们的生殖元素可以表示为$\{C_n\}$。

2. 含有一根以上的旋转对称轴，但高次($n>2$)旋转轴至多只有一个的点群

根据欧拉定理，为了不产生多于一根的高次旋转轴，2次对称轴只能与和它垂直的高次旋转轴相组合。这样可能有的组合方式只有 $2\perp2$、$2\perp3$、$2\perp4$、$2\perp6$ 四种。根据双面群定理：一根2次旋转轴与唯一一根 n 次旋转轴垂直相交，那么一共有 n 根2次轴与该 n 次轴相交，相邻2次轴夹角为 π/n。上面四种组合方式分别对应以下4种点群，统称为双面群。(注：之所以称为双面群，是因为 n 次主旋转轴没有极性，正向和负向倒过来不可辨别。)

(a)$2\perp2\rightarrow$点群222(D_2)：唯一的多轴可交换旋转群。

2根相互垂直的2次轴，组合产生一根和它们都垂直的2次轴。3根2次轴可以相互交换，无主次之分，可以和直角坐标系的3个坐标轴对应起来。该点群属4阶可交换群，可表示为 $D_2=\{E,C_{2x},C_{2y},C_{2z}\}$。这个群可以看作各单轴群$\{E,C_{2x}\}$、$\{E,C_{2y}\}$、$\{E,C_{2z}\}$中任两个的直积群，任两根相互垂直的2次旋转轴组合即可得该群，如图8-11(a)所示。

(b)$2\perp3\rightarrow$点群32(D_3)。

根据双面群定理，组合后将产生3个夹角为60°的2次旋转轴，点群的极射赤面投影如图8-11(b)所示。这个点群属三方晶系，按照点群的国际符号，只需用两位数字32来表示，第一位表示 **c** 轴方向有一根3次旋转轴，第二位表示在 **a** 轴方向有一个2次旋转轴。很显然由此即可导出，有3根夹角为60°的二次旋转轴与 **c** 轴垂直。

(c)$2\perp4\rightarrow$点群422(D_4)。

如图8-11(c)所示，由相互垂直的一根2次轴和一根4次轴组合产生。根据双面群定理，该群含有一根4次旋转轴，4根夹角为45°的2次旋转轴。图8-11(c)所示点群属四方晶系，国际符号为422，表示在 **c** 轴方向有一个4次旋转轴，**a** 轴和 **a**+**b** 方向各有一个2次轴。

(d)$2\perp6\rightarrow$点群622(D_6)。

由相互垂直的一根2次轴和一根6次轴组合产生。根据双面群定理，该群含有一根6次旋转轴，6根夹角为30°的2次旋转轴。图8-11(d)所示点群属六方晶系，国际符号为622，表示在 **c** 轴方向有一根6次旋转轴，**a** 轴和2**a**+**b** 方向各有一根2次轴。

3. 含有一个以上的高次旋转对称轴($n>2$)的纯旋转点群：立方旋转点群

3、4、6为高次旋转对称轴。根据欧拉定理和晶体学轴次定理，共点对称轴的组合只可能有2-2-2、2-2-3、2-2-4、2-2-6、3-3-2、4-3-2这6种组合方式。前4种组合高次轴为1，产生4个双面群，前面已经介绍；后面2种组合产生2个立方旋转点群。

为什么旋转轴次只能有上面6种组合，而其他组合在实际晶体中不能存在呢？这是因为2根旋转轴的组合，需要满足欧拉定理。根据欧拉定理，任何两根旋转轴(**A**、**B**)的交点处必可找到第三根新旋转轴 **C**，且任意两根相邻旋转轴之间交角服从欧拉定理，它的数学表达式见式(8-1)。

假设存在这样一个组合3-3-3，那么根据欧拉定理：

$$\cos(\boldsymbol{A}\wedge\boldsymbol{B})=\frac{\cos\dfrac{\gamma}{2}+\cos\dfrac{\alpha}{2}\cos\dfrac{\beta}{2}}{\sin\dfrac{\alpha}{2}\sin\dfrac{\beta}{2}}=\frac{\cos\dfrac{120^\circ}{2}+\cos\dfrac{120^\circ}{2}\cos\dfrac{120^\circ}{2}}{\sin\dfrac{120^\circ}{2}\sin\dfrac{120^\circ}{2}}=1 \tag{8-4}$$

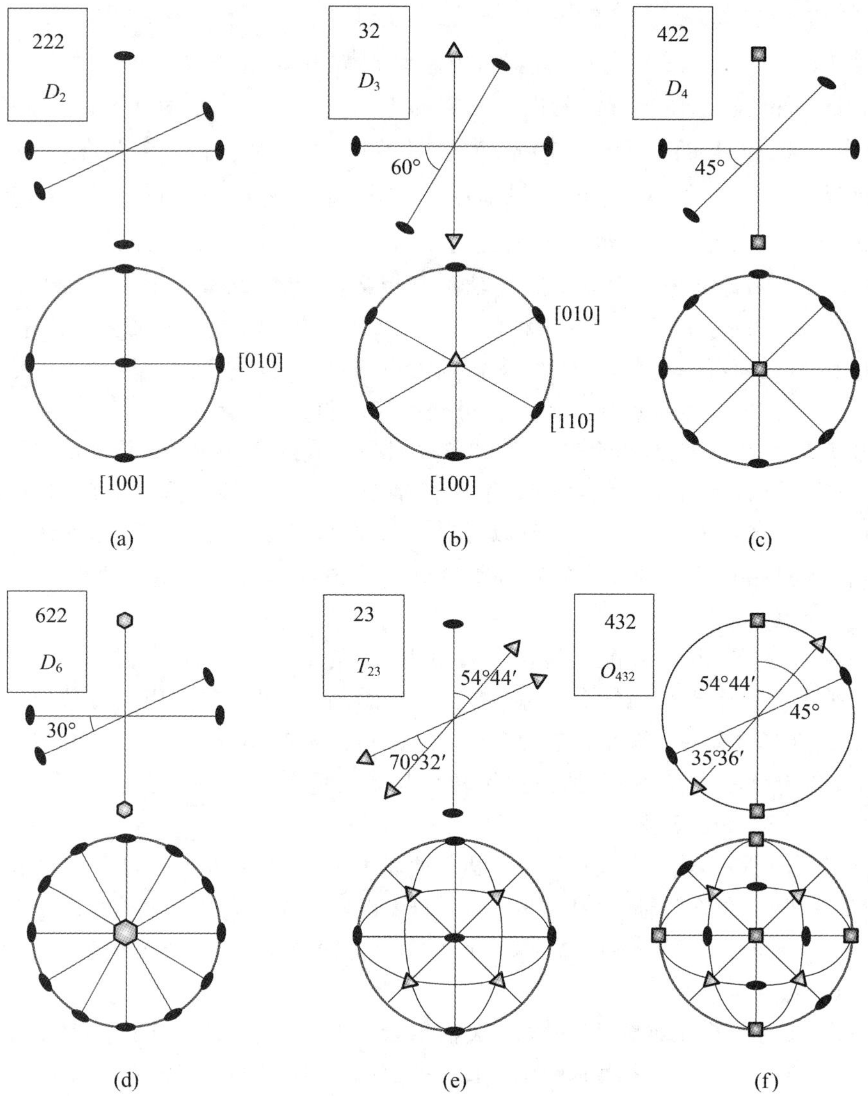

图 8-11　旋转轴和旋转轴组合产生的点群

(a)～(d)双面群;(e)(f)立方旋转点群

也就是说,要求 ***A*** 轴和 ***B*** 轴重合,说明这种组合是不存在的。接下来介绍 3-3-2、4-3-2 这两种组合方式产生的点群。

(a)3-3-2→点群 23(T)。

如图 8-11(e)所示,点群 T_{23} 的对称轴系中,有 4 根 3 次轴处于＜1 1 1＞方向,3 根 2 次轴处于＜0 0 1＞方向。这种点群对应的是几何外形为正四面体的晶体,因此其熊夫利斯符号为 T(Tetrahedral)。

(b)4-3-2→点群 432(O)。

这种点群对应的是几何外形为正八面体或立方体的晶体,因此其熊夫利斯符号为 O(Octahedral),其极射赤面投影如图 8-11(f)所示。点群 432 共有 3 根 4 次轴,4 根 3 次轴,6 根 2 次轴。如果将不动点放置在立方体的中心,第一号位方向有 3 根指向立方体面心(或立方体坐标轴)的 4 次轴;第二号位方向有 4 根沿立方体体对角线方向的 3 次轴;第三号位方向有 6 根连接立方体对角平行棱中点(面对角线方向)的 2 次轴。

综上所述,一共有 11 个纯旋转点群(第一类点群)。其中有 5 个单轴群,即 1、2、3、4、6;4 个双面群,即 222、32、422、622;2 个立方旋转点群,即 23、432。

8.4.2　第二类点群

前已述及,两个第一类对称元素(+)组合,必然产生第一类对称元素,即(+)(+)=(+);两个第二类对称元素(−)相组合,必然产生第一类对称元素,即(−)(−)=(+);而第一类对称元素和第二类对称元素组合,则产生第二类对称元素,即(−)(+)=(−)。可见第二类点群是由第一类点群与第二类对称元素适当组合构成的。

定理 8-6(对开定理):任何含第二类对称操作的点群中,第一类操作的数目与第二类操作的数目相等。

证明:N 阶点群 G_N 中,所有第一类对称操作的集合 G_{n1} 为

$$G_{n1}=\{g_1,g_2,\cdots,g_n\} \tag{8-5}$$

所有第二类对称操作的集合 G_{n2} 为

$$G_{n2}=\{g'_1,g'_2,\cdots,g'_{N-n}\} \tag{8-6}$$

集合 G_{n2} 中任意元素 g'_i 与子群 G_{n1}、G_{n2} 分别相乘得到:

$$G_{n3}=\{g_1g'_i,g_2g'_i,\cdots,g_ng'_i\};\ G_{n4}=\{g'_1g'_i,g'_2g'_i,\cdots,g'_{N-n}g'_i\} \tag{8-7}$$

所以 G_{n3} 是第二类对称操作的集合,而 G_{n4} 是第一类对称操作的集合。根据群的性质:

比较集合 G_{n1} 和 G_{n4},由于 G_{n1} 包含 G 中所有第一类对称操作,因此 $n\geqslant N-n$;

比较集合 G_{n2} 和 G_{n3},由于 G_{n2} 包含 G 中所有第二类对称操作,因此有 $N-n\geqslant n$;

所以 $n=N-n$,$n=N/2$,对开定理得证。

通过对开定理可以得到以下三条推论:

(1) 含第二类对称操作的点群的阶次一定为偶数。因为既有(−)(+)组合,还有(+)(−)组合。

(2) 晶体学点群的最高阶为 48,因为第一类点群最高阶为 24(432 点群)。

(3) 晶体学的所有点群是由纯旋转群与反映群$\{E,m\}$或反演群$\{E,i\}$组合成的直积群及其子群构成的。

1. 纯旋转点群与对称中心(反演)的组合

(1) 单轴旋转群 C_n 与对称中心的组合。

1、2、3、4、6 这五根旋转轴与反演轴 i 组合成一种新的对称动作,即旋转-反演,简称反演轴。各种反演轴的符号如图 8-12 所示。

第 2 章已提到,上述 5 根反演轴中,只有 $\bar{4}$ 是独立的宏观对称元素。图 8-12(b)表示一根 4 次反演轴的极射赤面投影,可以看出它和 $\bar{2}$、$\bar{6}$ 反演轴一样,都不包含对称中心,而 $\bar{1}$ 和 $\bar{3}$ 包含一个对称中心,$\bar{1}$ 和 $\bar{3}$ 又可看成反演对称中心分别与点群 1 和 3 组合而成的,如图 8-13所示。

根据前述的对称轴与对称中心的组合规律,偶次轴或偶次反演轴和垂直于它的对称面以及对称中心三者中任意两者的组合,必定产生第三者。5 个单轴旋转点群与反演轴的组合分别形成 $\bar{1}$、$\frac{2}{m}$、$\bar{3}$、$\frac{4}{m}$、$\frac{6}{m}$五个中心对称点群,如图 8-13 和图 8-14 所示。

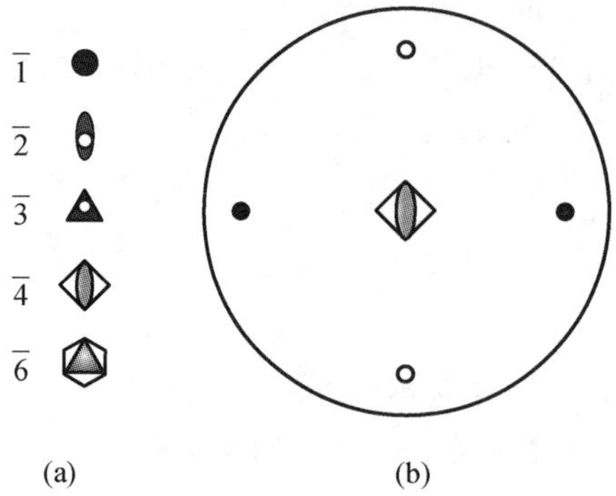

图 8-12　各种反演轴的符号示意图

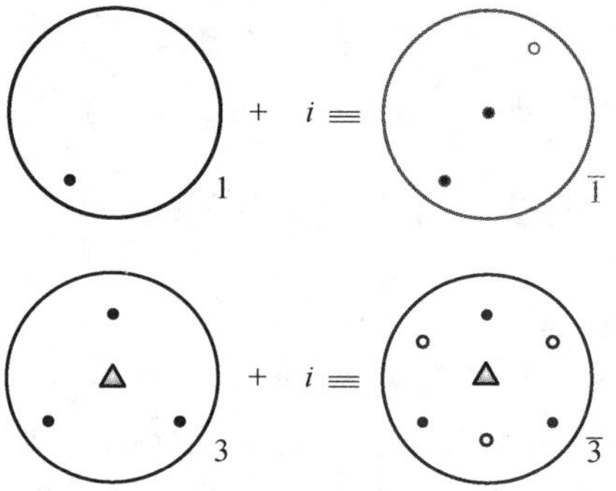

图 8-13　$\bar{1}$ 和 $\bar{3}$ 反演轴的极射赤面投影

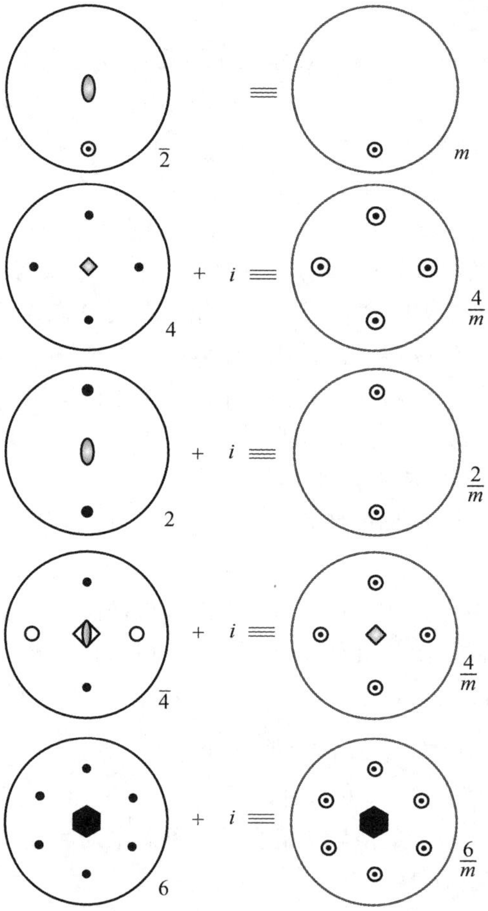

图 8-14　对称元素的组合的极射赤面投影

(2) 双面群 D_n 与对称中心(反演)的组合。

前已述及,共有 4 个双面群 D_n,分别为 222、32、422、622。这 4 个双面群和对称中心组合时:

① 如果 n 为 2、4、6 时,双面群 222、422、622 和对称中心组合时,根据对称轴和对称中心的组合规律,点群 D_n 的 $n+1$ 个偶次对称轴加上对称中心,共可产生 $n+1$ 个对称面(镜面),其中 1 个对称面垂直于主轴,另外 n 个对称面分别垂直于 n 根 2 次轴,形成的点群记为 D_{nh},

也即

a. D_2 群和对称中心组合，形成新群 D_{2h}—$\frac{2}{m}\frac{2}{m}\frac{2}{m}$，简记为 mmm。

b. D_4 群和对称中心组合，形成新群 D_{4h}—$\frac{4}{m}\frac{2}{m}\frac{2}{m}$，简记为$\frac{4}{m}mm$。

c. D_6 群和对称中心组合，形成新群 D_{6h}—$\frac{6}{m}\frac{2}{m}\frac{2}{m}$，简记为$\frac{6}{m}mm$。

② 当 n 为奇数 3 时，对称中心与 3 次轴组合不产生对称面，但与 3 根 2 次轴组合却可以产生 3 个垂直于 2 次轴的对称面。双面群 32(D_3)和对称中心的组合形成 D_{3h} 群，符号为 $\bar{3}\ \frac{2}{m}$，简记为 $\bar{3}m$。

(3) 立方旋转点群与对称中心(反演)的组合。

点群 23 加上对称中心后，[1 0 0]、[0 1 0]和[0 0 1] 3 个方向的 2 次轴与反演操作组合后分别产生垂直于上述三个方向的对称面 m(镜面)；4 根 3 次旋转轴与反演操作组合产生 4 根相应的旋转-反演轴，再加上反演本身，共产生 12 个新的对称操作。所以立方旋转点群与对称中心(反演群)组合后形成新的点群 T_h，即$\frac{2}{m}\bar{3}$，简记为 $m\bar{3}$。注意不要与点群 $\bar{3}m$(D_{3h})混淆。

点群 432 加上对称中心后，形成对称性最高的新点群$\frac{4}{m}\bar{3}\ \frac{2}{m}$，简记为 $m\bar{3}m$，熊夫利斯符号为 O_h。正方体、正八面体是 $m\bar{3}m$ 对称性的典型代表。群阶次为 48，对称要素为：第一号位方向有 3 根 4 次旋转轴和 3 个与之垂直的对称面；第二号位方向有 4 根 3 次旋转-反演轴(包含对称中心)；第三号位方向有 6 根 2 次旋转轴及与之垂直的 6 个对称面。

现将纯旋转点群与对称中心组合后形成新点群的情况总结如下：

① 5 个单轴旋转群 C_n 的对称轴加上对称中心，当 n=2、4、6 时，对称操作除 n 次旋转轴和对称中心之外，还产生垂直于 n 次旋转轴的对称面 m。相应的点群为$\frac{n}{m}$(n=2、4、6)，熊夫利斯符号为 C_{nh}。当 n=1 时，加上对称中心仍为中心对称点群；当 n=3 时，产生的新点群为 $\bar{3}$，无对称面。所以 5 个单轴旋转点群加上对称中心后组合分别形成 5 个中心对称点群：$\bar{1}$、$\frac{2}{m}$、$\bar{3}$、$\frac{4}{m}$、$\frac{6}{m}$。

② 4 个双面群 D_n(n=2、3、4、6)加上对称中心，产生 4 个新的中心对称点群 D_{nh}，分别为 mmm(n=2)、$\bar{3}m$(n=3)、$\frac{4}{m}mm$(n=4)、$\frac{6}{m}mm$(n=6)。

③ 2 个立方对称点群 23(T)、432(O)加上对称中心后，分别产生 $m\bar{3}$(T_h)和 $m\bar{3}m$(O_h)两个新群。其中 $m\bar{3}m$ 为对称性最高的晶体学点群。

④ 纯旋转点群加上对称中心后共产生 11 个新的中心对称点群。

2. 含第二类对称操作的非中心对称点群

纯旋转点群与反映群组合构成点群，当这样的点群具有对称中心时，可以归结到上一小节的内容。本小节只讨论旋转点群与反映群组合形成的非中心对称点群。在旋转轴和对称面组合时，在不破坏旋转轴系本身的前提下，有三种放置方式：①对称面和旋转轴处于同一平面，即对称面贴在对称轴上的 m_v 放置；②对称面垂直对称轴的 m_h 放置；③参照 D_{3d} 点群

的 m_d 放置，即对称面垂直于由两个相邻同轴次旋转轴组成的平面且平分这两个轴的夹角，m_d 交换两个相邻的轴，对称体系整体不变。

(1) 单轴旋转群 C_n 与反映群的组合。

C_n 与对称面组合时，只有 m_h 和 m_v 这两种可能的放置。当 n 为 1 时，无所谓 m_h 和 m_v 放置，组合结果是 m 本身。当 $n=2$、4、6 时，m_h 放置的效果和上一小节介绍的单轴旋转群与对称中心组合的效果一致。因此讨论非中心对称点群时，只考虑 m_v 放置。所以 5 个单轴旋转群与反映群组合得到 5 个新的非中心对称点群。当 $n=3$ 时，对称面采用 m_h 放置组合时，产生点群 C_{3h}，其对称效果与 6 次旋转-反演轴 $\bar{6}$ 的效果相同。单轴旋转群 C_n 与反映群的组合产生的非中心对称点群如表 8-5 所示。

表 8-5　单轴旋转群 C_n 与反映群的组合产生的非中心对称点群

反映群	m					
单轴旋转群 C_n	C_1	C_2	C_3	C_4	C_6	
非中心对称群	m	$mm2(C_{2v})$	$3m(C_{3v})$	$4mm(C_{4v})$	$6mm(C_{6v})$	(C_{3h})

说明：以 2 次轴为例，如果 2 次轴为[0 0 1]方向，和 m_v 组合得到的点群为 $mm2$，表示的是在平行于[1 0 0]和[0 1 0]方向各存在一个 m_v 对称面。

(2) 双面群 D_n 与反映群的组合。

双面群与反映群组合后，剔除其中具有对称中心的点群，得到 $\bar{4}2m(D_{2d})$ 和 $\bar{6}2m(D_{3h})$ 两个非中心对称点群。

(3) 立方旋转群与反映群的组合。

立方旋转群与反映群组合后，剔除其中具有对称中心的点群，得到 $\bar{4}3m$ 非中心对称新点群。

(4) 点群 $\bar{4}(S_4)$。

此外，如图 8-12(b)所示，点群 $\bar{4}$ 也不具有对称中心，这与第 2 章的结论也一致。至此已推演出了所有纯旋转点群以及它们与反演群和反映群构成的所有直接群，共有 32 个晶体学点群。

8.5　点群的转换矩阵及分类

8.5.1　点群的转换矩阵

所有 32 个点群，都有相应的转换矩阵。当点群中含有一个对称元素时，则对称元素的坐标转换矩阵即为点群的转换矩阵；当点群是由 2 个或 2 个以上对称元素组合而成时，则把相应的转换矩阵相乘即得该点群的转换矩阵。必须指出，其中不包括由组合定律推演出来的对称元素的转换矩阵，因为它们是不独立的。

例如，正交晶系中的点群 $222(D_2)$，表示在 $\boldsymbol{a}$、$\boldsymbol{b}$、$\boldsymbol{c}$ 三轴上分别有一个 2 次轴，但其中只有 2 个 2 次轴是独立的，即 $\boldsymbol{c}$ 轴（若以它为主轴）和 $\boldsymbol{a}$ 轴（或 $\boldsymbol{b}$ 轴），另一个轴上的 2 次轴可由前二者组合而产生，因此，这个点群的转换矩阵为

$$\begin{bmatrix} -1 & 0 & 0 \\ 0 & -1 & 0 \\ 0 & 0 & 1 \end{bmatrix} \begin{bmatrix} 1 & 0 & 0 \\ 0 & -1 & 0 \\ 0 & 0 & -1 \end{bmatrix} \tag{8-8}$$

四方晶系中的$\frac{4}{m}mm(D_{4h})$点群，表示在 $\boldsymbol{c}$ 轴方向有一根 4 次旋转轴且有一个垂直于该 4 次旋转轴的镜面，在 $\boldsymbol{a}$ 和 $\boldsymbol{a}+\boldsymbol{b}$ 两个方向上各有一个镜面(m)与它们垂直，其中 $\boldsymbol{c}$ 轴上的$\frac{4}{m}$与垂直于 $\boldsymbol{a}$ 轴的镜面是独立的，与 $\boldsymbol{a}+\boldsymbol{b}$ 方向垂直的镜面可由 4 次轴和 $\boldsymbol{a}$ 轴上的镜面组合而产生，所以这个点群的转换矩阵为

$$\begin{bmatrix} 1 & 0 & 0 \\ 0 & -1 & 0 \\ 0 & 0 & 1 \end{bmatrix} \begin{bmatrix} 1 & 0 & 0 \\ 0 & 1 & 0 \\ 0 & 0 & -1 \end{bmatrix} \begin{bmatrix} -1 & 0 & 0 \\ 0 & 1 & 0 \\ 0 & 0 & 1 \end{bmatrix} \tag{8-9}$$

$\bar{6}m2$ 表示在平行 $\boldsymbol{c}$ 轴方向上有一个 $\bar{6}$；在垂直于 $\boldsymbol{a}$ 轴方向上存在一个镜面，在 $2\boldsymbol{a}+\boldsymbol{b}$ 方向上有一根 2 次旋转轴。但其中只有 $\boldsymbol{c}$ 轴上的 $\bar{6}$ 和 $\boldsymbol{a}$ 轴上的镜面是独立的，故点群 $\bar{6}m2$ 的转换矩阵为

$$\begin{bmatrix} -\frac{1}{2} & -\sqrt{\frac{3}{2}} & 0 \\ \sqrt{\frac{3}{2}} & \frac{1}{2} & 0 \\ 0 & 0 & -1 \end{bmatrix} \begin{bmatrix} -1 & 0 & 0 \\ 0 & 1 & 0 \\ 0 & 0 & 1 \end{bmatrix} \tag{8-10}$$

8.5.2　点群与所属晶系

现在，再来讨论晶系、32 个点群和 14 种布拉维点阵之间的关系，以了解它们之间的内在联系。根据点群的特征对称元素可以将它们归至七大晶系，由于晶体结构是点阵与结构基元的组合，当低对称性的结构基元取代点阵的阵点之后，必然使形成的晶体结构的对称性降低。所以属于每个晶系的点阵的格子形式必具有这个晶系的最高对称性，它必能容纳属于这个晶系的最高对称性的点群，同时又能直观地反映出这个晶系的特征对称元素。因此，为了推演各种可能的布拉维格子，当对各类晶系的 P 型格子进行有心化时，推演出的新格子形式绝不能改变原有 P 型格子的对称性，即仍要容纳下所属晶系中最高对称性的点群。显然，这就决定了七大晶系所有的空间点阵格子形式只能有 14 种，即 14 种布拉维格子。表 8-6 列出了 32 个点群所对应的转换矩阵，简明地表示了晶系、14 种布拉维格子、特征对称元素和晶系最高对称性的点群之间的关系。

表 8-6　点群的转换矩阵

晶系	国际符号	在正交坐标中的转换矩阵
三斜(triclinic) $a\neq b\neq c$ $\alpha\neq\beta\neq\gamma$	1	$\begin{bmatrix} 1 & 0 & 0 \\ 0 & 1 & 0 \\ 0 & 0 & 1 \end{bmatrix}$
	$\bar{1}=i$	$\begin{bmatrix} -1 & 0 & 0 \\ 0 & -1 & 0 \\ 0 & 0 & -1 \end{bmatrix}$

续表

晶系	国际符号	在正交坐标中的转换矩阵
单斜(monoclinic) $a \neq b \neq c$ $\gamma = \alpha = 90^\circ$ $\beta \neq 90^\circ$	2	$\begin{bmatrix} -1 & 0 & 0 \\ 0 & -1 & 0 \\ 0 & 0 & 1 \end{bmatrix}$
	m	$\begin{bmatrix} -1 & 0 & 0 \\ 0 & 1 & 0 \\ 0 & 0 & -1 \end{bmatrix}$
	$\frac{2}{m}$	$\begin{bmatrix} -1 & 0 & 0 \\ 0 & -1 & 0 \\ 0 & 0 & 1 \end{bmatrix} \begin{bmatrix} -1 & 0 & 0 \\ 0 & 1 & 0 \\ 0 & 0 & -1 \end{bmatrix}$
正交(orthorhombic) $a \neq b \neq c$ $\alpha = \beta = \gamma = 90^\circ$	222	$\begin{bmatrix} 1 & 0 & 0 \\ 0 & -1 & 0 \\ 0 & 0 & -1 \end{bmatrix} \begin{bmatrix} -1 & 0 & 0 \\ 0 & -1 & 0 \\ 0 & 0 & 1 \end{bmatrix}$
	$mm2$	$\begin{bmatrix} -1 & 0 & 0 \\ 0 & 1 & 0 \\ 0 & 0 & 1 \end{bmatrix} \begin{bmatrix} -1 & 0 & 0 \\ 0 & -1 & 0 \\ 0 & 0 & 1 \end{bmatrix}$
	mmm	$\begin{bmatrix} -1 & 0 & 0 \\ 0 & 1 & 0 \\ 0 & 0 & 1 \end{bmatrix} \begin{bmatrix} 1 & 0 & 0 \\ 0 & -1 & 0 \\ 0 & 0 & 1 \end{bmatrix} \begin{bmatrix} 1 & 0 & 0 \\ 0 & 1 & 0 \\ 0 & 0 & -1 \end{bmatrix}$
四方(tetragonal) $a \neq b \neq c$ $\alpha = \beta = \gamma = 90^\circ$	4	$\begin{bmatrix} 0 & 1 & 0 \\ -1 & 0 & 0 \\ 0 & 0 & 1 \end{bmatrix}$
	$\bar{4}$	$\begin{bmatrix} 0 & -1 & 0 \\ 1 & 0 & 0 \\ 0 & 0 & -1 \end{bmatrix}$
	422	$\begin{bmatrix} 0 & 1 & 0 \\ -1 & 0 & 0 \\ 0 & 0 & 1 \end{bmatrix} \begin{bmatrix} 1 & 0 & 0 \\ 0 & -1 & 0 \\ 0 & 0 & -1 \end{bmatrix}$
	$\frac{4}{m}$	$\begin{bmatrix} 0 & 1 & 0 \\ -1 & 0 & 0 \\ 0 & 0 & 1 \end{bmatrix} \begin{bmatrix} 1 & 0 & 0 \\ 0 & 1 & 0 \\ 0 & 0 & -1 \end{bmatrix}$
	$4mm$	$\begin{bmatrix} 0 & 1 & 0 \\ -1 & 0 & 0 \\ 0 & 0 & 1 \end{bmatrix} \begin{bmatrix} -1 & 0 & 0 \\ 0 & 1 & 0 \\ 0 & 0 & 1 \end{bmatrix}$
	$\bar{4}2m$	$\begin{bmatrix} 0 & -1 & 0 \\ 1 & 0 & 0 \\ 0 & 0 & -1 \end{bmatrix} \begin{bmatrix} 1 & 0 & 0 \\ 0 & -1 & 0 \\ 0 & 0 & -1 \end{bmatrix}$

续表

晶系	国际符号	在正交坐标中的转换矩阵
四方(tetragonal) $a\neq b\neq c$ $\alpha=\beta=\gamma=90^\circ$	$\frac{4}{m}mm$	$\begin{bmatrix}0&1&0\\-1&0&0\\0&0&1\end{bmatrix}\begin{bmatrix}1&0&0\\0&1&0\\0&0&-1\end{bmatrix}\begin{bmatrix}-1&0&0\\0&1&0\\0&0&1\end{bmatrix}$
三方(trigonal) $a=b=c$ $\alpha=\beta=\gamma\neq 90^\circ$	3	$\begin{bmatrix}\frac{1}{2}&\frac{\sqrt{3}}{2}&0\\\frac{\sqrt{3}}{2}&-\frac{1}{2}&0\\0&0&1\end{bmatrix}$
六方(hexagonal) $a=b\neq c$ $\alpha=\beta=90^\circ$ $\gamma\neq 120^\circ$	$\bar{3}$	$\begin{bmatrix}\frac{1}{2}&-\frac{\sqrt{3}}{2}&0\\\frac{\sqrt{3}}{2}&-\frac{1}{2}&0\\0&0&-1\end{bmatrix}$
	32	$\begin{bmatrix}-\frac{1}{2}&\frac{\sqrt{3}}{2}&0\\-\frac{\sqrt{3}}{2}&-\frac{1}{2}&0\\0&0&-1\end{bmatrix}\begin{bmatrix}1&0&0\\0&-1&0\\0&0&-1\end{bmatrix}$
	$3m$	$\begin{bmatrix}-\frac{1}{2}&\frac{\sqrt{3}}{2}&0\\-\frac{\sqrt{3}}{2}&-\frac{1}{2}&0\\0&0&1\end{bmatrix}\begin{bmatrix}-1&0&0\\0&1&0\\0&0&1\end{bmatrix}$
	$\bar{3}m$	$\begin{bmatrix}-\frac{1}{2}&\frac{\sqrt{3}}{2}&0\\-\frac{\sqrt{3}}{2}&-\frac{1}{2}&0\\0&0&1\end{bmatrix}\begin{bmatrix}-1&0&0\\0&1&0\\0&0&1\end{bmatrix}$
	6	$\begin{bmatrix}\frac{1}{2}&\frac{\sqrt{3}}{2}&0\\-\frac{\sqrt{3}}{2}&\frac{1}{2}&0\\0&0&1\end{bmatrix}$
	$\bar{6}$	$\begin{bmatrix}-\frac{1}{2}&-\frac{\sqrt{3}}{2}&0\\\frac{\sqrt{3}}{2}&\frac{1}{2}&0\\0&0&-1\end{bmatrix}$

续表

晶系	国际符号	在正交坐标中的转换矩阵
六方(hexagonal) $a=b\neq c$ $\alpha=\beta=90^\circ$ $\gamma\neq 120^\circ$	$\bar{6}m2$	$\begin{bmatrix} -\frac{1}{2} & -\frac{\sqrt{3}}{2} & 0 \\ \frac{\sqrt{3}}{2} & -\frac{1}{2} & 0 \\ 0 & 0 & -1 \end{bmatrix}\begin{bmatrix} -1 & 0 & 0 \\ 0 & 1 & 0 \\ 0 & 0 & 1 \end{bmatrix}$
	622	$\begin{bmatrix} \frac{1}{2} & \frac{\sqrt{3}}{2} & 0 \\ -\frac{\sqrt{3}}{2} & \frac{1}{2} & 0 \\ 0 & 0 & 1 \end{bmatrix}\begin{bmatrix} 1 & 0 & 0 \\ 0 & -1 & 0 \\ 0 & 0 & -1 \end{bmatrix}$
	$\frac{6}{m}$	$\begin{bmatrix} \frac{1}{2} & \frac{\sqrt{3}}{2} & 0 \\ -\frac{\sqrt{3}}{2} & \frac{1}{2} & 0 \\ 0 & 0 & 1 \end{bmatrix}\begin{bmatrix} 1 & 0 & 0 \\ 0 & 1 & 0 \\ 0 & 0 & -1 \end{bmatrix}$
	$6mm$	$\begin{bmatrix} \frac{1}{2} & \frac{\sqrt{3}}{2} & 0 \\ -\frac{\sqrt{3}}{2} & \frac{1}{2} & 0 \\ 0 & 0 & 1 \end{bmatrix}\begin{bmatrix} -1 & 0 & 0 \\ 0 & 1 & 0 \\ 0 & 0 & 1 \end{bmatrix}$
	$\frac{6}{m}mm$	$\begin{bmatrix} \frac{1}{2} & \frac{\sqrt{3}}{2} & 0 \\ -\frac{\sqrt{3}}{2} & \frac{1}{2} & 0 \\ 0 & 0 & 1 \end{bmatrix}\begin{bmatrix} 1 & 0 & 0 \\ 0 & 1 & 0 \\ 0 & 0 & -1 \end{bmatrix}\begin{bmatrix} -1 & 0 & 0 \\ 0 & 1 & 0 \\ 0 & 0 & 1 \end{bmatrix}$
立方(cubic) $a=b=c$ $\alpha=\beta=\gamma=90^\circ$	23	$\begin{bmatrix} -1 & 0 & 0 \\ 0 & -1 & 0 \\ 0 & 0 & 1 \end{bmatrix}\begin{bmatrix} 0 & 1 & 0 \\ 0 & 0 & 1 \\ 1 & 0 & 0 \end{bmatrix}$
	432	$\begin{bmatrix} 0 & 1 & 0 \\ -1 & 0 & 0 \\ 0 & 0 & 1 \end{bmatrix}\begin{bmatrix} 0 & 1 & 0 \\ 0 & 0 & 1 \\ 1 & 0 & 0 \end{bmatrix}$
	$\frac{2}{m}\bar{3}(m\bar{3})$	$\begin{bmatrix} 1 & 0 & 0 \\ 0 & 1 & 0 \\ 0 & 0 & -1 \end{bmatrix}\begin{bmatrix} 0 & -1 & 0 \\ 0 & 0 & -1 \\ -1 & 0 & 0 \end{bmatrix}$
	$\bar{4}3m$	$\begin{bmatrix} 0 & -1 & 0 \\ 1 & 0 & 0 \\ 0 & 0 & -1 \end{bmatrix}\begin{bmatrix} 0 & 1 & 0 \\ 0 & 0 & 1 \\ 1 & 0 & 0 \end{bmatrix}$
	$m\bar{3}m$	$\begin{bmatrix} 0 & 1 & 0 \\ -1 & 0 & 0 \\ 0 & 0 & 1 \end{bmatrix}\begin{bmatrix} 0 & -1 & 0 \\ 0 & 0 & -1 \\ -1 & 0 & 0 \end{bmatrix}\begin{bmatrix} 0 & 1 & 0 \\ 1 & 0 & 0 \\ 0 & 0 & -1 \end{bmatrix}$

习题八

8-1　根据组合定律写出由下列对称元素组合而成的点群，按照国际符号和熊夫利斯符号的规定分别指明它的符号，并作出它们的极射赤面投影图。

$1+i$；$3+i$；$4+i$；$6+i$

8-2　作点群 23 和 432 的极射赤面投影图，并写出它们的熊夫利斯符号。

8-3　计算点群 23 和 432 中各个旋转轴之间的夹角，作出它们的极射赤面投影图(包括各对称元素作用在一般位置的极点上所得到的各极点的位置)。

8-4　写出下列点群 $\frac{2}{m}$、mmm、$\frac{4}{m}mm$、$3m$、$\frac{6}{m}mm$、432、$m3m$ 的转换矩阵以及其所属晶系。

8-5　写出七大晶系的特征对称元素，写出各个晶系中最高对称性的点群，以及它们所包含的对称元素。

8-6　总结晶体对称分类的原则，写出 32 种点群的国际符号。

第9章 空 间 群

上一章已谈到，晶体宏观对称性可由点群来描述，而晶体结构是由空间点阵和相应的结构基元构成的。如果将描述晶体宏观对称性的点群与晶体结构内部的平移对称性组合起来，就形成了描述晶体内部结构的空间群。由于32个点群可根据其特征对称元素归至七大晶系，因此并非任意一个点群与任意一个布拉维格子中平移矢量就可组合成一种空间群。由于点群中的各个对称元素必须通过或至少相交于一点（点群中心），此点必为固定的点，显然，只有当这些点群中心与同属一个晶系的布拉维格子的一个格点重合时，空间点阵中的其他格点才服从点群中的对称元素操作。因此，布拉维格子的格点就是相应晶系的点群中心。这样，置于某一特定空间点阵格点上的结构基元就不能是任意的基元，也就是说，结构基元也必须具有该空间点阵所属晶系的任一点群的对称性，否则，不能自洽。所以，结构基元的对称性实际上是由点群来描述的。

9.1 晶体的微观对称性和对称元素

当空间点阵的每个格点加上结构基元成为晶体结构时，晶体结构的微观对称性应由相应点群中的对称元素与空间点阵中所包含的平移对称元素所组合形成的空间群来描述。晶体的微观对称性还具有宏观不能出现的对称元素——空间点阵（平移轴）。平移和旋转或反映的复合对称操作，又会产生新的对称元素，如螺旋和滑移，它们是在微观的无限空间中所特有的，称为微观对称元素。

晶体的微观对称性和宏观对称性的主要区别在于：

(1) 晶体的宏观对称性的对称元素必须相交于一点，而微观对称性的对称元素无须交于一点，可以在三维空间无限分布。

(2) 晶体的宏观对称性的对称元素只考虑方向，而微观对称性中需要考虑对称元素的相互位置关系。表9-1列出了晶体的宏观对称性和微观对称性的差别。

表9-1 晶体的宏观对称性和微观对称性的差别

宏观对称性	微观对称性
有限大小的晶体外形中的对称性	无限的晶体结构中的对称性
分辨能力受观察所限制	实际存在的、本质的
对称元素只考虑方向	不仅考虑方向，还考虑对称元素的相互位置关系
对称元素必须交于一点	对称元素无须交于一点，在三维空间无限分布
对称动作只有点动作	包括点动作与空间动作

在空间群的推导中，首先应考虑点群中的镜面（m）和旋转轴与空间点阵中的平移对称元素相互组合所形成两类新的对称元素，即滑移和螺旋。这些对称元素再与点群中的其他

对称元素组合形成一系列空间群。所以，通过一个点群作用在同属一个晶系的各个空间格子上能得到若干个空间群，32 个点群分别作用在相应晶系的布拉维格子上可以产生 230 个空间群。空间群的概念是相当重要的，因为只有空间群才能充分地描述晶体结构的对称性，接下来将简要地介绍空间群对称的表示方法以及它们在实际晶体结构分析中的应用。

9.2　平　　移

在几何图形中，平移是指在同一平面内将一个图形上的所有点都按照某个直线方向做相同距离的移动，这样的图形运动叫作图形的平移运动，简称平移。平移不改变图形的形状和大小，只是位置发生变化。显然，平移是由方向和距离决定的，它可以视为将同一个向量加到每点上，或将坐标系统的中心移动所得的结果。图形经过平移，新图形与原图形的对应点所连的线段平行且相等，对应角相等，对应点所连的线段也相等。

在晶体结构中，由于空间点阵是晶体内部结构在三维空间呈平行对称规律的几何图形。因此，晶体结构的平移是指晶体结构沿空间点阵中任意一条行列移动一个或若干个格点的间距，可使每一个质点与其相同的质点重合。因此，空间点阵中的任一条行列就是平移对称的平移轴，平移轴为一条直线。在平移对称变换中，能够使晶体结构复原的最小平移距离，称为平移轴的移动距离，简称移距。

9.3　*n* 次螺旋（旋转平移）

螺旋是指当晶体结构围绕一条直线（即螺旋轴，可以是假想的直线）旋转一定角度，并平行此直线平移一定距离后，晶体结构中的每一个质点都与其相同的质点重合，整个晶体结构也自相重合。显然，螺旋是一种由旋转和平移构成的复合对称元素。与宏观晶体的对称元素一样，螺旋受晶体点阵结构规律性的约束，由于点阵只有 1、2、3、4、6 次旋转轴，因此晶体结构也只有 1、2、3、4、6 次螺旋轴。

一个 n_s 次螺旋轴，表示绕该轴转 360°/n 角度后，再沿轴的方向平移 $\tau\left(\tau=\dfrac{sT}{n}\right)$。其中，平移的距离 τ 称为螺距；$n=1,2,3,4,6$；s 为小于 n 的整数；T 为沿螺旋轴方向的晶格周期（或单位矢量大小）。

1 次螺旋轴与平移 T 组合：即旋转 360°(C_1)后沿着旋转轴平移一个周期(T)，由于 1 次旋转(C_1)和平移(T)都是周期复原的主动作(1)，任何对称元素与主动作的组合都不会产生新的对称元素，所以 1 次旋转与平移 T 的组合仍为 1。

2 次螺旋轴（见图 9-1）与平移组合的两种情况：2 次螺旋轴与平移$\left(\dfrac{T}{2}\right)$组合记为 2_1；2 次螺旋轴与平移(T)组合，仍为 $2=C_2$。

根据螺旋轴的轴次，同理，对于 3、4、6 次螺旋轴与平移组合必存在：$3_1, 3_2, 3_3=C_3$；$4_1, 4_2, 4_3, 4_4=C_4$；$6_1, 6_2, 6_3, 6_4, 6_5, 6_6=C_6$。

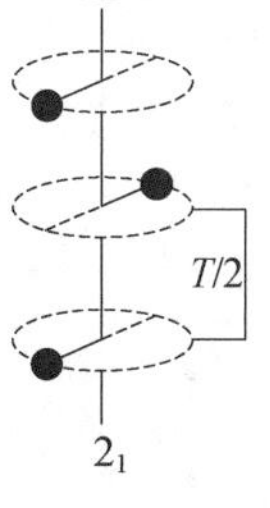

图 9-1　2 次螺旋轴

根据旋转方向，螺旋轴可以分为左螺旋轴（顺时针）、右螺旋轴（逆时针）及中性螺旋轴（顺时针和逆时针均可）。一般规定，对于 n_s，当 $0<s<n/2$ 时，为右螺旋轴，即 3_1、4_1、6_1 和 6_2 都属于右螺旋轴；当 $n/2<$

$s<n$ 时，为左螺旋轴，即 3_2、4_3、6_4 和 6_5 都属于左螺旋轴。此时，螺距 $\tau=(1-s/n)\cdot T$。图 9-2、图 9-3 和图 9-4 分别表示 3 次螺旋轴、4 次螺旋轴和 6 次螺旋轴。当旋转轴与平移 T 组合后，除了原来 1、2、3、4、6 次旋转外，多了 11 种微观对称元素。可见，晶体的微观对称性比宏观对称性要复杂得多。

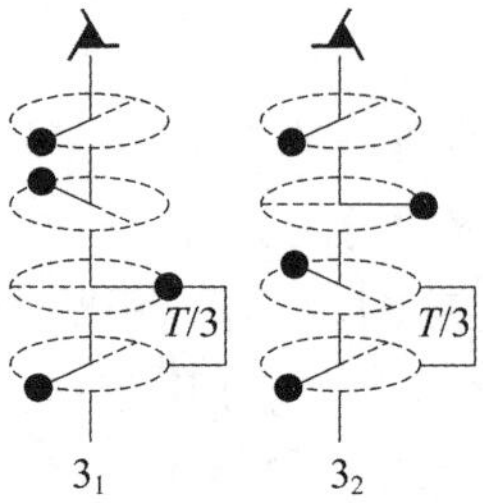

图 9-2　3 次螺旋轴

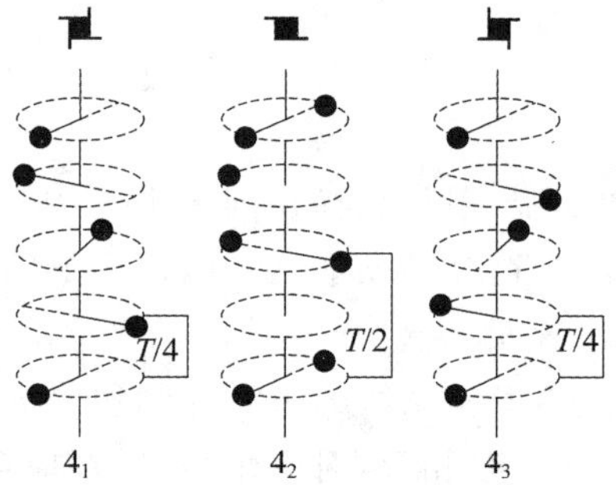

图 9-3　4 次螺旋轴

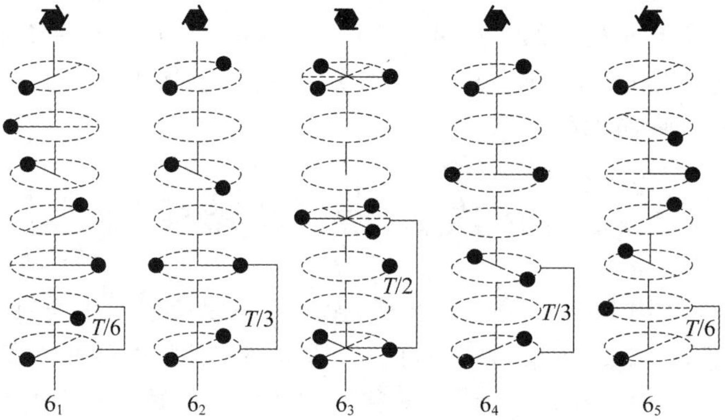

图 9-4　6 次螺旋轴

各种晶体结构中可以存在的轴对称元素的符号和国际符号见表 9-2。

表 9-2　轴对称元素的符号和国际符号

轴次 N	轴的记号	符号	阶次	附注
1	1	—	1	—
	$\bar{1}$	○	2	对称中心
2	2		2	—
	$\bar{2}$		2	镜面 m
	2_1			$2t=T$
3	3		3	—
	$\bar{3}$		6	$3+i$
	3_1			$3t=T$
	3_2			

续表

轴次 N	轴的记号	符号	阶次	附注
4	4		4	—
	$\bar{4}$		4	
	4_1			$4t=T$
	4_2			
	4_3			
6	6		6	$3+m$
	$\bar{6}$		6	
	6_1			$6t=T$
	6_2			
	6_3			
	6_4			
	6_5			—

9.4　滑移(镜面滑移)

由对称面(镜面)和平移结合而成的对称元素称为滑移(m,t),即晶体中某一点凭借一个镜面反映之后,紧接着平行于镜面再施行平移操作 $\boldsymbol{t}$,令晶体复原,如图 9-5 所示。滑移操作中的对称面称为滑移面,平移矢量 $\boldsymbol{t}$ 称为滑移的平移矢量。

平移矢量共有以下 5 种:

(1) $\boldsymbol{t}=\frac{1}{2}\boldsymbol{a}$ 的平移,记为 a;

(2) $\boldsymbol{t}=\frac{1}{2}\boldsymbol{b}$ 的平移,记为 b;

(3) $\boldsymbol{t}=\frac{1}{2}\boldsymbol{c}$ 的平移,记为 c;

(4) $\boldsymbol{t}=\frac{1}{2}(\boldsymbol{a}+\boldsymbol{b}),\frac{1}{2}(\boldsymbol{b}+\boldsymbol{c})$ 或 $\frac{1}{2}(\boldsymbol{c}+\boldsymbol{a})$,记为 n;

(5) $\boldsymbol{t}=\frac{1}{4}(\boldsymbol{a}+\boldsymbol{b}),\frac{1}{4}(\boldsymbol{b}+\boldsymbol{c})$ 或 $\frac{1}{4}(\boldsymbol{c}+\boldsymbol{a})$,记为 d。

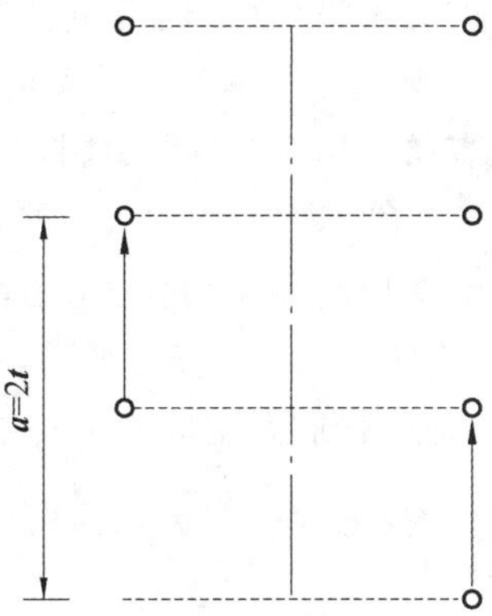

图 9-5　$t=a/2$ 的滑移

各种晶体结构中可以存在的镜面 m,滑移面 a、b、c、n、d 及其相应的符号和国际符号均归纳在表 9-3 中。

表 9-3　晶体结构中可以存在的镜面、滑移面

名称	符号	表示对称面位置和取向的符号		滑移矢量
		垂直投影面	平行投影面	
镜面	m	——	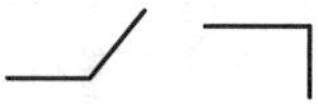	$\boldsymbol{t}$
轴滑移面	a	- - - - - -	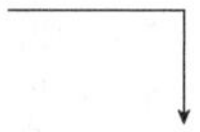	$\boldsymbol{t}=\frac{1}{2}\boldsymbol{a}$
	b		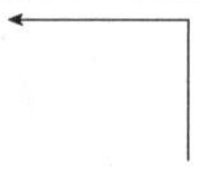	$\boldsymbol{t}=\frac{1}{2}\boldsymbol{b}$
	c			$\boldsymbol{t}=\frac{1}{2}\boldsymbol{c}$
对角滑移面	n	— — — —	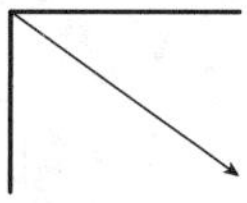	$\frac{1}{2}(\boldsymbol{a}+\boldsymbol{b})$、$\frac{1}{2}(\boldsymbol{b}+\boldsymbol{c})$或$\frac{1}{2}(\boldsymbol{c}+\boldsymbol{a})$
“金刚石滑移面”	d		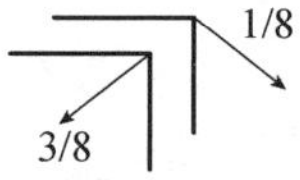	$\frac{1}{4}(\boldsymbol{a}+\boldsymbol{b})$、$\frac{1}{4}(\boldsymbol{b}+\boldsymbol{c})$或$\frac{1}{4}(\boldsymbol{c}+\boldsymbol{a})$

9.5　空　间　群

推演空间群的最简单方法是取一个特定的点群，加到同属一个晶系的某一个布拉维晶格上，如 $m3m$ 属立方晶系，选取面心立方点阵时，则形成的空间群为 $Fm3m$，表示格子类型的字母（P、F、I 等）放在首位。应该强调的是，在选择点阵格子类型时，点阵格子类型所属晶系必须与点群的晶系吻合，否则会破坏点阵格子原有的对称性。例如，当具有 C_1 点群的结构基元加到四方晶系的 P 格子上后，四方晶系 P 格子的原有对称性将遭破坏，这在空间群的对称元素组合中是不允许的。点群 $m3m$ 中的 3 次轴和镜面与面心立方点阵中的平移相组合，必形成各种螺旋轴和平移，在这基础上再进行各种可能的组合，最终将得到一系列的对称元素组合群，这类组合群称为空间群。

现结合简单单斜晶系的点群 2，阐述相应空间群的基本原则。与该点群相容的布拉维格子有单斜初基（P）和单斜底心（A 或 B）两种，点群 2 次轴与上述格子中的平移矢量有 2 种可能的组合，即 2 和 2_1。显然，在该情况下有 4 种可能的组合，如图 9-6 所示。

对单斜晶系而言，B 底心格子和 A 底心格子是等效的，所以，只需讨论其中一种。通常，2 次轴是 c 轴（垂直于纸面，见图 9-6），单位格子平面上的圆圈代表有关的对称位置，叫作等效点系，它们是空间点群中全部对称元素作用在一个普通位置点（x，y，z）上得到的，某些圆圈旁有符号“＋”，表示该等效点在 c 轴方向上有一个正的位移分量，而$\frac{1}{2}$＋表示等效点在 c 轴上的位移等于$\frac{1}{2}\boldsymbol{c}$ 加上一个正的位移分量。在四种空间群（$P2$、$P2_1$、$A2$ 和 $A2_1$）中，$A2$ 和 $A2_1$ 是等效的，仅格子的原点不同而已，因此，对应于点群 2 的空间群仅有 3 个。

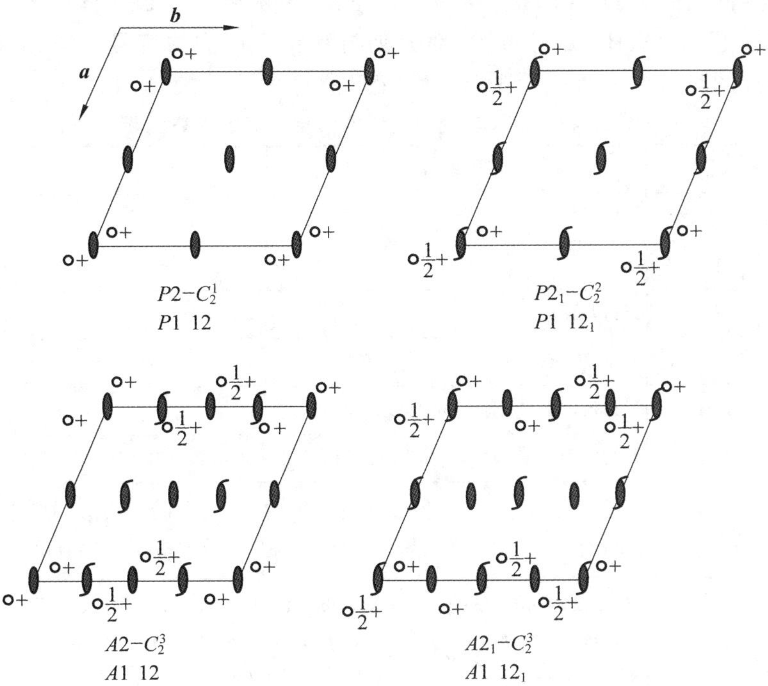

图 9-6　单斜晶系空间群的等效点组合

现在来考虑一个比较复杂的空间群 $Pnma$。它是点群 mmm 加到相同晶系(正交晶系)的 P 格子上形成的 28 个空间群中的一个,$Pnma$ 的比较完整的写法是 $P\ \dfrac{2_1}{n}\dfrac{2_1}{m}\dfrac{2_1}{a}$,根据点群的国际符号规定,3 个 2_1 螺旋轴分别垂直于一个对角滑移面(n)、镜面(m)和一个 a 滑移面。对于正交晶系,第一螺旋轴平行于晶胞的 a 轴,第二螺旋轴平行于 b 轴,第三螺旋轴平行于 c 轴。

关于空间群的测定,并不是已经知道了具体的晶体结构之后再来确定它的,事实正好相反,一个晶体结构的具体测定,首先有赖于空间群的资料。因为通过被测晶体所属的空间群能全面了解晶体的对称性,而且能够了解原子在晶胞中位置,所以在测定晶体结构过程中,需要十分重视空间群资料的了解。而空间群本身的确定,首先要从晶体外形以及晶体外形和衍射图所表现的对称性,了解晶体所属的晶系、点群;其次根据系统消光规律(包括系统点阵消光和系统结构消光),了解晶体所属的布拉维格子形式,以及各个方向上存在的滑移面和螺旋轴;最后综合确定晶体所属的空间群。

有的情况下通过消光规律能唯一地确定晶体所属的空间群,有时只能了解属于哪几个空间群,最后利用强度的统计规律或晶体的某些性质来了解晶体所属的空间群。

9.6　空间群的符号

从以上分析可知,晶体结构中可能出现的对称元素种类远多于晶体几何外形上存在的对称元素种类。它们的组合——空间群的数目也必将远多于点群数目,从 32 种点群增加为 230 种空间群。

常用国际符号和熊夫利斯记号来表示空间群,其中,国际符号能直观地看出空间点阵类型以及对称元素的空间分布。国际符号包含两个部分：前半部分是平移群的符号，即布拉维格子的符号 P、R、I、$C(A$、$B)$、F 等；后半部分则与其相应点群的符号基本相同，只是要将某些宏观对称元素的符号换成相应的微观对称元素的符号，详见表 9-4。

表 9-4　32 种点群及其对应的 230 种空间群的简略国际符号

序号	点群	空间群
1	1	$P1$
2	$\bar{1}$	$P\bar{1}$
3～5	2	$P2$，$P2_1$，$C2$
6～9	m	Pm，Pc，Cm，Cc
10～15	$2/m$	$P2/m$，$P2_1/m$，$C2/m$，$P2_1/c$，$C2/c$
16～24	222	$P222$，$P222_1$，$P2_12_12$，$P2_12_12_1$，$C222_1$，$C222$，$F222$，$I222$，$I2_12_12_1$
25～46	$mm2$	$Pmm2$，$Pmc2_1$，$Pcc2$，$Pma2$，$Pca2_1$，$Pnc2$，$Pmn2_1$，$Pba2$，$Pna2_1$，$Pnn2$，$Cmm2$，$Cmc2_1$，$Ccc2$，$Amm2$，$Abm2$，$Ama2$，$Aba2$，$Fmm2$，$Fdd2$，$Imm2$，$Iba2$，$Ima2$
47～74	mmm	$Pmmm$，$Pnnn$，$Pccm$，$Pban$，$Pmma$，$Pnna$，$Pmna$，$Pcca$，$Pbam$，$Pccn$，$Pbcm$，$Pnnm$，$Pmmn$，$Pbcn$，$Pbca$，$Pnma$，$Cmcm$，$Cmca$，$Cmmm$，$Cccm$，$Cmma$，$Ccca$，$Fmmm$，$Fddd$，$Immm$，$Ibam$，$Ibca$，$Imma$
75～80	4	$P4$，$P4_1$，$P4_2$，$P4_3$，$I4$，$I4_1$
81～82	$\bar{4}$	$P\bar{4}$，$I\bar{4}$
83～88	$4/m$	$P4/m$，$P4_2/m$，$P4/n$，$P4_2/n$，$I4/m$，$I4_1/a$
89～98	422	$P422$，$P42_12$，$P4_122$，$P4_12_12$，$P4_222$，$P4_22_12$，$P4_322$，$P4_32_12$，$I422$，$I4_122$
99～110	$4mm$	$P4mm$，$P4bm$，$P4_2cm$，$P4_2nm$，$P4cc$，$P4nc$，$P4_2mc$，$P4_2bc$，$I4mm$，$I4cm$，$I4_1md$，$I4_1cd$
111～122	$\bar{4}2m$	$P\bar{4}2m$，$P\bar{4}2c$，$P\bar{4}2_1m$，$P\bar{4}2_1c$，$P\bar{4}m2$，$P\bar{4}c2$，$P\bar{4}b2$，$P\bar{4}n2$，$I\bar{4}m2$，$I\bar{4}c2$，$I\bar{4}2m$，$I\bar{4}2d$
123～142	$4/mmm$	$P4/mmm$，$P4/mcc$，$P4/nbm$，$P4/nnc$，$P4/mbm$，$P4/mnc$，$P4/nmm$，$P4/ncc$，$P4_2/mcc$，$P4_2/mcm$，$P4_2/nbc$，$P4_2/nnc$，$P4_2/mbc$，$P4_2/mnm$，$P4_2/nmc$，$P4_2/ncm$，$I4/mmm$，$I4/mcm$，$I4_1/amd$，$I4_1/acd$
143～146	3	$P3$，$P3_1$，$P3_2$，$R3$
147～148	$\bar{3}$	$P\bar{3}$，$R\bar{3}$
149～155	32	$P312$，$P321$，$P3_112$，$P3_121$，$P3_212$，$P3_221$，$R32$
156～161	$3m$	$P3m1$，$P31m$，$P3c1$，$P31c$，$R3m$，$R3c$
162～167	$\bar{3}m$	$P\bar{3}1m$，$P\bar{3}1c$，$P\bar{3}m1$，$P\bar{3}c1$，$R\bar{3}m$，$R\bar{3}c$
168～173	6	$P6$，$P6_1$，$P6_5$，$P6_2$，$P6_4$，$P6_3$
174	$\bar{6}$	$P\bar{6}$
175～176	$6/m$	$P6/m$，$P6_3/m$
177～182	622	$P622$，$P6_122$，$P6_522$，$P6_222$，$P6_422$，$P6_322$

续表

序号	点群	空间群
183～186	$6mm$	$P6mm, P6cc, P6_3cm, P6mc$
187～190	$\bar{6}m2$	$P\bar{6}m2, P\bar{6}c2, P\bar{6}2m, P\bar{6}2c$
191～194	$6/mmm$	$P6/mmm, P6/mcc, P6_3/mcm, P6_3/mmc$
195～199	23	$P23, F23, I23, P2_13, I2_13$
200～206	$m3$	$Pm3, Pn3, Fm3, Fd3, Im3, Pa3, Ia3$
207～214	432	$P432, P4_232, F432, F4_132, I432, P4_332, P4_132, I4_132$
215～220	$\bar{4}3m$	$P\bar{4}3m, F\bar{4}3m, I\bar{4}3m, P\bar{4}3n, F\bar{4}3c, I\bar{4}3d$
221～230	$m3m$	$Pm3m, Pn3n, Pm3n, Pn3m, Fm3m, Fm3c, Fd3m, Fd3c, Im3m, Ia3d$

9.7　等效点系

将一个空间点阵中所有的对称动作作用在一个起始点上，可得到无限个完全相同的点系，这种点系被称为等效点系。在晶体结构分析中，等效点系的概念是很重要的，在等效点系的每一个点上可以安置一个原子、离子或分子等质点。它们应该是相同的质点，不仅具有相同的化学性质，而且在晶体内部所处的条件（如配位数、链的类型等）均相同。

通常，只需要对一个晶胞进行探讨就能了解整个晶体结构，显然，无限的等效点在一个晶胞内将是有限的数目。习惯上称这些点为该空间群的等效点系。

以空间群 $P4_1(C_4^2)$ 为例进一步说明等效点系，$P4_1$ 的全部对称动作是 4_1 和 P 格子的平移矢量 $\boldsymbol{T}$。在单位晶胞内，P 格子的平移矢量 $\boldsymbol{T}$ 是主动作，而 4_1 的动作为 $L(90°)\cdot\frac{C}{4}$、$L(180°)\frac{C}{2}$、$L(270°)\frac{3}{4}C$ 和 1，所以空间群 $P4_1$ 的等效点数为 4。图 9-7 中的左图是 $P4_1$ 的一般等效点系，右图是 $P4_1$ 空间群的对称元素分布图。

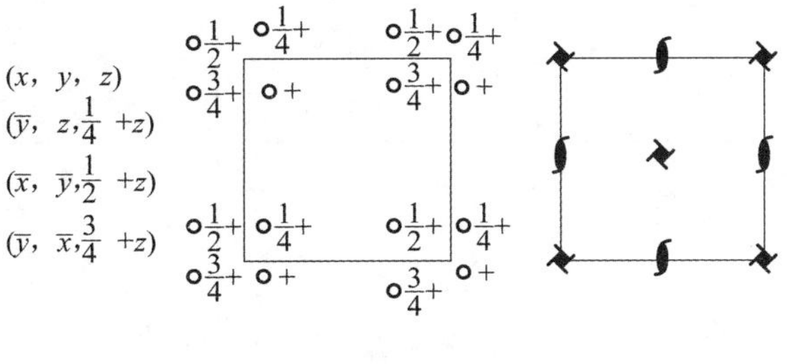

图 9-7　空间群 $P4_1$ 及其等效点系

又如空间群 $I\frac{4}{m}(C_4^5h)$，此空间群的对称动作中属于一个晶胞的动作为：4，$L(90°)$，$L(180°)$，$L(270°)$，1；m，i。

由于 I 格子的平移矢量 $\boldsymbol{T}=\frac{1}{2}\boldsymbol{a}+\frac{1}{2}\boldsymbol{b}+\frac{1}{2}\boldsymbol{c}$，因此，当 4 次旋转轴作用于一普通位置上的点时，其一般等效点系的点坐标为 (x,y,z)，$(\bar{y},x,z)$，$(\bar{x},\bar{y},z)$，$(y,\bar{x},z)$。当在垂直于 4 次

轴(通常为 c 轴),高度为 0 处加上镜面(m)时,其一般等效点系的点坐标为$(x,y,\bar{z})$,$(\bar{y},x,\bar{z})$,$(\bar{x},\bar{y},\bar{z})$,$(y,\bar{x},\bar{z})$。

当在平移矢量 $\boldsymbol{T}=\frac{1}{2}\boldsymbol{a}+\frac{1}{2}\boldsymbol{b}+\frac{1}{2}\boldsymbol{c}$,即上述 8 个点的各项中加上$\frac{1}{2}$,又得到 8 个新点,所以总的等效点数为 16,如图 9-8 所示。

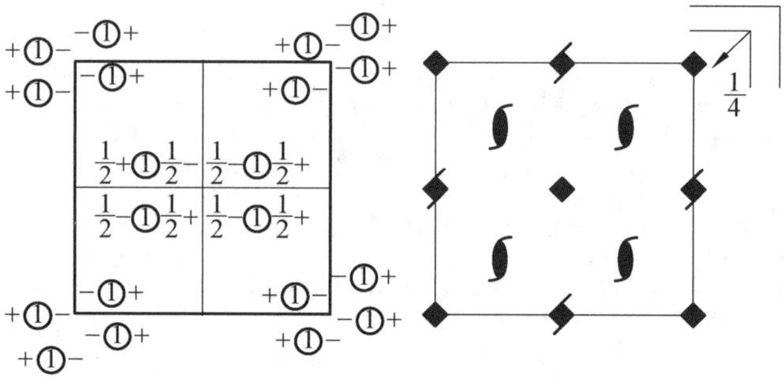

图 9-8　空间群的等效点系和其对称元素的分布

注:−①+表示成镜面对称的上下两点;$\frac{1}{2}$+①$\frac{1}{2}$−表示经处在位置上的对角滑移面操作后得到的上下两点。

由不在空间群的任一对称元素上的起始点得到的全套等同点系,称为一般等效点系。若起始点放在空间群的某一旋转轴、对称面、对称中心、$\bar{4}$ 或这些对称元素的交点上,这时这个空间群的全部对称动作作用到起始点上将变换出一系列等同点,这种等同点称为特殊等效点。显然,特殊等效点数比一般等效点数少许多,但要求这些起始点本身必须具有不低于它所处位置的那个对称元素所具有的对称性,而对一般等效点系的起始点的对称性就没有这种要求。现以空间群($Pmm2(C_2^1V)$)为例加以说明,见表 9-5。

表 9-5　空间群($Pmm2(C_2^1V)$)的等效点数目及等效点坐标

等效点数目	Wyckoff 符号	等效点对称性	等效点坐标
4	i	1	(x,y,z)、$(\bar{x},y,z)$、$(\bar{x},\bar{y},z)$、$(x,\bar{y},z)$
2	h	m	$\left(\frac{1}{2},y,z\right)$、$\left(\frac{1}{2},\bar{y},z\right)$
	g	m	$(0,y,z)$、$(0,y,\bar{z})$
	f	m	$\left(x,\frac{1}{2},z\right)$、$\left(\bar{x},\frac{1}{2},z\right)$
	e	m	$(x,0,z)$、$(\bar{x},0,z)$
1	d	mm	$\left(\frac{1}{2},\frac{1}{2},z\right)$
	c	mm	$\left(\frac{1}{2},0,z\right)$
	b	mm	$\left(0,\frac{1}{2},z\right)$
	a	mm	$(0,0,z)$

第一列是当起始点在不同位置时得到的等效点数目,起始点所处的对称元素阶次越高,等效点数目越少。第二列为 Wyckoff 符号,表示不同的起始点位置,字母的次序越靠前,则起始点所处位置的对称元素阶次越高,相应的等效点数越少。第三列表示对等效点的对称

性要求，“1”表示在一般等效点情况下对等效点的形状没有任何要求，m 表示等效点具有镜面对称。可以看出，Wyckoff 字母次序越靠前，对等效点的对称性要求越高。第四列表示不同起始点位置时等效点的坐标。

等效点对理解和测定晶体的内部结构起到了重要作用。例如，在空间群 $P2$ 情况下，当不同的对称元素动作作用在一个普通位置的起始点时，每个晶胞有两个等效点，当起始点在 2 次轴位置时，则每个晶胞中只有一个等效点。表 9-6 列出了当起始点在不同位置时的等效点数目、Wyckoff 符号、等效点对称性和等效点坐标。

表 9-6　空间群的等效点数目及等效点坐标

等效点数目	Wyckoff 符号	等效点对称性	等效点坐标
2	e	1	(x,y,z)、$(x,-y,-z)$
1	d	2	$\left(0,\frac{1}{2},z\right)$、$\left(\frac{1}{2},0,z\right)$、$\left(\frac{1}{2},\frac{1}{2},z\right)$
1	c	2	$(x,0,0)$
1	b	2	$(0,y,0)$
1	a	2	$(0,0,z)$

假定有一个化合物分子式为 AB_2，空间群的符号为 $P2$，见图 9-9(a)，属单斜晶系，是 P 格子形式，每个晶胞具有一个分子。单位晶胞的分子数、体积和晶体密度可通过分子式和晶格常数算得。每个晶胞有一个 A 原子，两个 B 原子，所以 A 原子必须处在特殊位置上，即 $(0,0,z)$、$(0,\frac{1}{2},z)$、$(\frac{1}{2},0,z)$、$(\frac{1}{2},\frac{1}{2},z)$等位置，由于它与 2 次轴重合，通常 A 原子的位置取$(0,0,z)$。然而 B 原子在一般位置上，故两个原子坐标为$(x,y,\bar{z})$，$(x,\bar{y},\bar{z})$，如图 9-9(b)所示。

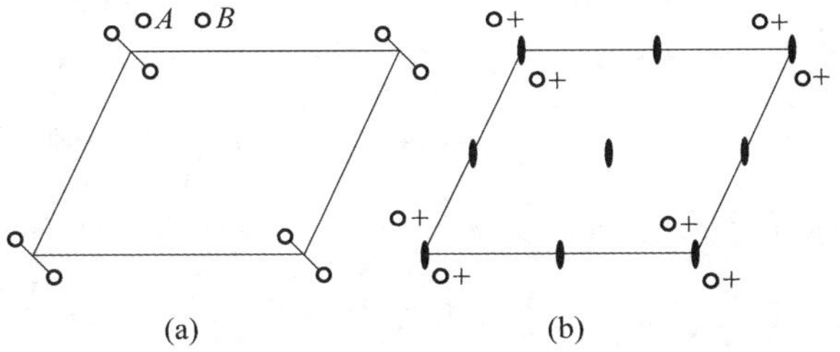

图 9-9　空间群为 $P2$ 的 AB_2 型晶体结构及其对称元素分布

(a)AB_2 型晶体结构；(b)$P2$ 空间群

又如，已知尿素的分子式是 $CO(NH_2)_2$，经 X 射线衍射确定尿素的空间群为 $P\bar{4}2_1m$，见图 9-10。尿素的晶胞参数 $a=5.68$ Å，$c=4.735$ Å。通过晶体密度的测定，算得一个晶胞中含有 2 个尿素分子，即 $2\times[CO(NH_2)_2]$。在尿素晶体的一个晶胞中共含有 4 个氮$(4\times N)$，2 个氧$(2\times O)$和 2 个碳$(2\times C)$，总共 8 个原子。因此需定出 8 个原子的坐标参数。每个原子有 3 个坐标参数(x,y,z)，那么 8 个原子就有 24 个坐标参数待测定，若应用等效点系，就可以把待测定的 24 个参数大为简化。

空间群 $P\bar{4}2_1m$ 的对称特性，见表 9-7。

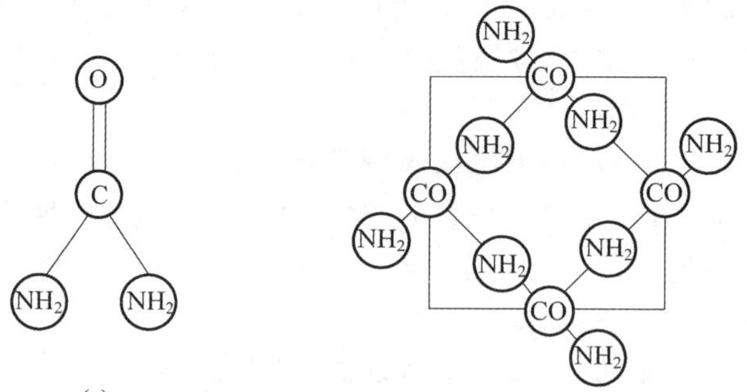

(a)　　　　　　(b)

图 9-10　尿素的分子结构及其沿 c 轴方向投影的尿素结构图

表 9-7　空间群 $P\bar{4}2_1m$ 的对称特性

等效点数目	Wyckoff 符号	等效点对称性	等效点坐标
4	e	m	$\left(x,\frac{1}{2}+x,z\right)$、$\left(x,\frac{1}{2}-x,\bar{z}\right)$、$\left(\frac{1}{2}+x,\bar{x},\bar{z}\right)$、$\left(\frac{1}{2}-x,x,\bar{z}\right)$
4	d	2	$(0,0,z)$、$(0,0,\bar{z})$、$\left(\frac{1}{2},\frac{1}{2},z\right)$、$\left(\frac{1}{2},\frac{1}{2},\bar{z}\right)$
2	c	mm	$\left(0,\frac{1}{2},z\right)$、$\left(\frac{1}{2},0,\bar{z}\right)$
2	b	$\bar{4}$	$\left(0,0,\frac{1}{2}\right)$、$\left(\frac{1}{2},\frac{1}{2},\frac{1}{2}\right)$
2	a	$\bar{4}$	$(0,0,0)$、$\left(\frac{1}{2},\frac{1}{2},0\right)$

由于一个尿素晶胞中有 2 个 C 和 2 个 O，因此每个晶胞中的 C 或 O 只能坐落在等效点数为 2 的 Wyckoff 位置上。在 $C_{2d}^3-P\bar{4}2_1m$ 中，等效点数是 2 的 Wyckoff 符号为 a、b、c，其起始点坐标分别是$(0,0,0)$，$\left(0,0,\frac{1}{2}\right)$，$\left(0,\frac{1}{2},z\right)$。再从尿素本身的分子结构上看，不存在 $\bar{4}$ 的对称性，因此其 Wyckoff 符号不可能为 a、b，但尿素分子有 mm 对称性，其 Wyckoff 符号可以为 c，这样，C 的坐标就是$\left(0,\frac{1}{2},z_C\right)$，O 的坐标就是$\left(0,\frac{1}{2},z_O\right)$。再来分析 N 的情况，一个晶胞中有 4 个 N，据上述分析，N 只可能坐落在 Wyckoff 符号是 e 或 d 的等效点上。若坐落在 d 的等效点上，则 4 个 N 的坐标为$(0,0,z)$，$(0,0,\bar{z})$，$\left(\frac{1}{2},\frac{1}{2},z\right)\left(\frac{1}{2},\frac{1}{2},\bar{z}\right)$。但从尿素分子结构看，N 不可能绕着 O—C 连线或 2 个镜面的交线呈对称分布（镜面或 2 次旋转），所以只能坐落在 e 的等效点上。尿素分子具有镜面对称性，因此，N 的坐标是$\left(x_N,\frac{1}{2}+x_N,z_N\right)$。这样，要测的坐标参数由 24 个变成 z_C、z_O、x_N、z_N 4 个，这 4 个参数称为结构参数。根据上述分析，我们可以把尿素晶体结构初步推测出来，如图 9-10 所示。

总之，空间群的数据在晶体结构测定工作中非常重要。测定晶体结构的工作，基本上是

测定晶胞中 n 个原子的位置，n 个原子要通过 $3n$ 个坐标参数来规定。但在多数情况下，晶胞中的 n 个原子被各种对称动作联系着，这样结构中独立的参数就会相应地减少。按晶体结构的对称性，晶胞中的 n 个原子可以划分成若干套原子，每一套原子分布在空间群中特定位置上，用一个原子的起始位置就可代表这一套原子的位置。例如，可将上述尿素晶胞中的原子分为三套，一套是 C(2 个)，一套是 O(2 个)，还有一套是 N(4 个)。每一套可用一个原子的位置代表这类原子，其他位置都可由空间群中的对称动作作用而得到。它们的起始位置分别为 $\mathrm{C}\left(0,\frac{1}{2},z_{\mathrm{C}}\right)$，$\mathrm{O}\left(0,\frac{1}{2},z_{\mathrm{C}}\right)$，$\mathrm{N}\left(x_{\mathrm{N}},\frac{1}{2}+x_{\mathrm{N}},z_{\mathrm{N}}\right)$。

因此，了解晶体所属的空间群，对结构分析工作具有重要意义：第一，使晶细胞中 n 个原子的 $3n$ 个坐标参数减少到较少的独立参数水平；第二，将某些原子限制在某些对称元素上，处在对称元素特殊点上的这套原子数目将减少，但要求原子或分子符合一定对称性，而且往往满足某些消光条件。

习题九

9-1　指出下列空间群符号中每一字符的含义及其晶系。

(1) $D_{2h}^{1}—P\frac{z_1}{b}\cdot\frac{z_1}{c}\cdot\frac{z}{m}$；

(2) O_h^7-Fd3m。

9-2　作 C_{2v}^1-Pmm2；$C_{2v}^2-Pmc2_1$ 空间群的俯视图及一般等效点系图。

9-3　图 9-11 所示为晶胞中一套等效点系的位置，指出其所属晶系和空间群的名称。

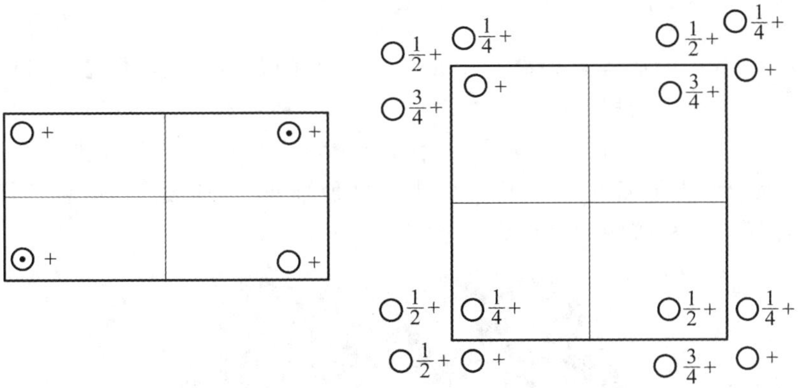

图 9-11　题 9-3 图

9-4　画出空间群 $P2_1/n2_1/m2_1/a$ 中 Wyckoff 符号为 a、b、c 三种特殊等效点系的分布图，并分别说明这些等效点的形状必须具有什么对称性。

9-5　作出 $I4_1$ 和 $I4_3$ 的空间群和等效图(投影面为(001)面)，它们的空间群是否相同?

9-6　解释下列空间群符号的含义：$Pm3m$，$I4/mcm$，$P6_3/mmn$，$R3c$，$Fm3m$。

第 10 章　晶体结构

等效点系中的所有点代表具有相同化学性质(包括在晶体内所处的条件,配位数和键的类型)的质点。对晶体结构而言,这些点是实在的原子、离子或分子。由这些原子(或离子、分子)堆积成什么样的晶体取决于它们之间的静电力,即化学键。任何一种化学键中吸力和斥力总是同时存在的,由于斥力是短程力,而吸力是长程力,在很短距离内才呈现出很强的斥力,因此,就可以假设原子为一刚性球。这将便于对原子堆积的理解,而又不会显得过于简化。

同类原子的堆积可当作等径球堆积,这时影响因素比较简单,只要考虑结合力有无方向性,而不同类原子堆积分为等径球堆积和不等径球堆积两种。不等径球堆积必须同时考虑原子尺寸大小、原子间结合力的方向与大小以及电荷平衡等因素。

10.1　原子堆积(等径球堆积)

10.1.1　密堆结构

在金属晶体中,由于金属键和离子键是无方向性的强键,在这类键的作用下,原子、离子、分子总是趋向于密集堆积,构成高对称性的简单晶体结构。在等径球情况下,球在平面上排列成最紧密的一层,如图 10-1 所示。紧密层中每个球形原子和周围六个原子接触,它们的中心正好处于六方平面点阵的阵点上,由于这种排列的密度最高,故称这样的原子排列面为密排面,而沿着球相接触的直线为三个密排方向。

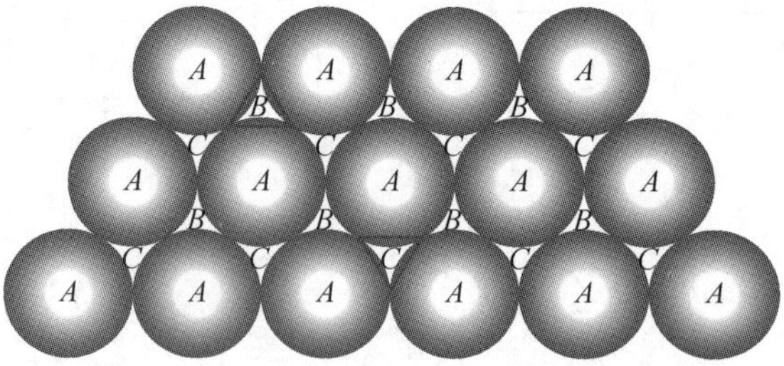

图 10-1　密排面内的两种三角形间隙

密排面内每个球周围有六个三角形间隙,每个间隙由三个球围成,即为三个球共有。如果密排面内有 N 个球,则应有 $2N$ 个间隙。在这些三角形间隙中,一半的三角形尖端向上,如图 10-1 中的 B 处,另一半的三角形尖端向下,如图 10-1 中的 C 处。在此层上堆积第二层球时,最密集堆积的方式只能是把第二层原子安置于三角形的空隙上,即每个原子都同时和下面密排层的三个原子相接触。将第二层球形原子安置于 B 处或 C 处,其结果是一样的。如果安置在 B 处,再继续堆积第三层时有两种方式,一种是将第三层球中心与第一层球中心相对，即第一层与第三层相重，如图 10-2 所示的 $ABAB\cdots$ 堆积次序。球的空间分布是六方结构，简写为 hcp，标记为 A，它是以密排面(0001)逐层堆积而成的。另一种堆积方式是第三层球置于 C 位置，即按 $ABCABC\cdots$ 的次序堆积，这种堆积方式是以面心立方点阵的(111)密排面逐层堆积而成的。面心立方简写为 fcc，标记为 A_1，见图 10-3。

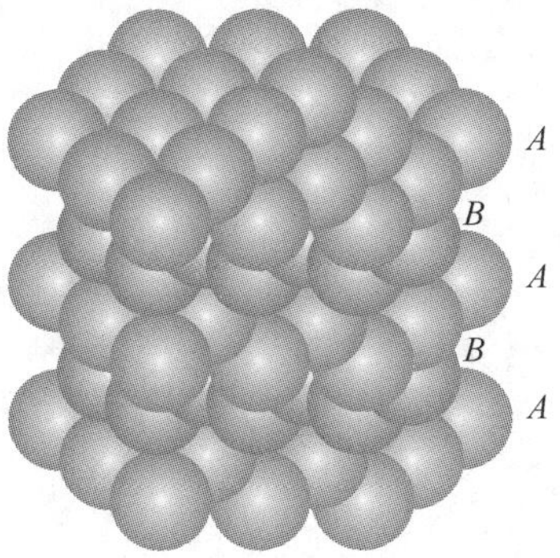

图 10-2　密排六方结构密排面堆积方式

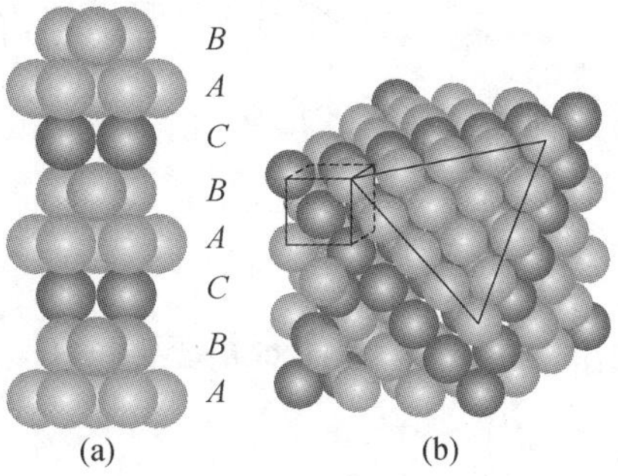

图 10-3　面心立方结构密排面堆积方式

金属中常见的另一种等径球堆积是体心立方结构，简写为 bcc，标记为 A_2。bcc 不是密堆结构，也不存在密排面，但在对角线截面上，沿立方体的体对角线方向有两个密排方向，如图 10-4 所示。

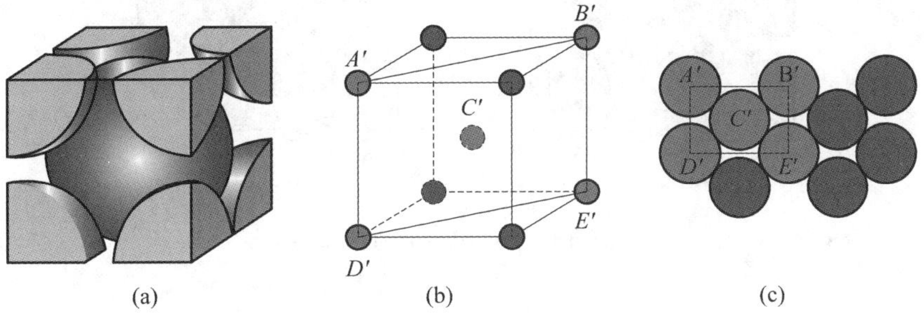

图 10-4　体心立方结构

(a)刚球模型；(b)质点模型；(c)对角线截面上密堆结构示意图

在面心立方和六方密堆结构中，每个原子都与 12 个最邻近的原子等距接触，这种与每个原子最邻近且等距的原子数目被称为配位数。在 bcc 结构中，配位数为 8。简单立方结构中原子的配位数为 6。两种密堆结构中的原子配位数最高。

10.1.2　堆积系数

一个晶胞中所包含 N 个球体体积的总和与晶胞体积之比称为这种结构的堆积系数或空间利用率。堆积系数的计算公式：

$$K = \frac{NV_{\text{球体}}}{V_{\text{晶胞}}} \tag{10-1}$$

在计算 K 时，取两个最邻近相同原子中心间距为相应配位数时的原子直径。同类原子堆积的几种常见结构的堆积系数如下。

(1) 简单立方：

$$K = \frac{1 \times \frac{4}{3}\pi R^3}{(2R)^3} = 0.52 \tag{10-2}$$

式中：R 为原子半径。

(2) 体心立方：

根据图 10-5(a)，其体对角线长度为 $4R=\sqrt{3}a$，因此 $a=4R/\sqrt{3}$，故有

$$K = \frac{2 \times \frac{4}{3}\pi R^3}{\left(\frac{4}{\sqrt{3}}R\right)^3} = 0.68 \tag{10-3}$$

(3) 面心立方：

根据图 10-5(b)，其面对角线长度为 $4R=\sqrt{2}a$，因此 $a=4R/\sqrt{2}$，故有

$$K = \frac{4 \times \frac{4}{3}\pi R^3}{\left(\frac{4}{\sqrt{2}}R\right)^3} = 0.74 \tag{10-4}$$

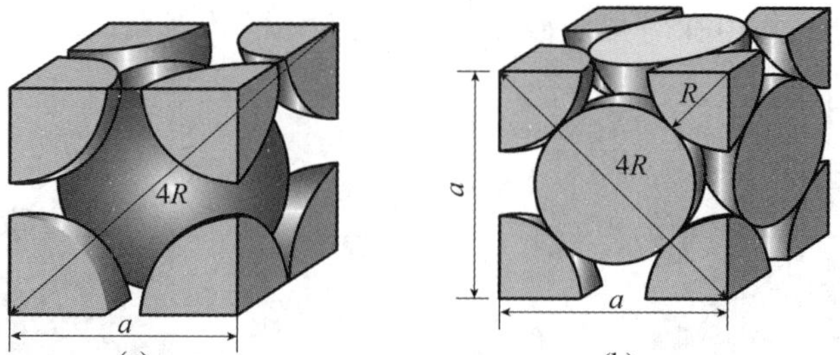

图 10-5　堆积系数的计算

(a)bcc 结构；(b)fcc 结构

10.1.3　堆积间隙

从晶体中原子排列的刚球模型可以看出，球与球之间存在许多间隙。分析晶体结构中这些间隙的数量、位置和每个间隙的大小等，对于了解金属的性能、合金相结构以及扩散和相变等问题都具有重要意义。

堆积空隙的几何特征是用它最邻近原子中心的连线所构成的多面体形状表示。空隙的配位数和原子堆积的配位数一样，定义为距间隙中心的最邻近原子数。在金属中，hcp、fcc 和 bcc 是三种典型的晶体结构，但其空隙配位数只有两种：4 和 6。对于配位数为 4 的间隙，其周围配位数为 6 的最邻近原子中心相互连接，形成一个八面体结构，称为八面体空隙。应该指出，空隙本身并不是一个多面体，多面体只是用来描述空隙的特征以及确定原子位置的一种方式。

面心立方结构有两种间隙，如图 10-6 所示，第一种是比较大的间隙，位于 6 个原子所组成的八面体中间，称为八面体间隙；第二种间隙位于 4 个原子所组成的四面体中间，称为四面体间隙。图 10-6 标明了两种不同间隙在晶胞中的位置。

图 10-7 所示为四面体间隙和八面体间隙的刚球模型。相邻的原子相互接触，原子中心就是多面体的各个角顶。根据几何关系可以求出两种间隙能够容纳的最大圆球半径。

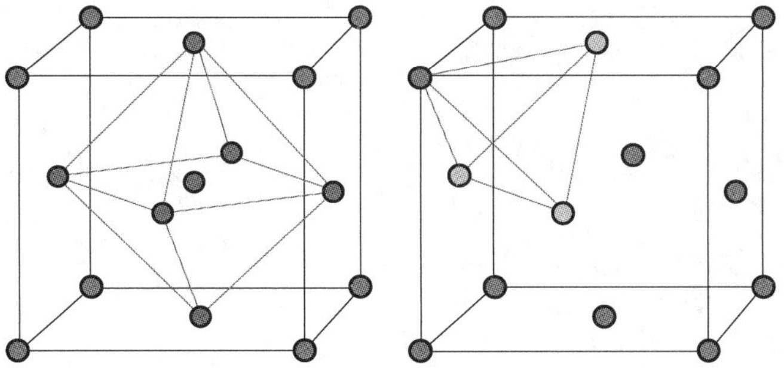

(a)　　(b)

图 10-6　面心立方结构的间隙

(a)八面体间隙;(b)四面体间隙

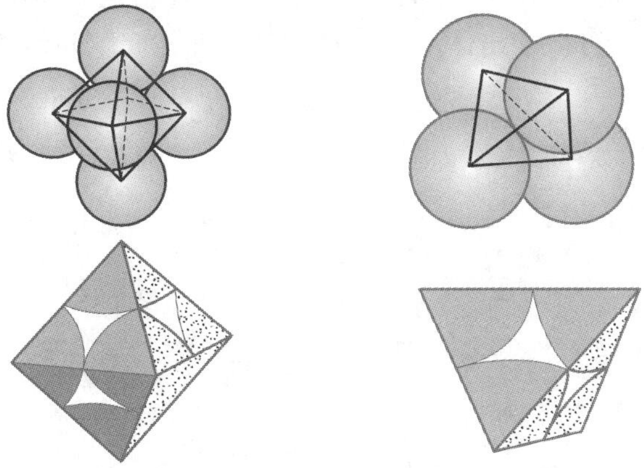

(a)　　(b)

图 10-7　面心立方结构的刚球模型

(a)八面体间隙;(b)四面体间隙

设原子半径为 r_A,间隙中能容纳的最大圆球半径为 r_B,则面心立方结构的四面体间隙和八面体间隙有下列关系。

四面体间隙:

$$r_B/r_A = 0.225$$

八面体间隙:

$$r_B/r_A = 0.414$$

现以面心立方结构的 γ-Fe 为例进行分析。γ-Fe 的原子半径为 1.27 Å,八面体间隙能容纳的最大圆球半径为 0.53 Å。碳原子半径为 0.77 Å,氮原子半径为 0.70 Å,虽稍大于 0.53 Å,但只要将铁原子稍微挤开使间隙扩大一点,碳、氮原子即可进入 γ-Fe 八面体间隙之中,因此 γ-Fe 能溶入碳、氮原子形成间隙固溶体。

图 10-8 标出了密排六方结构的八面体间隙和四面体间隙。与面心立方结构相比,这两种结构的八面体间隙和四面体间隙的形状完全相似,但位置不同。在原子半径相同的条件下,两种结构的同类间隙的大小也是相同的。

体心立方结构的间隙如图 10-9 所示。对照面心立方结构的间隙,可见这两种结构的间隙位置并不相同。此外,间隙在形状上也有差别。面心立方结构的间隙均为正八面体间隙

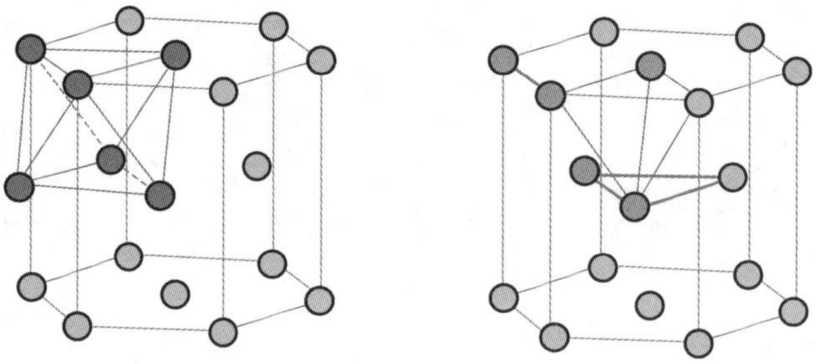

(a)　　　　　　　　(b)

图 10-8　密排六方结构的间隙

(a)八面体间隙；(b)四面体间隙

和正四面体间隙，而体心立方结构的八面体间隙和四面体间隙都是不对称的，其棱边长度不全相等，其八面体的顶角间距沿某个方向（如图中 Z 轴方向）比另外两个方向短，而四面体是不规则的。根据几何关系可以求出体心立方结构的八面体间隙和四面体间隙的球半径。

八面体间隙：

$$r_B/r_A = 0.154$$

四面体间隙：

$$r_B/r_A = 0.291$$

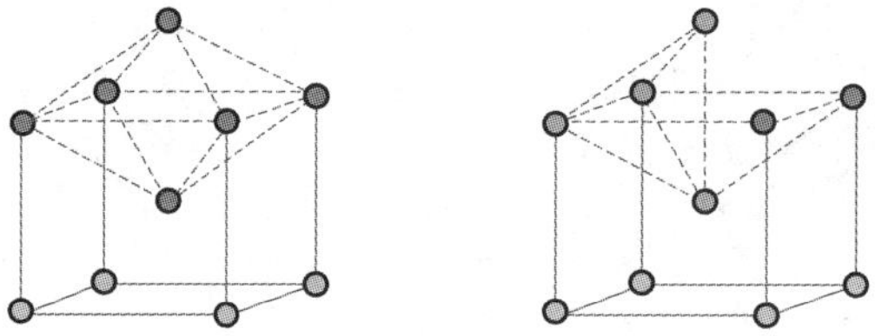

(a)　　　　　　　　(b)

图 10-9　体心立方结构的间隙

(a)八面体间隙；(b)四面体间隙

可见，与面心立方结构的情况相反，体心立方结构的四面体间隙比八面体间隙的大。而且，在原子半径相同的条件下，体心立方结构的八面体间隙比面心立方结构的小；而四面体间隙则稍大些，因此，具有体心立方结构的 α-Fe 的溶碳量远小于具有面心立方结构的 γ-Fe。碳在 α-Fe 和 γ-Fe 中的溶解度 ω_C 的最大值分别为 0.0218%（于 727 ℃）和 2.11%（于 1148 ℃）。

10.2　纯金属与合金晶体

在金属晶体中，原子通常以密集堆积的方式排列。在已测定的 69 种纯金属晶体结构中，有 50 种金属同时具有面心立方(fcc)和六方密堆积(hcp)结构。属 fcc 结构的有 Cu、Ag、Au、α-Co、γ-Fe 等，属 hcp 结构的有 Mg、α-Ti、β-Cr、Zn、Cd、α-Zr 等。

当两种及以上金属元素或金属和非金属元素组成合金晶体时，若合金原子与基体原子大小相近，则合金原子可以置换基体原子的位置形成置换固溶体，如图 10-10(a)所示；有些合金的原子半径很小，它们可以处于基体结构的间隙位置，形成间隙固溶体。

固溶体的成分从宏观来看是均匀的，但从微观上看往往是不均匀的，一般有以下三种情况：一种是合金元素的原子(溶质原子)完全无规则地分布，即以任一基体原子(溶剂原子)为中心，其最近邻存在的溶质原子的密度等于溶质原子在固溶体中的平均密度，实际上完全无序的分布通常是不存在的。另一种情况是同类原子(AA 或 BB)或异类原子(AB)倾向于偏聚在一起，这种偏聚的状态通常在几个原子范围内呈某种统计分布的规律。超过这一范围，溶质原子的密度又接近于它在固溶体的平均密度，称这种状态为短程有序。某些合金在特定条件下，溶质原子在整个晶体中完全有序地处于基体晶体结构的某一固定位置上，称这种状态为长程有序。室温下 β-黄铜(50% Cu 和 50% Zn)是一个典型的例子，如图 10-10(b)所示。由于长程有序，固溶体的 X 射线衍射图上会产生外加的衍射线条，故常称为超结构或超点阵。

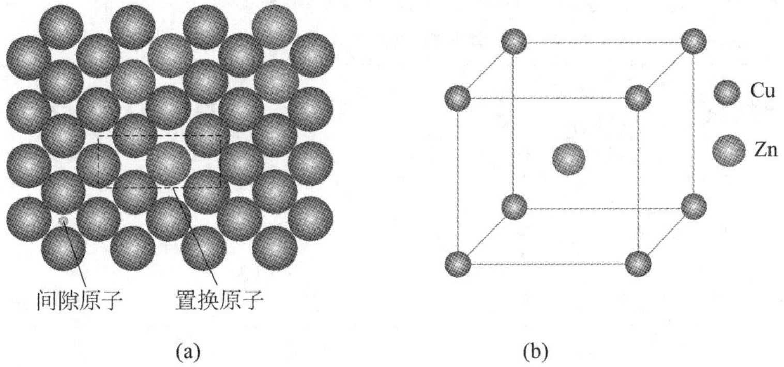

图 10-10　置换固溶体(a)和有序 β-黄铜晶胞(b)

此外，当两种金属 A 和 B 组成合金时，除了形成上述固溶体外，还可能形成一种与 A 和 B 金属的晶体结构都不相同的新晶体结构合金。由于这些合金通常位于二元相图的中间位置，因此常被称为中间相。中间相可以是化合物，也可以是以化合物为基的固溶体。大多数中间相的原子结合方式属于金属键与其他典型化学键(离子键、共价键等)的混合。中间相的化学式并不一定符合化合价规律。如铁碳合金中常见的中间相 Fe_3C，是一种具有复杂正交晶格的间隙化合物，如图 10-11 所示。每个碳原子被 6 个铁原子包围，构成八面体结构，每个铁原子又为两个八面体所共用，即碳原子和铁原子的配位数分别为 6 和 2，其空间群为 $Pnma$。

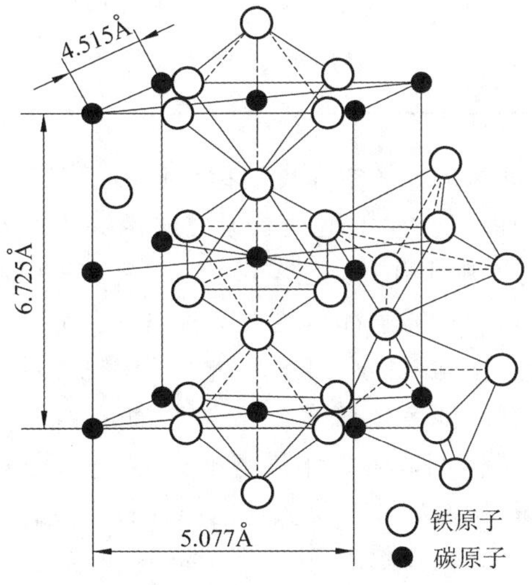

图 10-11　Fe_3C 的晶体结构

10.3 离子晶体

离子晶体是由离子键结合而成的晶体，在离子晶体中，为保持电中性状态，结构的正负离子必定有严格的比例。例如 CaF_2，每个＋2 价的 Ca^{2+} 就有两个－1 价的 F^- 离子与其保持平衡。另外，离子晶体结构还取决于正负离子半径比。通常情况下，负离子的半径较大，而正离子的半径较小。在晶体结构中，负离子以等径球的形式进行密堆积，形成 A_1、A_2、A_3 型结构以及简单立方堆积结构，正离子则有序地填充到由负离子堆积形成的八面体、四面体和立方体等空隙中。各种空隙类型及其允许填入的原子尺寸见表 10-1。

表 10-1　离子晶体中各种空隙及其允许填入的原子尺寸

空隙类型（空隙周围原子排列的形式）	理想配合的半径比：$\frac{间隙原子半径}{基体原子半径}=\frac{r_B}{r_A}$	配位数（接触间隙原子的基体原子数）	示意图
三角形	0.16	3	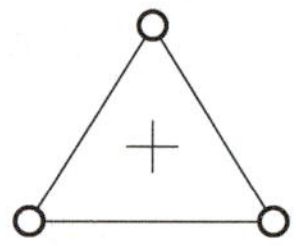
四面体	0.22	4	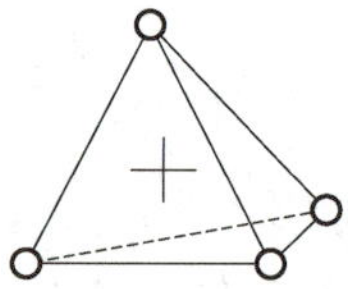
八面体	0.41	6	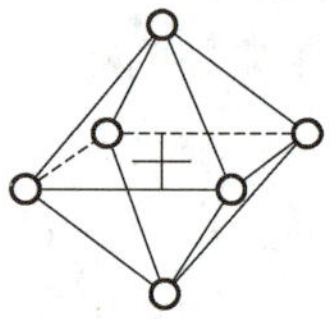
立方体	0.73	8	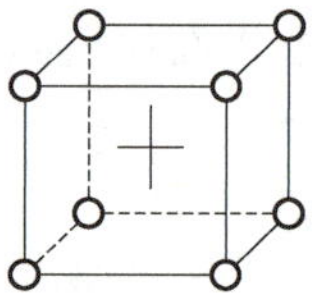

在离子晶体中，负离子堆积形成的空隙类型称为负离子多面体，因此离子晶体结构也可以看成由负离子多面体堆积而成。离子键也是无方向性和无饱和性的。然而，由于正离子和负离子之间存在强烈的静电吸引作用，正离子在填充负离子空隙时，必须与周围的负离子接触。因此，并非所有半径比的正离子都能填入这些空隙。显然，在体心立方结构的不对称间隙中无法容纳正离子，因此这类结构在离子晶体中不常见。根据离子晶体的组成，填入空隙的原子数目会有所不同，有些能完全填满全部空隙，而有些只能部分填满。因此，当正离子电荷数为 1、2、3 时，负离子多面体可能作最密堆积，当正离子电荷数大于 3 时，通常会引起负离子多面体的松散堆积，从而导致配位数可能出现较大变化。

大多数盐类、碱类及金属氧化物都形成离子晶体，这里主要介绍二元化合物的几种主要离子晶体结构。

10.3.1　AB 型离子晶体

典型的 AB 型离子晶体是 NaCl 和 CsCl，如图 10-12 所示。

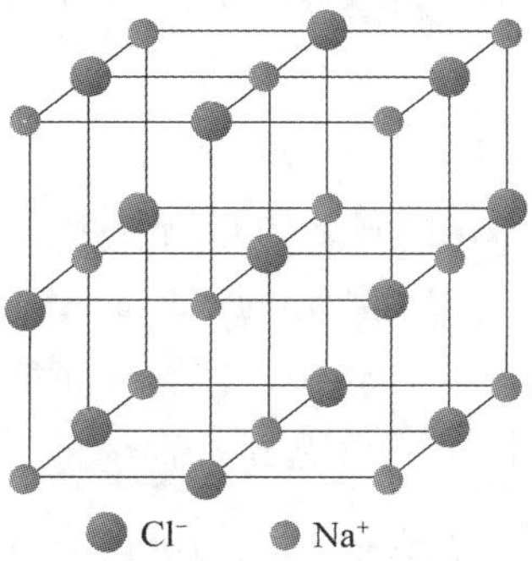

(a)

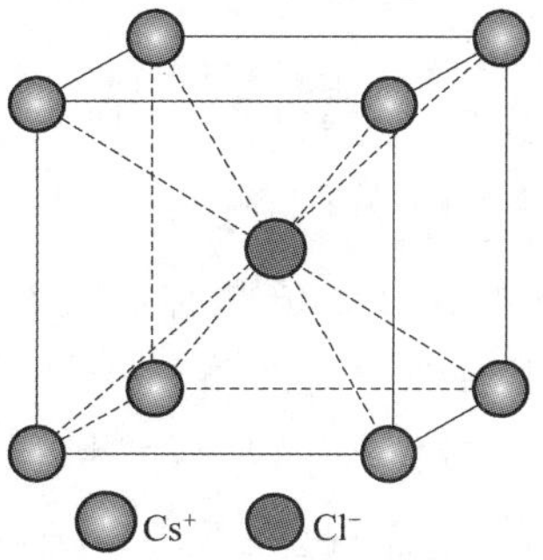

(b)

图 10-12　AB 型离子晶体结构

(a) NaCl；(b) CsCl

NaCl 晶体结构见图 10-12(a)，空间群为 $Fm\bar{3}m$，属立方晶系的面心立方点阵，阳离子与阴离子的半径比 $r_c/r_a=0.54$，晶胞内有 4 个 Na^+ 和 4 个 Cl^-，大的 Cl^- 堆成 A 型结构，而小的 Na^+ 填入八面体的全部空隙。Na^+ 和 Cl^- 的配位数均为 6。NaF 和 AgCl 等也具有类似的晶体结构。

CsCl 晶体结构见图 10-12(b)，属立方晶系的体心立方点阵，初基立方点阵 $a=4.11$ Å，晶胞内有一个 Cl^- 和一个 Cs^+，$r_c/r_a=0.93$，Cl^- 堆成初基立方，Cs^+ 填满立方体空隙，空间群为 $Pm3m$。CsBr、CsI、TiCl 和 NH_4Cl 等也具有类似的晶体结构。

10.3.2　AB_2 型离子晶体(萤石)

典型的 AB_2 型离子晶体为 CaF_2 和 TiO_2。CaF_2 晶体结构见图 10-13(a)，属立方晶系的面心立方点阵，$a=5.452$ Å，$r_c/r_a=0.75$。晶胞中有 4 个 Ca^{2+} 和 8 个 F^-，F^- 排列成初基立方，Ca^{2+} 位于立方体空隙。由于正、负离子数之比为 1∶2，因此，有一半立方体空隙被填满。这种结构也可看成 Ca^{2+} 排列成 fcc 结构，而 F^- 填满全部四面体空隙，空间群为 $Fm3m$。

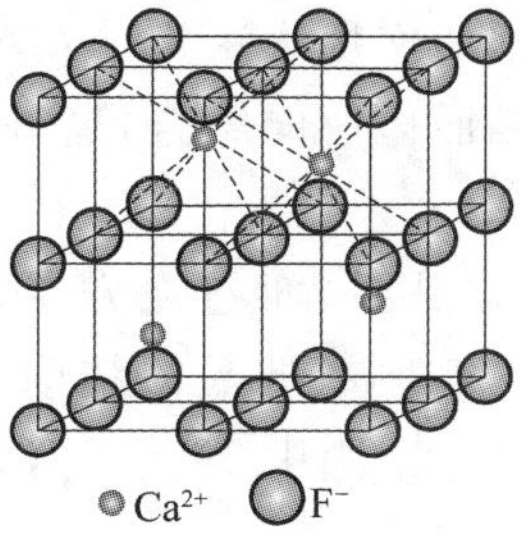

(a)

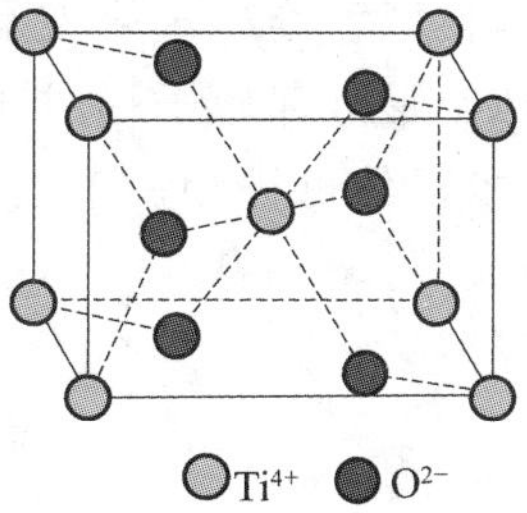

(b)

图 10-13　AB_2 型离子晶体结构

(a) CaF_2；(b) TiO_2

图 10-13(b)所示为 TiO_2(金红石)的晶体结构,属四方晶系,初基四方点阵 $a=4.58\ \mathring{A}$,$c=2.95\ \mathring{A}$。晶胞内有 2 个 Ti^{4+} 和 4 个 O^{2-},结构中 O^{2-} 离子以略微变形的 A_3 型堆积方式排列,Ti^{4+} 填充到其八面体空隙中。由于仅有一半八面体空隙被 Ti^{4+} 填充,因此 Ti^{4+} 的配位数为 6,O^{2-} 的配位数为 3。这样的堆积可取出简单四方点阵,空间群为 $P4_2/mnm$。

10.3.3 A_mB_n 型离子晶体

在 A_mB_n 型二元化合物中,当 m 或 n 之一大于 2 时,其结构相当复杂。由于离子极化影响,它们已不是典型的离子晶体。此处只介绍 A_2B_3 型结构,如 α-Al_2O_3(刚玉)结构。α-Al_2O_3 晶体结构属三方晶系,$a=b=c=5.12\ \mathring{A}$,$\alpha=\beta=\gamma=55°17'$,空间群为 $R\bar{3}C$,$r_c/r_a=0.43$。这种结构可看作 O^{2-} 以 A_3 型堆积方式排列,Al^{3+} 填充到八面体空隙中。由于正、负离子数之比为 2∶3,因此只有 $\frac{2}{3}$ 的八面体空隙被正离子填充,如图 10-14 所示。

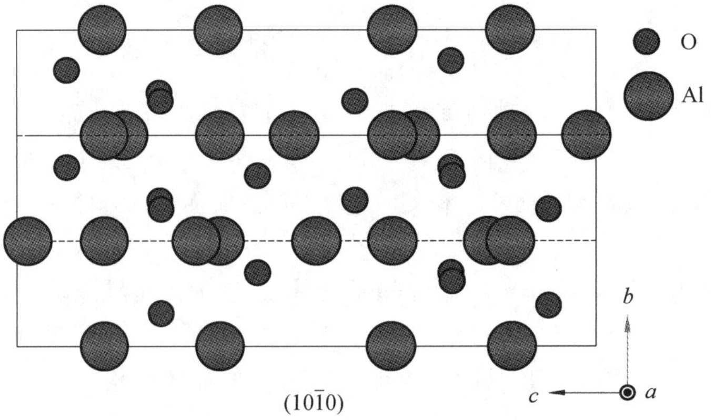

图 10-14 α-Al_2O_3(刚玉)结构的密堆模型

(刚玉晶体在(10$\bar{1}$0)上投影)

10.4 共价晶体

共价晶体也称为原子晶体,是指由原子通过共价键结合而成的晶体。金刚石是典型的共价晶体。由于共价键具有方向性和饱和性,因此这类晶体不可能形成密堆积结构。它们的配位数不再受球体紧密堆积规律支配,而是由原子间的作用力决定。在金刚石晶体中,每个碳原子与周围四个最近邻原子形成四对共价键,呈四面体取向结合,这种结构形式贯穿整个晶体。因此,共价晶体可视为一个巨大分子。

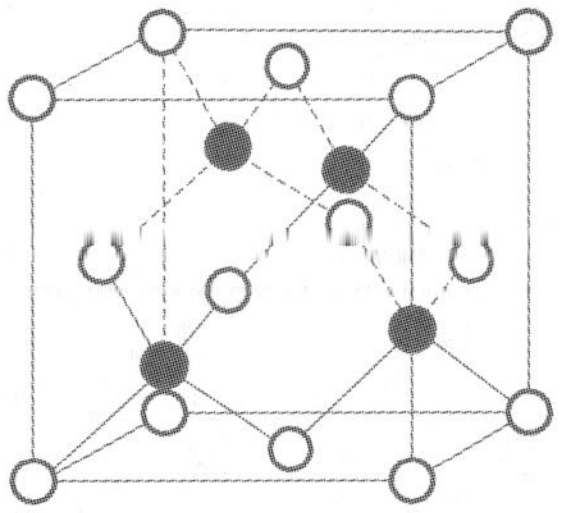

图 10-15 金刚石的晶体结构

金刚石属立方晶系,面心立方点阵,$a=3.599\ \mathring{A}$,空间群为 $Fd3m$。金刚石的晶体结构如图 10-15 所示,晶胞内有 8 个碳原子,图中 14 个空心球位于面心立方点阵的阵点上,而 4 个实心球位于晶胞体对角线的 $\frac{1}{4}$ 处,即一半原子作 fcc 堆积,另一半占据 fcc 结构四面体空隙的一半。

10.5　分子晶体

分子晶体是指由分子通过范德瓦耳斯力结合而成的晶体,绝大部分惰性气体、非金属晶体、非金属间化合物及有机晶体属分子晶体,其分子和分子间存在着一种较弱的吸引力,即范德瓦耳斯力。在聚乙烯分子晶体中,碳原子通过共价键连接形成长分子链,这些链以z字形呈周期性重复排列,链与链之间通过范德瓦耳斯力结合在一起,形成晶体结构。

图10-16所示为聚乙烯晶体结构,为初基正交点阵,其结构基元由—CH_2—CH_2—构成,一个处于(0,0,0)位置,另一个链轴与第一链轴相交约110°,处于$\left(\frac{1}{2},\frac{1}{2},0\right)$位置。

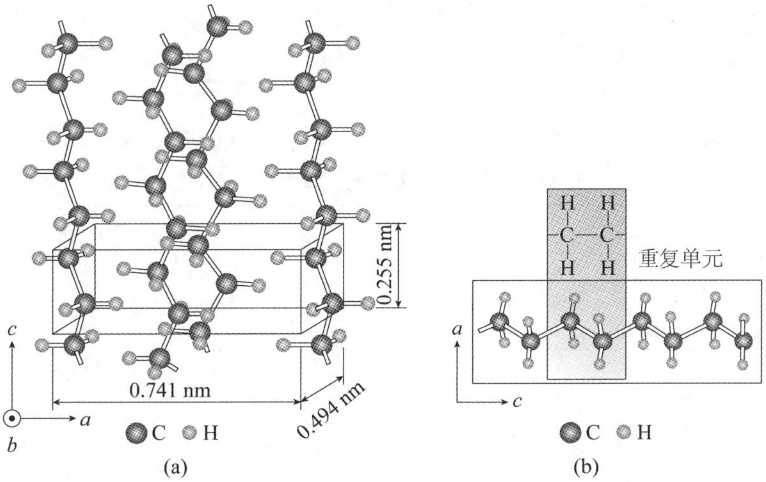

图10-16　聚乙烯晶体结构

(a)聚乙烯分子链的排列以及正交晶胞的堆积;(b)平面晶胞

10.6　晶体结构的表示方法

10.6.1　结构基元的类型

结构基元有以下三种类型:

(1) 单一原子。

(2) 同种原子组成的原子群,通常这种结构基元的原子数目较少,但也有例外,例如体心立方点阵的α-Mn结构,每个结构基元有29个Mn原子。

(3) 一种以上原子组成的原子群。

结构基元可以看作一种或多种原子的组合。例如,处于含有无规则分布的25%A原子和75%B原子的无序合金,可以将其视为由一种具有25%A特性和75%B特性的虚拟原子所组成。

10.6.2　晶体结构的分类

实际上,通过晶体所属的点阵(布拉维格子类型和单胞的尺寸)和它的结构基元(组成原子和原子的坐标)来表示它的结构是最明确的方法。然而,利用字母、数字和图形来表示晶体结构显得更方便些。

(1) 字母 A 表示纯组元,数字表示结构类型,如表 10-2 所示。

表 10-2　数字表示结构类型

结构代号	晶体结构	典型晶体
A_1	fcc 结构	Cu
A_2	bcc 结构	Fe
A_3	hcp 结构	Cd
A_4	金刚石立方	Si
A_7	R,H_{ex}(棱形六方)	Bi
A_{12}	复杂结构	α-Mn

字母 B 表示两类组元比例相等的 AB 型晶体,如表 10-3 所示。

表 10-3　字母 B 表示的 AB 型晶体结构

结构代号	典型晶体
B_1	NaCl
B_2	CsCl
B_3	立方 ZnS
B_4	六方 ZnS
B_5	如 NiAs

字母 C 表示含有三个原子的 AB_2 型晶体。然而 D 系列中字母的含义变得不太明确,它包括所有 A_nB_m 型的晶体结构。更复杂的化合物归至 E 到 K 类,L 类结构是合金,S 类为硅酸盐,O 类代表有机化合物。

(2) 用字母和数字表示晶体结构。

另一种分类方法是用字母和数字表示三个参数,如表 10-4 所示。

晶系以小写字母表示,例如 a、m、o、t、h、c 分别表示三斜、单斜、正交、四方、六方、立方晶系。

点阵类型以大写字母表示,例如 P、I、F、R、C 分别表示初基、体心、面心、菱形、底心格子。

用数字表示单位晶胞中的原子数目。

表 10-4　用字母和数字表示晶体结构

表示晶系的字母放在首位		第二位字母表示点阵类型		表示单位晶胞中原子数的数字
三斜	a	初基	P	1
单斜	m	体心	I	2
正交	o	面心	F	4

续表

表示晶系的字母放在首位		第二位字母表示点阵类型		表示单位晶胞中原子数的数字
四方	t	底心	A、B 或 C	2
六方	h	菱形	R	6
立方	c			

10.7　多 晶 型 性

需要注意的是，材料的晶体结构并非一成不变的，或者说对同一种元素组成的材料，其晶体结构有时并不唯一。有些材料受生长条件的影响，会自发地形成不同的晶体结构，如 TiO_2 在自然界中有三种主要的晶体结构，分别是金红石型、锐钛矿型和板钛矿型。其中，金红石型 TiO_2 在自然界中较为常见，属于四方晶系、空间群 $P42/mnm$，其中钛原子位于晶格中心，其周围有 6 个氧原子，形成八面体结构，2 个 TiO_2 分子组成一个晶胞，八面体以共边方式连接，如图 10-17(a)所示。锐钛矿型 TiO_2 与金红石型 TiO_2 结构相似，也属于四方晶系，也由相互连接的 TiO_2 八面体组成，但锐钛矿型 TiO_2 的八面体畸变程度以及八面体间相互连接方式与金红石型 TiO_2 的不同，其八面体以共顶点方式连接，如图 10-17(b)所示。板钛矿型 TiO_2 属于斜方晶系，由 6 个 TiO_2 分子组成一个晶胞，板钛矿型 TiO_2 在自然界中较为稀少。三种 TiO_2 晶型中，金红石型 TiO_2 最稳定，锐钛矿型 TiO_2 和板钛矿型 TiO_2 在加热处理后最终会转变为金红石型 TiO_2。锐钛矿型 TiO_2 在 610 ℃开始缓慢转化为金红石型 TiO_2，在 915 ℃下可完全转化为金红石型 TiO_2；板钛矿型 TiO_2 在 650 ℃下则转换为金红石型 TiO_2。

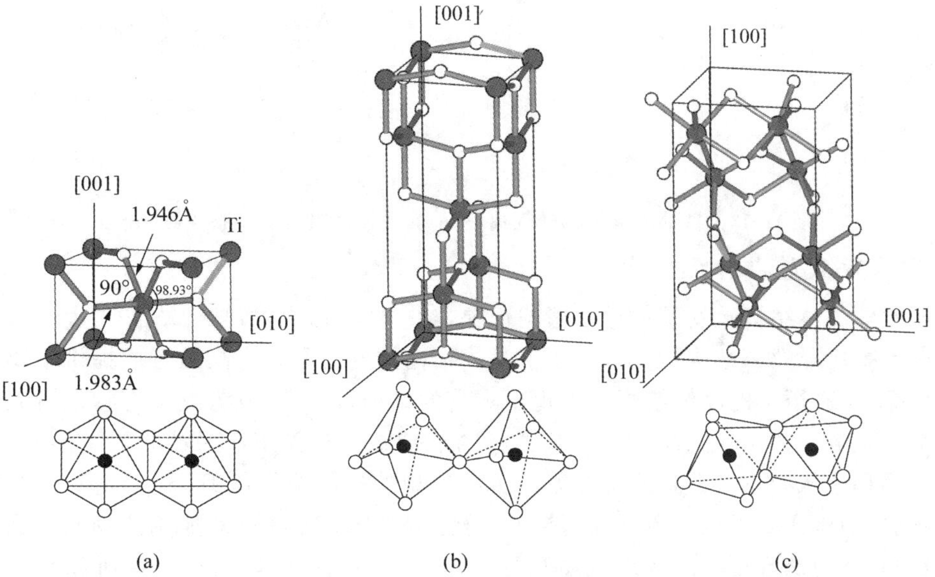

图 10-17　二氧化钛的三种晶体结构

(a)金红石型；(b)锐钛矿型；(c)板钛矿型

此外，有些材料的晶体结构在不同的温度、压力（压强）以及制备工艺条件下具有不同的晶体结构，而不同的晶体结构往往展现出不同的物理化学性质。这也是晶体学研究领域的重要内容之一。这种具有两种或两种以上晶体结构的现象，称为材料的多晶型性，对应的晶体结构转变称为多晶型转变或同素异构转变。

1. 温度导致的晶体结构转变

例如，铁在 912 ℃以下时，具有体心立方结构，称为 α-Fe；在 912～1394 ℃温度范围内，具有面心立方结构，称为 γ-Fe；在 1394～1538 ℃（熔点）温度范围内，具有体心立方结构，称为 δ-Fe，见图 10-18(a)。由于铁在不同的温度范围内具有不同的晶体结构，其物理化学性能将随温度发生改变。以铁在加热时的膨胀曲线为例，由于体心立方结构和面心立方结构的致密度存在差异，其中，体心立方结构的 α-Fe 和 δ-Fe 的致密度小于面心立方结构的 γ-Fe，因此在 912℃和 1394℃两个温度点，铁的体积（或比体积）将发生明显的突变，如图 10-18(b)所示。

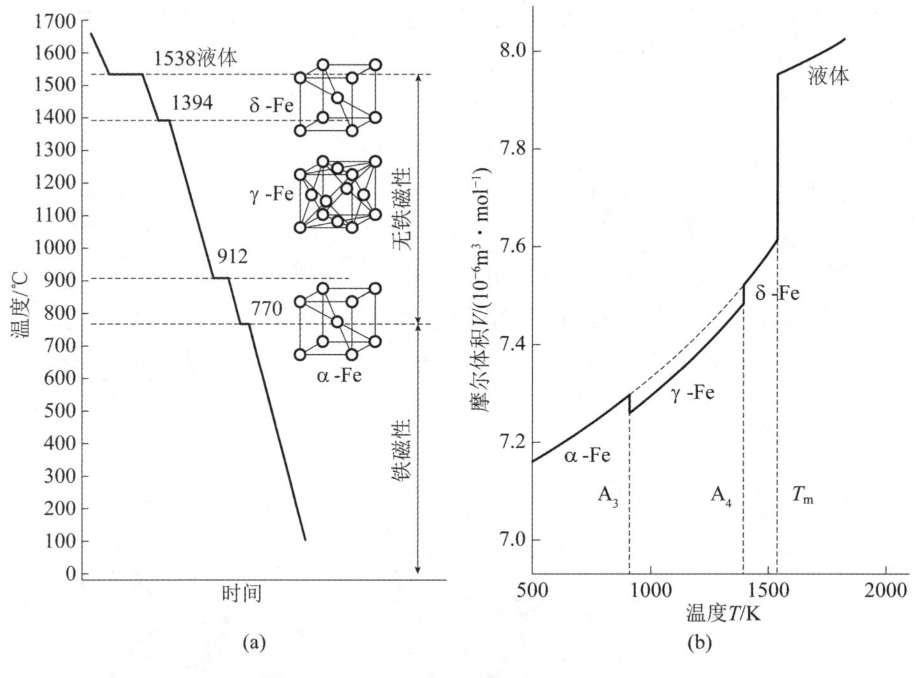

图 10-18　铁的同素异构转变曲线(a)和纯铁加热时的膨胀曲线(b)

2. 压力导致的晶体结构转变

高压导致晶体结构转变是一种普遍的现象，除一些高熔点过渡金属之外，大多数元素中均已观察到高压导致的结构转变。高压下晶体结构转变的研究为高压合成提供重要的理论与实验依据，且高压下的晶体结构还表现出丰富的物理行为，已成为凝聚态物理研究的一个重要的前沿领域。如拓扑绝缘体由于其独特的能带结构和受拓扑保护的量子性质，近年来是凝聚态物理领域中一个重要的研究方向。在典型的拓扑绝缘体 Bi_2Se_3、Bi_2Te_3 和 Sb_2Te_3 中，已经成功地观察到了压力诱导的超导性，这是因为压力能够有效地调节物质的晶体结构和电子结构，从而诱导出新的物理性质和物理现象。中国科学院物理研究所和北京凝聚态物理国家研究中心利用原位高压试验发现了一个新的 $EuSn_2As_2$ 高压晶体结构，即通过压力实现了 $EuSn_2As_2$ 晶体结构的转变。

如图 10-19 所示，在 0 GPa 时，$EuSn_2As_2$ 的晶体结构为层状 α-$EuSn_2As_2$，对称性为 $R\bar{3}m$，见图 10-19(a)；当压力为 10 GPa 时，α-$EuSn_2As_2$ 中最邻近的两个 SnAs 原子层通过 Sn—Sn 键连接在一起，见图 10-19(b)；当压力为 20 GPa 时，随后弯曲的 Sn—Sn 键逐渐变平形成蜂窝状 Sn 层，同时 As 原子跨过 Eu 层成键，形成连接 Sn 层的锯齿型 As 链，并最终形成三维网状 β-$EuSn_2As_2$ 结构，对称性变为 $C2/m$，见图 10-19(c)。通过原位高压 X 射线衍射实验确认了 $EuSn_2As_2$ 样品在 12.6 GPa 压力下发生了由层状菱形相(α-$EuSn_2As_2$)到三维网状单斜相(β-$EuSn_2As_2$)的结构相变。

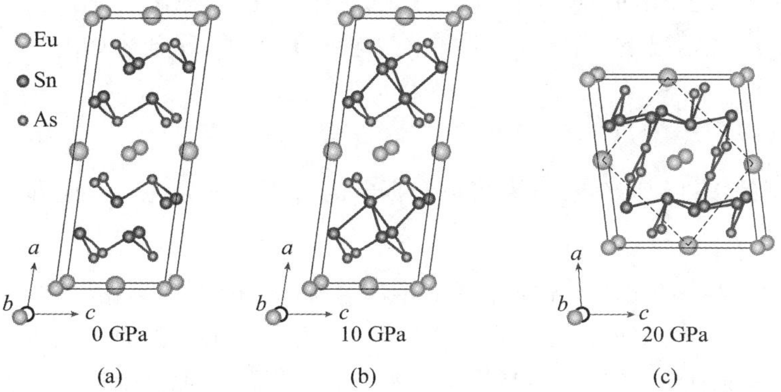

图 10-19　压力导致 $EuSn_2As_2$ 晶体结构转变

3. 制备工艺导致的晶体结构转变

晶体的制备工艺在一定程度上也会导致晶体结构的转变，如第 1 章所述，利用快速冷却的方法可以获得非晶体。自 1960 年发现非晶体以来，研究人员在其他制备工艺条件下也发现了非晶体。如溅射法，将材料放置在溅射装置(如磁控溅射设备)的阳极位置，通过施加高电压或高射频功率，使阳极材料原子化并形成离子，随后沉积在基底上形成非晶薄层；电化学沉积法，将材料浸泡在金属离子的溶液中，通过施加电压或电流，使金属离子沉积在材料表面，从而形成非晶层；溶胶凝胶法，通过适当控制溶胶和凝胶的浓度与温度，并加入适量的络合剂和表面活性剂，形成均匀分散的溶胶体系，在适当的条件下，可获得非晶态凝胶。

10.8　实际晶体的缺陷

在前面各章节中，我们主要讨论了理想晶体的结构，假设质点总是严格规则地排列在格点上。然而，在实际材料中，由于原料纯度、晶体的形成条件、制备工艺、辐射、人为引入杂质等因素的影响，实际晶体中的原子往往会发生偏离规则排列的情况，从而导致晶体结构中周期性势场的畸变，这种现象被称为晶体缺陷。晶体缺陷的存在，将对晶体的性能，尤其是那些对晶体结构敏感的性能，如电导率、热导率、塑性、屈服强度、断裂韧性、磁导率等，产生很大的影响。同时，晶体缺陷的存在还与扩散、相变、塑性变形、再结晶、烧结等有着密切关系。因此，晶体中的缺陷不仅影响晶体的物理、化学性质，对晶体材料的开发与应用亦具有重要的影响，这也是晶体学研究所需关注的重要内容。本节将讨论晶体缺陷的典型几何形态和结构特征。

根据实际晶体中缺陷的几何特征，可以将晶体缺陷分为以下四类：

(1) 零维缺陷(点缺陷)。其特征是在三维空间的各个方向上尺寸都很小，约为一个或几个质点尺度。常见的零维缺陷有空位、间隙原子、杂质原子等。

(2) 一维缺陷(线缺陷)。其特征是在三维空间中,两个方向上的尺寸小,而另一个方向上延伸较长。常见的一维缺陷是位错。

(3) 二维缺陷(面缺陷)。其特征是在三维空间中,一个方向上的尺寸小,而另外两个方向上扩展很大。常见的二维缺陷是晶界、相界、孪晶和层错等。

(4) 三维缺陷(体缺陷)。其特征是在三维空间中,三个方向上的尺寸都较大。金属铸锭中的缩孔、气孔、夹杂物等,均属于三维缺陷。

一般情况下,三维缺陷的存在将极大地降低晶体的性能,故在实际晶体材料的研制过程中应尽量避免。一般情况下,实际晶体的缺陷以前三种为主,现分述如下。

10.8.1 零维缺陷(点缺陷)

晶体中典型的零维缺陷(点缺陷)可以根据它的形成机理分为热缺陷和杂质缺陷两种。

1. 热缺陷

晶体中的质点并非静止的,无时无刻不在其平衡位置附近作热振动,当某一原子具有足够大的振动能,而使其振幅增大到一定限度时,就有可能克服周围原子的束缚而逃离其原来的位置,从而在晶格中形成空位,即晶格中应有质点占据的位置出现质点缺失、晶格畸变(空位会导致晶格收缩)的情况。同样地,位于晶体表面的原子,在一定条件下也可能跑到晶体内部的间隙位置,形成间隙缺陷,如图 10-20 所示。

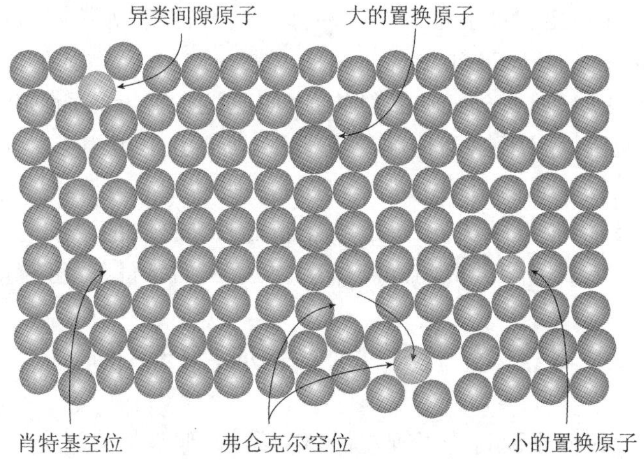

图 10-20　晶体中的各种点缺陷

一般来讲,离开平衡位置的质点有三个去处,以原子为例:

① 离开平衡位置的原子迁移到晶体表面或内表面的正常格点位置,把自己原来占据的格点位置空出来形成空位,这种形式的缺陷被称为肖特基(Schottky)缺陷,如图 10-20 所示;

② 离开平衡位置的原子挤入晶体中的间隙位置,从而在晶体中同时形成数目相等的空位和间隙原子,通常把这一对点缺陷(空位和间隙原子)称为弗仑克尔(Frenkel)缺陷,如图 10-20 所示;

③ 离开平衡位置的原子跑到晶体中其他的空位中,占据该空位,从而使晶体中原来的空位消失,看起来像是发生了空位的移位。

值得注意的是，晶体中点缺陷的存在：一方面会导致晶格畸变，使晶体的内能升高，从而降低晶体的热力学稳定性；另一方面，由于增大了原子排列的混乱程度，并改变了其周围原子的振动频率，会引起组态熵和振动熵的改变，从而使晶体的熵值增加，自由能降低，进而提高晶体的热力学稳定性。这两个相互矛盾的因素使晶体中的点缺陷在一定温度下有一定的平衡浓度。

热力学计算表明，空位在温度 T 时的平衡浓度 C 为

$$C = \frac{n}{N} = A\exp\left(-\frac{E_v}{kT}\right) \tag{10-5}$$

式中：n 为晶体中的空位数；N 为晶体中的原子总数目；A 为由振动熵决定的系数（一般在 1～10 之间）；E_v 为形成一个空位所需的能量，单位为 J/mol；k 为玻尔兹曼常数，取 1.38×10^{-23} J/K。

同样地，间隙原子在温度 T 时的平衡浓度 C' 也可表示为

$$C' = \frac{n'}{N'} = A'\exp(-\frac{E_v'}{kT}) \tag{10-6}$$

式中：n' 为晶体中的间隙原子数；N' 为晶体中的间隙位置总数目；$E_v{}'$ 为形成一个间隙原子所需的能量，单位为 eV。

可见，温度越高，晶体中空位和间隙原子的平衡浓度越大；空位或间隙原子的形成能越大，平衡浓度越小。在一般的晶体中，间隙原子的形成能高于空位的形成能，因此同一温度 T 下，晶体中间隙原子的平衡浓度要比空位的平衡浓度高。例如，铜（Cu）的间隙形成能为 4.8×10^{-19} J，空位形成能为 1.7×10^{-19} J；在 1273 K 温度下，其空位的平衡浓度为 10^{-4} 数量级，而间隙原子的平衡浓度为 10^{-14} 数量级，平衡浓度相差 10 个数量级。

表 10-5 给出了几种不同材料的空位形成能。

表 10-5　不同材料的空位形成能

材料	W	Fe	Ni	Cu	Ag	Mg	Al	Pb	Sn
E_v/eV	2.20	1.50	1.40	1.15	1.10	0.89	0.76	0.60	0.50

晶体的自由能在点缺陷浓度处于平衡浓度时最低，系统最稳定。当晶体的点缺陷浓度明显超出该温度下的平衡浓度时，这种点缺陷被称为过饱和点缺陷，其产生的方式有淬火、冷加工和辐照等。这种过饱和点缺陷是不稳定的，会通过种种复合过程消失，最后形成较稳定的复合体。

2. 杂质缺陷

在实际晶体中总是存在一些微量杂质，一方面是因为在晶体形成或制备过程中，受外界因素的干扰或原料成分纯度的影响，杂质会混入晶体中，如铁中存在的难以完全除去的磷（P）和硫（S）等杂质。此外，在晶体的实际应用中，往往也会人为地在晶体中引入额外的杂质，即杂质位点（也称掺杂或替位），从而改变晶体的物理、化学性质。例如，在硅中加入＋3 价的硼（B）或铝（Al），可以得到 P 型硅；在硅中加入＋5 价的磷（P）或砷（As），可以得到 N 型硅。

根据杂质成分的质点在晶格中所处的位置，也可以将其分为位于晶格间隙位置的间隙杂质和位于晶格格点位置的置换杂质（如固溶体）两类，如图 10-21 所示。其中，间隙杂质的引入会引起晶格的膨胀，而置换杂质对晶格的影响需要考虑置换原子和被置换原子间的半

径差异。若引入的置换原子半径小,则会引起晶格的收缩;若引入的置换原子半径大,则会引起晶格的膨胀。

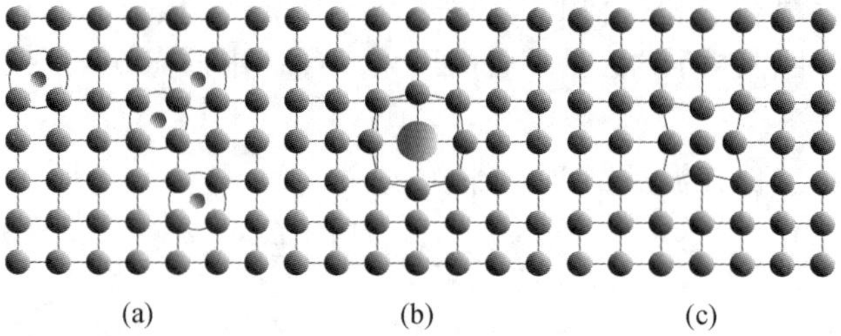

图 10-21　晶体中的零维缺陷

(a)间隙杂质;(b)置换杂质;(c)晶格空位

除了上述常见的零维缺陷外,在由不同种原子组成的具有规则结构的合金或化合物中,有时也会出现一种原子占据原本属于另一种原子的位置而形成的缺陷,这种缺陷也称为反位缺陷。此外,晶体某些区域的化学键有时也会在拓扑形状上与周围环境存在差异,这种情况称为拓扑缺陷。如在碳纳米管、石墨烯等碳骨架结构中,Stone-Wales 拓扑缺陷是因两个 π 键碳原子的连接方式发生改变,导致的碳碳键围绕中点旋转 90°,从而使四个相邻的六边形变成两个五边形和两个七边形,如图 10-22 所示。

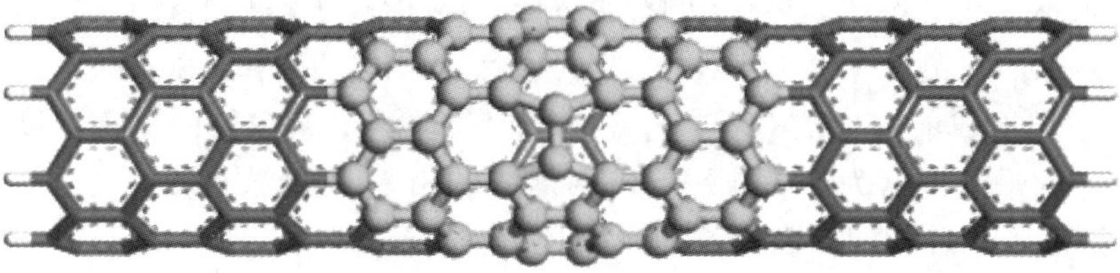

图 10-22　Stone-Wales 拓扑缺陷

10.8.2　一维缺陷(线缺陷)

一维缺陷(线缺陷)是指晶体内部结构中沿某条线(行列)方向上的周围局部范围内所产生的晶格缺陷。位错是晶体中普遍存在的线缺陷,其特征是在一个方向的尺寸较大,在另外两个方向上尺寸很小,从宏观看缺陷是线形的。点缺陷扰乱了晶体局部的短程有序,与点缺陷不同,位错扰乱了晶体网面的规则平行排列,位错周围的质点排列偏离了长程有序的周期重复规律,即在晶体中的某些区域,一列或数列质点发生有规律错乱排列的现象。位错可视为在应力作用下晶格中的一部分原子沿一定的面往相对于另一部分局部滑移而造成的结果。滑移面的终止线,即滑移部分和未滑移部分的分界线,称为位错线。位错对晶体的生长、扩散、相变、塑性变形、断裂等许多物理、化学性质及力学性质有很大的影响。

实际晶体中的位错有多种类型,其中最简单、最基本的类型为刃型位错和螺型位错两种。

1. *刃型位错*

如图 10-23 所示,在晶体中,出于某种原因(如切应力作用),晶体的上半部分沿着一定的方向滑移,导致上半部分相对于下半部分出现一个多余的半原子面,这个多余的半原子面如切入晶体的刀片将晶体上半部分切开。刀片刃口处的原子列称为刃型位错的位错线,对应的线缺陷称为刃型位错。

刃型位错亦可理解为晶体中已滑移区和未滑移区的边界。其几何特征为：位错线与原子滑移方向相垂直，滑移面上部位错线周围的原子受压应力作用，原子间距小于正常晶格间距；滑移面下部位错线周围的原子受张应力作用，原子间距大于正常晶格间距。显然，位错在晶体中引起的晶格畸变在位错线中心处最大，随着与位错线中心距离的增加，晶格畸变逐渐减小，位错线中心处的晶格畸变可达 20%以上。通常把晶格畸变程度大于其正常原子间距 1/4 的区域称为位错宽度，其值为 3～5 个原子间距。位错线的长度很长，一般为数百到数万个原子间距。相比而言，位错宽度显得非常小，故把位错看成线缺陷。事实上，位错是一条具有一定宽度的细长管道。

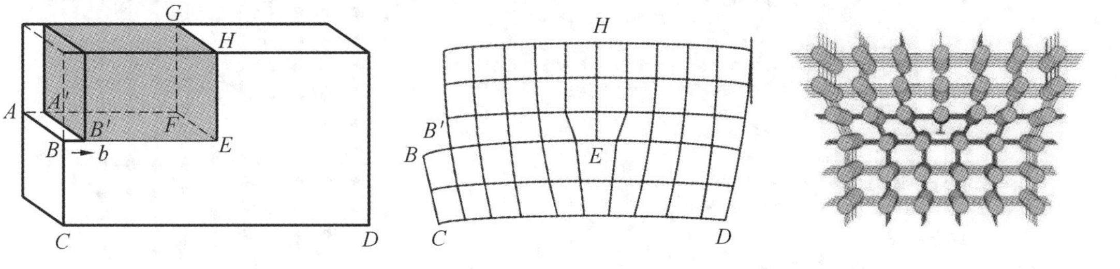

(a)　(b)　(c)

图 10-23　刃型位错的示意图

如图 10-24 所示，刃型位错有正负之分，若半原子面位于晶体的上半部，则此处的位错称为正刃型位错，用符号“⊥”表示；若半原子面位于晶体的下半部，则此处的位错称为负刃型位错，用符号“┬”表示。刃型位错的正负之分只是为了表示两者的相对位置，没有本质上的区别。

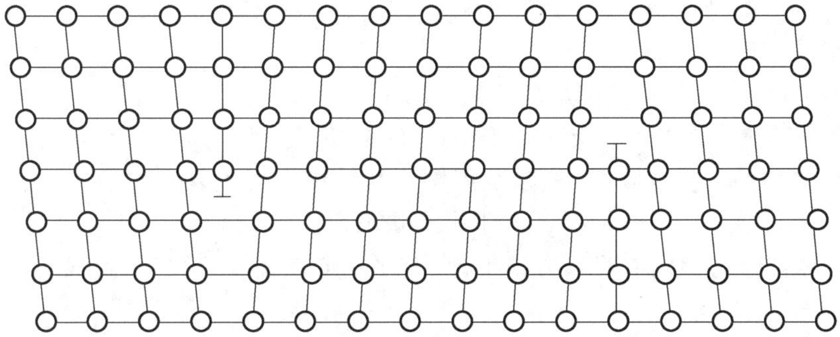

图 10-24　正、负刃型位错的示意图

从以上的刃型位错模型中，可以看出其具有以下几个重要特征：

(1) 刃型位错有一个额外半原子面。

(2) 位错线是一个具有一定宽度的细长晶格畸变管道，其中既有正应变又有切应变。对于正刃型位错，滑移面之上晶格受到压应力，滑移面之下晶格受到拉应力；负刃型位错的受力情况则与之相反。

(3) 位错线与晶体的滑移方向相垂直，位错线运动方向垂直于位错线。

2. 螺型位错

螺型位错是位错的另一种基本类型，其结构特点如图 10-25(a)所示。在某晶体的右侧

施加一切应力 τ，使其右侧上下两部分晶体沿滑移面 $ABCD$ 发生一个原子间距的相对切变，这时已滑移区和未滑移区就出现了边界线 BC，BC 即为螺型位错的位错线。从滑移面上下相邻两层晶面上原子排列的情况可以看出，在 aa' 的右侧，晶体的上下两部分相对错动了一个原子间距，而在 BC 和 aa' 之间，上下两层相邻原子在一个约有几个原子间距宽的范围内发生了错排，形成了不对齐的过渡区，这里原子的正常排列遭到破坏[见图 10-25(b)]。如果以位错线 BC 为轴线，从 a 开始，按顺时针方向依次连接过渡区的原子，其走向与一个右螺旋线的前进方向一样，每旋转一周，原子面就沿滑移方向前进一个原子间距。也就是说，位错线附近的原子是按螺旋形排列的，故这种位错被称为螺型位错。

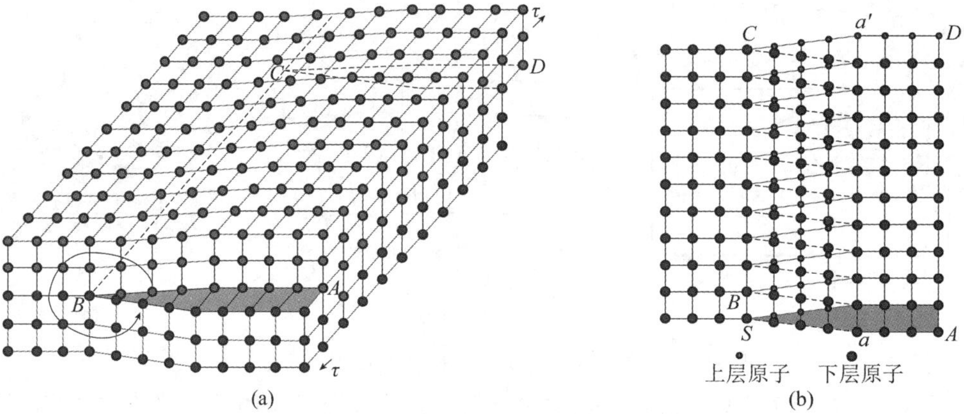

图 10-25　螺型位错的示意图

根据位错线附近呈螺旋排列的原子的旋转方向，螺型位错可分为左螺型位错和右螺型位错两种。通常用拇指代表螺旋的前进方向，而以其余四指代表螺旋的旋转方向，符合右手螺旋法则的称为右螺型位错，而符合左手螺旋法则的称为左螺型位错。

螺型位错具有以下特征：

(1) 与刃型位错相比，螺型位错没有额外的半原子面。

(2) 螺型位错是一个具有一定宽度的细长的晶格畸变管道，只存在切应变，无正应变，不会引起晶体体积的膨胀和收缩，位错线周围的弹性应力场呈轴对称分布。在垂直于位错线的平面投影上，看不到原子的位移，看不出有缺陷。

(3) 螺型位错线与晶体的滑移方向平行，因此一定是直线，而且位错线的移动方向与晶体滑移方向垂直。

(4) 螺型位错线周围的晶格畸变随与位错线距离的增加而急剧减小，因此也是包含几个原子宽度的线缺陷。

(5) 纯螺型位错的滑移面不唯一，凡是包含螺型位错线的平面，都可以作为它的滑移面。当然，滑移通常是在那些原子密排面上进行的。

3. 混合位错

除了刃型位错和螺型位错外，还有一种形式更为普遍的位错，其滑移方向与位错线既不平行也不垂直，而与位错线相交成任意角度，此时位错线不是直线，而是曲线，这类位错被称为混合位错，如图 10-26 所示。在 A 点，位错线与滑移方向平行，属螺型位错；在 C 点，位错线与滑移方向垂直，属刃型位错。而在 A 点与 C 点之间，位错线既不平行也不垂直于滑移方向，根据矢量法则，每一小段位错线都可分解为刃型位错和螺型位错两个分量。

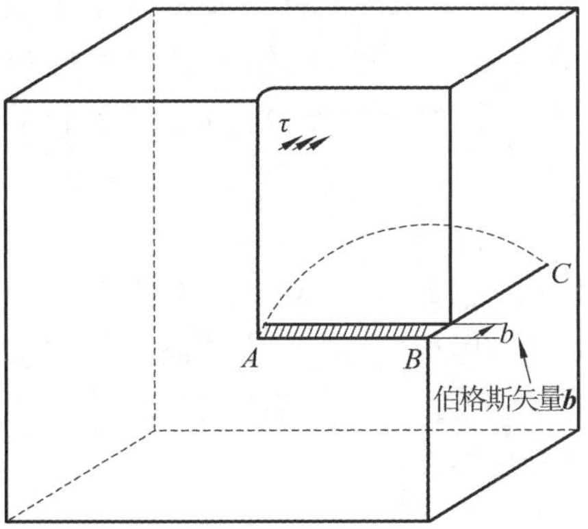

(a)

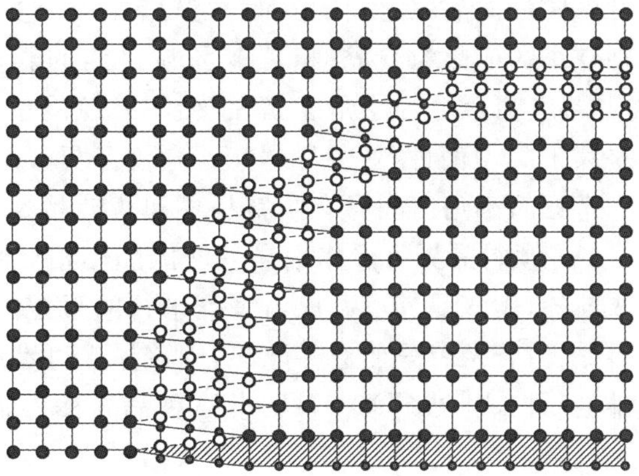

(b)

图 10-26　混合位错的示意图

10.8.3　二维缺陷(面缺陷)

面缺陷是指在晶格内部或晶粒之间某些面的两侧局部范围内出现的晶格缺陷,主要包括晶体的外表面(即表面或自由界面)和内界面两大类。外表面是指晶体材料与气体或液体等外部介质相接触的分界面;内界面是指晶粒边界以及晶粒内部的亚晶界、孪晶界、堆垛层错和相界面等。表面/界面通常指包含几个原子层厚的区域,因为其呈二维结构分布,故也称为晶体的面缺陷。

对二维缺陷而言,无论是外表面还是内界面,该区域内的原子排列甚至化学成分往往不同于晶体内部,因此会对晶体的物理、化学和力学等性能产生重要的影响。

1. 外表面

晶体外表面的原子排列与晶内不同,表面上的原子只是部分地被其他原子围着,其相邻原子数比晶体内部少。处于界面上的原子,不仅会受到外部吸附介质中原子或分子的作用力,还会受到晶体内部自身原子的作用力,且前者一般小于后者。因此,表面原子就会偏离其正常的平衡位置,并影响到邻近的几层原子,造成表层的点阵畸变,能量升高,这几层高能量的原子层称为表面。这种单位面积上所升高的能量称为比表面能,简称表面能,单位为 J/m^2。表面能也可以用单位长度上的表面张力来表示,单位为 N/m^2。

影响表面能的因素主要有:

(1) 外部介质的性质。不同介质作用下,其表面能也不同。介质对晶体外表面原子的作用力与晶体内部原子对表面原子的作用力相差越大,表面能越高。

(2) 表面原子排列的致密度。当暴露在介质中的表面是晶体的密排面时,表面能最小;当暴露在介质中的表面不是晶体的密排面时,表面能较大。因此,晶体易于使其密排面裸露在表面。

(3) 晶体表面的曲率。表面的曲率越大,表面能越大。

此外,表面能的大小还与晶体本身的性质有关,若晶体本身的结合能高,则表面能大。

2. 晶界和亚晶界

单相的晶体物质往往是由许多晶体结构相同但位向不同的晶粒组成的(也称为多晶),

这种不同位向晶粒之间的界面称为晶界，它是一种内界面。每个晶粒有时又由若干个位向差别较小的亚晶粒组成，相邻亚晶粒之间的界面称为亚晶界。其中，根据晶粒之间的位向差，晶界又可以分为小角度晶界（相邻晶粒的位向差小于10°）和大角度晶界（相邻晶粒的位向差大于10°）两种，亚晶界属于小角度晶界。

常见的小角度晶界有倾斜晶界和扭转晶界等。

(1) 倾斜晶界可看作把晶界两侧晶体相对倾斜而形成的。若这种倾斜相对于晶界是对称取向的，则该晶界可看成由一列平行的刃型位错构成[见图10-27(a)]，这种晶界称为对称倾斜晶界；若两者呈非对称取向，则该晶界可看成由一系列相隔一定距离的刃型位错互相垂直排列而构成[见图10-27(b)]，这种晶界称为非对称倾斜晶界。

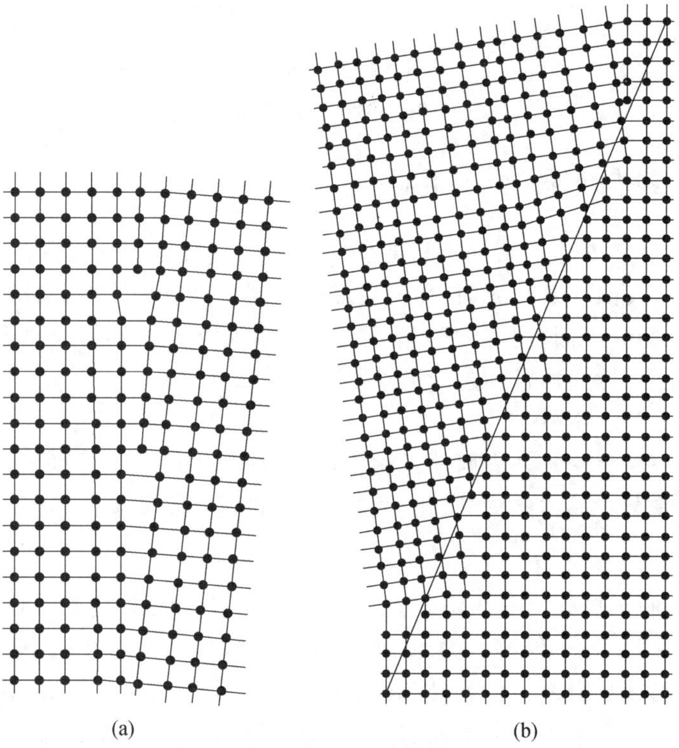

图10-27　倾斜晶界

(a)对称倾斜晶界；(b)非对称倾斜晶界

(2) 扭转晶界可以看成是晶体的两个部分绕某一个轴在一个共同的晶面上相对扭转一个小角度 θ 而形成的，扭转轴垂直于这个共同的晶面，如图10-28所示。

多晶体材料中各晶粒之间的晶界通常都为大角度晶界，其结构复杂，不能用位错模型来描述。大角度晶界界面处的原子排列不规则，处于高能态，且其原子排列通常具有过渡性的特点，如图10-29所示。但需要注意的是，不同晶体物质的界面处原子排列往往不同，较为复杂，其研究仍在继续。

晶界处的原子排列不规则，导致晶格畸变，从而使系统的自由能增高。当形成单位面积的界面时，系统的自由能变化($\mathrm{d}F/\mathrm{d}A$)即为晶界能。它等于界面区单位面积的能量减去无界面时该区单位面积的能量。

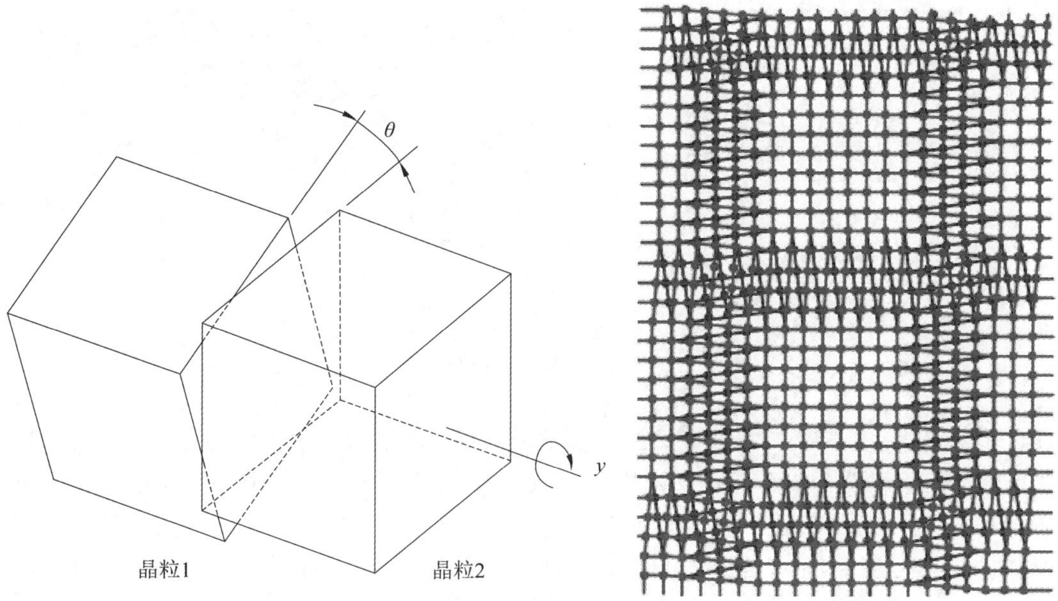

图 10-28　扭转晶界

(a)形成示意图;(b)晶界结构

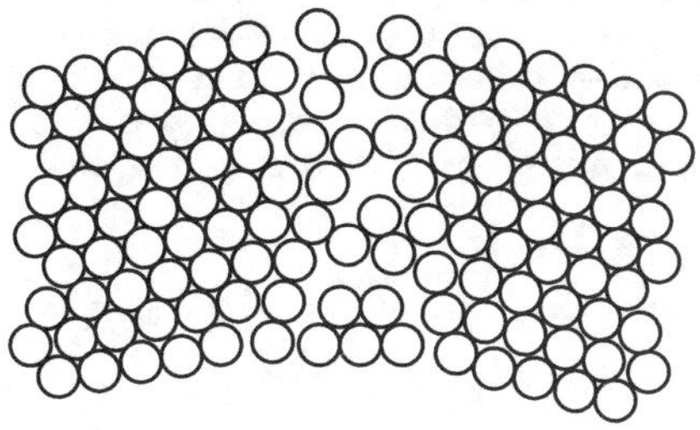

图 10-29　大角度晶界

3. 孪晶界

若两个晶体或一个晶体的两个部分沿一个公共面构成晶面对称的位向关系,则这两个晶体(或两部分晶体)被称为孪晶,该公共面被称为孪晶面。根据孪晶界面处原子的排列情况,孪晶界又可以分为两类,一类是共格孪晶界,另一类是非共格孪晶界。

共格孪晶界就是孪晶面,孪晶面上的原子同时位于两个晶体(或两部分晶体)点阵的格点上,为两个晶体(或两部分晶体)所共有,是典型的无畸变的完全共格晶面,晶界能很低,约为普通晶界的十分之一,如图 10-30(a)所示。如果孪晶界相对于孪晶面旋转一角度,此时孪晶界上只有部分原子为两个晶体(或两部分晶体)所共有,即为非共格孪晶界,其界面处原子错排较为严重,晶界能较高,约为普通晶界的二分之一,如图 10-30(b)所示。

4. 堆垛层错

堆垛层错是指实际晶体中,其晶面堆垛顺序发生局部差错而产生的晶体缺陷,简称层错。层错通常发生于面心立方结构的金属,其晶面是以密排面{111}按照 *ABCABCABC* 顺序堆垛的。如图 10-31(a)所示,假设在某面心立方结构中,其晶面堆垛顺序为 *ABCA*-

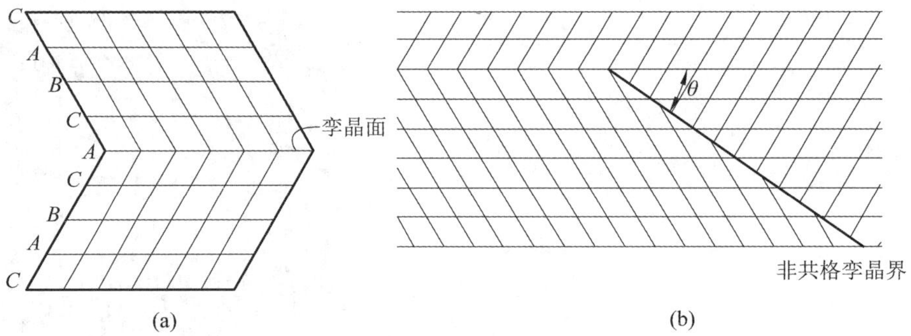

图 10-30　孪晶界

(a)共格孪晶界；(b)非共格孪晶界

CABC，相当于抽掉了第二个 B 层，产生了堆垛层错，这种层错又称为抽出型层错。如图 10-31(b) 所示，假设在某面心立方结构中，其晶面堆垛顺序为 $ABCACBCA$，相当于在第二个堆垛中插入了一个 C 层，产生了堆垛层错，这种层错又称为插入型层错。层错的存在破坏了晶体的周期完整性，引起能量的升高。通常把产生单位面积层错所需的能量称为层错能，单位为 J/m^2。金属的层错能越小，则层错出现的概率越大。

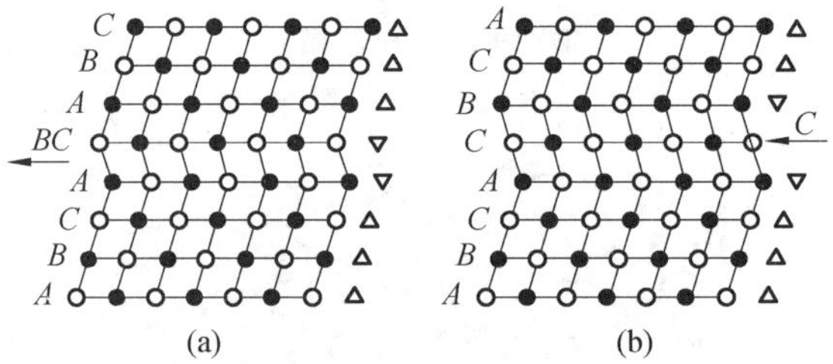

图 10-31　面心立方结构的堆垛层错

(a)抽出型层错；(b)插入型层错

值得注意的是，孪晶的形成与层错密切相关，以面心立方为例，其晶面以密排面{111}按 $ABCABCABC$ 顺序堆垛。如果从某一层开始，其堆垛顺序发生颠倒，成为 $ABCACBA$，则其上下两部分就构成了晶面对称的孪晶关系。显然，层错能高的晶体不易产生孪晶。如铜的层错能为 0.075 J/m^2，镍的层错能为 0.4 J/m^2，孪晶更常见于铜中。

5. 相界面

晶体中，具有不同晶体结构的两相之间的分界面称为相界面，简称相界。根据相界结构特征，可以将相界分为共格相界、半共格相界和非共格相界三种典型的类型。

共格相界是指界面上的原子同时位于两相晶格的格点上，即两相的晶格是彼此衔接的，界面上的原子为两种晶格所共有。其中，在两相共格相界处，若原子匹配很好，几乎无畸变，则此时相界能量最低，属于完美共格相界，如图 10-32(a)所示。但是，这种具有完美共格关系的相界很少，因两相之间晶面间距或原子尺寸等的差异，共格相界处或多或少都存在弹性畸变，如图 10-32(b)所示，这种相界也被称为具有弹性畸变的共格相界，其晶界能高于完美共格相界。

若两相之间的晶面间距差别较大，两相界面上的原子不可能做到完全的一一对应，只有部分原子保持很好的对应关系，从而在界面处每隔一段距离会产生刃型位错，以降低界面的弹性应变能，这种相界面被称为半共格相界，如图10-32(c)所示。

若两相界面处两边的原子排列差别非常大，两相界面处的原子无法形成对应关系，则这种相界面被称为非共格相界，如图10-32(d)所示。显然，非共格相界的晶界能最高，半共格相界的晶界能次之，共格相界的晶界能最低。

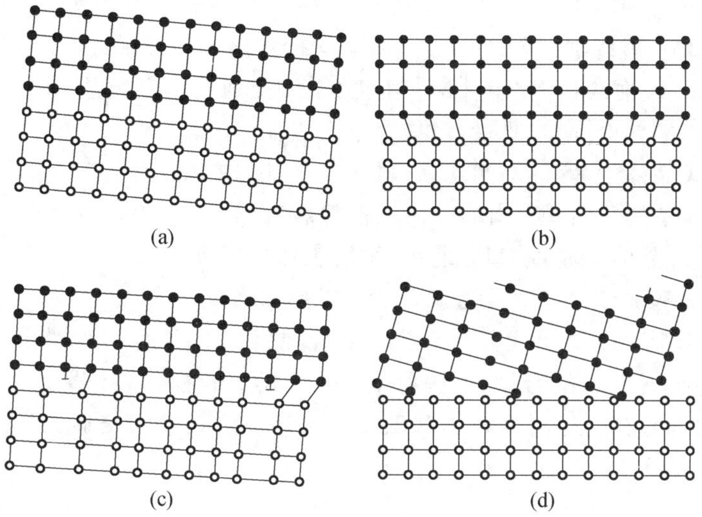

图10-32　相界

(a)完美共格相界；(b)具有弹性畸变的共格相界；(c)半共格相界；(d)非共格相界

习题十

10-1　简述刃型位错和螺型位错的差异。

10-2　利用刚球模型证明理想密排六方晶胞中的轴比$c/a=1.633$。

10-3　何谓多晶型性？简述改变晶体结构的可能方法。

10-4　简述晶体中的点缺陷种类及其特点。

10-5　简述两相共存材料中，两相之间的界面特点。

10-6　请结合生活实际，列举晶体缺陷对材料性质的影响。

参考文献

[1] WINDLE A H. A first course in crystallography[M]. London: Bell & Hyman, Limited,1977.

[2] 许顺生.金属X射线学[M].上海:上海科学技术出版社,1962.

[3] 杨于兴,漆璿.X射线衍射分析[M].上海:上海交通大学出版社,1994.

[4] 王英华.晶体学导论[M].北京:清华大学出版社,1989.

[5] 张克从.近代晶体学基础[M].北京:科学出版社,1987.

[6] 肖序刚.晶体结构几何理论[M].北京:高等教育出版社,1993.

[7] 方奇,于文涛.晶体学原理[M].北京:国防工业出版社,2002.

[8] 秦善.晶体学基础[M].北京:北京大学出版社,2004.

[9] [俄]B. K. 伐因斯坦.现代晶体学.第1卷,晶体学基础:对称性和结构晶体学方法[M].吴自勤,孙霞,译.合肥:中国科学技术大学出版社,2011.

[10] 胡庚祥,蔡珣,戎咏华.材料科学基础[M].2版.上海:上海交通大学出版社,2010.